The Lost Secret

The Lost Secret

Die Entschlüsselung der verborgenen Kapitel aus Napoleon Hills Buch

THINK AND GROW RICH

Monica Main

LIFE SUCCESS MEDIA

THE LOST SECRET
Unlocking the hidden chapters of Napoleon Hill's Copyright © 2019 by Monica Main
www.MonicaMain.com

First Printing, 2019
This translation published by arrangement with Waterside Production INC.,
2055 Oxford Avenue, Cardiff by-the-sea, CA 92007 USA

THE LOST SECRET
Die Entschlüsselung der verborgenen Kapitel aus Napoleon Hills Buch
Copyright ©2019 by Monica Main
www.MonicaMain.com

Erstausgabe 2019
Diese Übersetzung wurde in Absprache mit Waterside Production INC.,
2055 Oxford Avenue, Cardiff by-the-sea, CA 92007 USA veröffentlicht.

Herausgegeben von:
Life Success Media GmbH
6020 Innsbruck, Austria

ISBN 978-3-902114-7-23

Übersetzung: Roland Röhrig

Gedruckt in der Europäischen Union

NAPOLEON HILL GEWIDMET

Mit Dankbarkeit für seine fortwährende Inspiration, dieses Buch zu verfassen und die Fackel seines vor fast einhundert Jahren erschaffenen Originalwerks weiterzutragen.

INHALT

GELEITWORT

Napoleon Hill wusste mehr über das Manifestieren von Reichtum, Wohlstand, Gesundheit und Glück als jeder andere Buchautor des zwanzigsten Jahrhunderts. Sein bahnbrechendes Buch *Denke nach und werde reich* hat seit nunmehr achtzig Jahren Hunderte von Millionen Lesern inspiriert, ihre Träume zu verfolgen und zu verwirklichen. Monica Main ist die erste Autorin im 21. Jahrhundert, die Hills Lehren auf eine bedeutsame Weise erweitert und und sie dadurch allen Lesern unmittelbar begreiflich macht – ohne Rücksicht auf deren Herkunft, Bildungsniveau oder Vorwissen in Bezug auf Konzepte wie das Gesetz der Anziehung oder die Macht einer Mastermind-Gruppe.

Napoleon Hill lebte in einer Zeit, in der es nur wenige Frauen in der Geschäftswelt gab. Als *Denke nach und werde reich* 1937 zum ersten Mal erschien, kümmerten sich die meisten amerikanischen Frauen zuhause um ihre Familie und unterstützten ihre Männer, die man damals als „Brotverdiener" ansah. Hill war so fortschrittlich, wie es ein Mann im Jahr 1937 nur sein konnte, aber er konnte nicht der kulturellen Voreingenommenheit entgehen, die die Rolle der Frauen in ökonomischen Fragen herunterspielte. Das Ergebnis war, dass er *Denke nach und werde reich* in einem Stil verfasste, der die Fähigkeit der Frauen zur Manifestierung von Reichtum außer Acht ließ.

Mit ihrem Buch *Das verlorene Geheimnis* hat Monica Main diesen Mangel behoben. Sie trat im 21. Jahrhundert in das Erwachsenenleben ein und befolgte die Prinzipien und Praktiken aus Napoleon Hills Buch *Denke nach und werde reich.* Dies versetzte sie in die Lage, dieses Buch auf der Grundlage ihrer eigenen Erfahrung und Perspektive so zu schreiben, dass eine breitere und vielfältigere Leserschaft ihre Ideen leicht verstehen und umsetzen kann.

In *Das verlorene Geheimnis* bringt Monica Main die bahnbrechenden Erkenntnisse Napoleon Hills auf den Punkt und hebt sein wichtigstes Prinzip hervor, das er in seinen Reden und Schriften formulierte – das Prinzip der „Schwingung". Hill meinte, wenn wir klar verstehen, wie wir unsere Schwingung erhöhen können, dann besitzen wir den Schlüssel, um Gesundheit, Glück und Reichtum zu manifestieren. Monica Main beschreibt dieses Prinzip der Schwingung auf eine Art und Weise, die, so denke ich, auch die anspruchsvollere Leserschaft von heute anspricht. Sie vermutet, dass die beiden verloren gegangenen Kapitel Hills über die Wichtigkeit der Schwingungsanhebung nicht in der Originalausgabe von *Denke nach und werde reich* von 1937 enthalten waren, weil sie die damaligen Leser für zu metaphysisch oder für zu weit hergeholt gehalten hätten. Heute aber, mit unserem umfassenderen Wissen und Verständnis der Quantenphysik und von Konzepten wie dem „Nullpunkt", erkennen wir, dass Hills Erkenntnisse über die Macht der Schwingung auf einer klaren wissenschaftlichen Grundlage beruhen, und genau das weist Monica Main in ihrem Buch nach.

Während der Lektüre von *Das verlorene Geheimnis* erfahren Sie die Originalgedanken Napoleon Hills . . . und Sie werden auch aus Monica Mains Erfahrungen lernen, wie sie seine Prinzipien in ihrem eigenen Leben als Frau und moderne Business-Leaderin umgesetzt hat. Die wunderbare Verbindung aus Wissen und Erfahrung, die sie in diesem kraftvollen Buch mit uns teilt, hat das Potential, Ihr Leben für immer tiefgreifend zu verändern.

Und so wie Napoleon Hill und Monica Main es darlegen, Sie erschaffen Ihre eigene Fülle, indem Sie sich darauf fokussieren, wie Sie Ihren Mitmenschen am besten dienen können. Das Universum ist kein Nullsummenspiel. Es ist genug für jeden vorhanden, um ein reiches und erfülltes Leben zu führen. Und Sie werden schon bald in diesen Seiten bemerken, dass jetzt auch für Sie die Zeit gekommen ist, Ihre versteckten Kräfte zu entfesseln und für sich selbst ein reicheres und erfüllteres Leben zu erschaffen . . . und dann diesen Reichtum mit der Welt zu teilen.

–**Jack Canfield**, Santa Barbara, Kalifornien;
Mitverfasser der Buchreihe *Hühnersuppe für die Seele*
und Lebenslehrer aus *The Secret – Das Geheimnis*

VORWORT

Sie haben eine Magie vor sich, zum Greifen nah, um alles zu manifestieren, was Sie sich schon immer gewünscht haben, und das auf eine Weise, die Ihnen noch nie jemand enthüllt hat . . . bis heute.

– Monica Main

Eine der heiligsten Legenden der Welt nahm ihren Anfang im Jahr 1908, als ein ehrgeiziger 25-jähriger Unternehmer und Möchtegern-Schriftsteller namens Oliver Napoleon Hill seine lebenslange Mission begann, Hunderte von Self-Made-Millionären zu studieren. Sein Ansporn hierzu stammte von Andrew Carnegie, dessen Name auch heute noch in einem Atemzug mit Reichtum und Philanthropie genannt wird. 1919, als Hill seine Aufgabe noch nicht einmal zur Hälfte bewältigt hatte, verstarb Carnegie – viel zu früh, um die wahre Genialität Napoleon Hills mitzuerleben; der Industriemagnat und einige andere bekamen damals meist nur verdeckte und verwässerte Schlussfolgerungen zu sehen, die in die damalige Zeit passten.

Beinahe zwanzig Jahre später, im Jahr 1937, veröffentlichte Hill seine wahren Erkenntnisse über das Geheimnis von Reichtum und Erfolg in seinem Buch *Denke nach und werde reich*, das heute zu den Klassikern zählt. Man erzählt sich, dass es bei seinem Erscheinen als alles andere als ein Klassiker aufgenommen wurde – tatsächlich war das Gegenteil der Fall. Es wurde schlechtgeredet und in Verruf gebracht, und schon bald entfernte man es aus den Buchregalen auf die Initiative einiger Eliten, zu denen auch Henry Ford zählte und die sicherstellen wollten, dass die gewöhnlichen

Männer und Frauen niemals die Wahrheit erfahren, die hinter Glück, Gesundheit und gewaltigem Reichtum steht. Ich denke, diese Diffamierungen seines Buchs brachen Hill wahrscheinlich das Herz, denn er war sicherlich davon überzeugt, dass Kräfte, über die er keine Kontrolle hatte, sein Lebenswerk immer wieder entstellen und falsch darlegen würden – Kräfte, die dieses Wissen für sich selbst behalten wollten, um ihre Macht, ihren Status und ihre zerbrechlichen Egos nicht zu gefährden.

Seit dieser Zeit haben einige Scharlatane, die das Geheimnis zu großem Reichtum versprachen – und doch nur Hirngespinste lieferten – einen großen Schatten auf *Denke nach und werde reich* geworfen und damit leider bewiesen, dass das Licht der Wahrheit im Dunkel der Lügen untergehen kann. Es gibt *tatsächlich* eine Verschwörung, die gegen Sie arbeitet. Sie ist kein reines Phantasieprodukt, aber sie arbeitet auch nicht so, wie Sie vielleicht denken.

Zum Beispiel habe ich vor nicht allzu langer Zeit herausgefunden, dass einige wichtige Informationen aus Hills Werk vor den Massen verborgen blieben. Diese Informationen sind in dem Sinne wichtig, dass sie für Sie den Unterschied zwischen einem Leben voller Freude und Fülle und der vergeblichen Suche nach einem Sinn in einer scheinbar chaotischen Ödnis ausmachen können. Häufig haben diejenigen, die den Kern dieses Juwels besitzen, es von Ihnen ferngehalten, entweder aus Bosheit oder aus Unwissenheit, obwohl man auch behaupten kann, dass es hier nicht um entweder-oder geht, sondern dass boshafte Menschen auch gleichzeitig schrecklich unwissend sind.

Welche Emotion treibt sie zu diesem Verhalten? In einem Wort: *Angst.* Sie fürchten sich vor Menschen wie Sie und ich, weil wir die Massen repräsentieren und die Weltherrschaft übernehmen könnten, wenn wir uns vereinen und die derzeitigen Mächtigen mit Leichtigkeit überwältigen würden. Sie befürchten, wenn sie uns Zutritt zu ihrem Allerheiligsten gewähren, dann verlieren sie die Kontrolle über ihre milliardenschweren Unternehmen und Konzerne, über ihre Angestellten und Kunden – das heißt, über Menschen wie Sie und ich. Sie befürchten, die Kontrolle darüber zu verlieren, dass sie wie Parasiten von uns profitieren, indem sie uns zuerst verführen, dann fest umschlingen und uns schließlich mit chronischen Schulden überhäufen, die die meisten von uns zu Sklaven ihres Systems machen.

Sie geben große Lügen von sich und behaupten, es gäbe nicht genug Geld, Glück und Liebe für *alle*. Ich bin hier, um Ihnen das Gegenteil zu verdeutlichen: *Doch, es gibt genug für alle,* und es steht jedem zur Verfügung, der die wissenschaftlich präzise Funktionsweise des Gesetzes der Anziehung verstehen will. Es gibt keinen Grund, diese bewährten Prinzipien noch länger unter Verschluss zu halten. Es liegt kein nennenswerter Nutzen darin, die Menschen noch länger zu täuschen. Sicher, es bringt denjenigen oberflächliche Vorteile, die stets nur kleine Teilstückchen der Wahrheit preisgeben, in der Absicht, aus dem Verkauf von noch mehr Büchern, Workshops und Filmen zu profitieren. Zwischenzeitlich beginnen Sie als Student dieser Materialien zu leiden, weil man Ihnen immer nur einen kleinen Teil des großen Bildes offenbart. Doch ohne sämtliche Teilstücke können Sie unmöglich Ihr Wunschleben manifestieren. Aber ich bin hier, um das zu ändern und Ihnen weiterzuhelfen.

Ich bin überzeugt, dass Napoleon Hill aufrichtig in seiner Arbeit war und gute Absichten hatte. Grundsätzlich glaube ich, dass er ein guter Mensch war. Beim Schreiben dieses Buchs begann ich mich zu fragen, wie es dazu kam, dass Hills Werk von den Mainstream-Verlegern links liegen gelassen wurde, denn ich denke, diese Verleger waren damals, und sind es auch heute, im Grunde ehrenwerte Geschäftsleute, und dass das Buch schließlich bei einem obskuren Verlag namens *The Ralston Society* landete. (Es bestand anscheinend eine Verbindung zum Verlag *Ralston University Press* in Meriden, Connecticut – beide Verlagshäuser existieren seit langem nicht mehr.)

Über den Ralston-Verlag ist fast nichts bekannt, außer dass er sich zu Büchern wie *Denke nach und werde reich* hingezogen fühlte und noch andere Werke über die Kraft des menschlichen Geistes veröffentlichte. Hielt er sich so lange wie möglich am Rande der Gesellschaft, bevor man ihn aus der Stadt jagte, wie es so vielen erging, die sich mit Hill zusammengetan hatten? Damals in den

1930er Jahren offenbarte sich die Macht des Geistes auf großartige, wenn auch oft mysteriöse Weise. In dieser Ära war das Radio die meist genutzte Form der Unterhaltung und fesselte die Aufmerksamkeit des amerikanischen Publikums mit Swing- und Big-Band-Musik, die zwischen Nachrichten und ernsten oder lustigen Hörspielen dargeboten wurde. Die Automodelle wurden immer luxuriöser und ein Cadillac galt für die amerikanische Technologie als „Weltstandard". Die Macht des Geistes zeigte sich aber auch auf negative Weise, als viele Nationen in den Zweiten Weltkrieg hineinschlitterten.

In was für einer völlig anderen Epoche leben wir doch heute! Und doch bleibt das Verlangen nach einem glücklichen, freudvollen Leben der rote Faden in der Geschichte der amerikanischen Nation. Hier gilt es allerdings einen bedeutsamen Unterschied zu beachten. Niemals zuvor brauchte die Welt die unverzichtbaren Lektionen Napoleon Hills so dringend wie heute, weil die Welt noch nie in so kurzer Zeit einem so gewaltigen Wandel ausgesetzt war. Das Informationszeitalter hat großartige Fortschritte mit sich gebracht, einhergehend mit Chaos, Verdrängung, Desillusionierung und Kontrollverlust in enormem Ausmaß.

Das verlorene Geheimnis kann Sie augenblicklich aus dieser Verwirrung befreien und Ihnen auch die Tür zu den großen Träumen öffnen, die Sie schon immer hatten und deren Umsetzung Ihnen einfach nicht gelingen wollte. Lassen Sie uns gemeinsam das Mysteriöse dieser Lehren abstreifen und dem Risiko der Rache und Vergeltung trotzen, die uns von jenen droht, die dieses Wissen für sich behalten wollen.

Ich glaube, Napoleon Hill hatte von Anfang an reine Absichten. Andererseits kenne ich nicht die ganze Geschichte und werde sie vielleicht nie erfahren. Aber dank meiner Entdeckung von Hills verloren gegangen Lehren weiß ich mehr über diese Geschichte als jemals zuvor, und Ihnen wird es genauso gehen. Es handelt sich um zwei bisher unveröffentlichte Kapitel, die aus welchem Grund auch immer in der Originalausgabe von *Denke nach und werde reich* fehlten.

Möge dieses Buch Ihnen all das schenken, was Ihnen zusteht – Kraft, Weisheit und Frieden!

Einführung

DAS MYSTERIÖSE AUFTAUCHEN DIESES GEHEIMNISSES

Ich war verloren ganz und gar,
war blind, jetzt sehe ich.

–John Newton

Eines Tages wachte ich auf und erkannte, dass mein ganzes Leben eine einzige Lüge war. Oder zumindest fühlte es sich so an. Nennen Sie es eine Midlife-Crisis oder was immer Sie wollen, aber ich spürte tief in mir, dass es da noch mehr geben musste als nur „das". Und falls es nicht mehr gab, wollte ich am liebsten von der nächsten Brücke springen, um der Sackgasse zu entrinnen, in der ich feststeckte.

Ich war auf jede erdenkliche Weise unglücklich. Merkwürdigerweise hatte es äußerlich betrachtet den Anschein, dass ich ein perfektes Leben führe. Ich war verheiratet und hatte eine hübsche kleine Tochter, die damals das absolute Licht meines Lebens war und es bis heute geblieben ist. Meine Firma war sagenhaft erfolgreich, ich wohnte in einem wunderschönen Haus und fuhr tolle Luxusautos. Aber aus einer inneren Perspektive betrachtet, war mein Leben alles andere als perfekt. Um ganz ehrlich zu sein, stimmte in meinem Leben überhaupt nichts. Je mehr *Zeug* ich mir kaufte und je erfolgreicher ich wurde, umso weiter entfernte ich mich von dem Gefühl, dass mein Leben irgendeinen Sinn hatte und dass ich glücklich sein konnte. Mit jedem Jahr, das verging, fühlte ich mich immer mehr von meinem wahren Wesen getrennt.

Ich glaube, Viele erleben einen solchen Moment – sie bewegen sich durch ihr Leben und eines schönen Tages macht es auf einmal *rumms* und ihnen wird klar, dass sie die ganze Zeit in die falsche Richtung gelaufen sind! Sie drehen durch und Panik macht sich breit, weil sie sich so lange in diese Richtung bewegt haben, dass es ihnen als eine überwältigende und fast unmögliche Aufgabe erscheint, jetzt noch den Kurs zu ändern.

Wenn Sie so wie ich einen solchen Moment erlebt haben, dann haben Sie sich vielleicht gefragt: *Was soll ich jetzt machen? Denselben Kurs beibehalten und so tun, als ob ich glücklich wäre? Das funktioniert ja schließlich scheinbar ganz gut. Oder gehe ich aufs Ganze, lege alle meine Karten auf den Tisch und riskiere alles für die Chance, zur vollkommenen Glückseligkeit zu gelangen?*

Mitten in diesem Moment lernte ich vor vielen Jahren einen Mann namens Roy kennen. Nach einem langen Tag voller Meetings und Konferenzen hatte ich mich gerade in der Bar meines Hotels niedergelassen. Profimäßig absolvierte ich damals eine Geschäftsreise nach der anderen. Sicher, alles war Erster Klasse und so weiter, aber trotzdem setzte ich meinen Körper, Geist und Verstand einer unmenschlichen Hetze aus. Ich weiß noch, wie ich dasaß und erkannte, dass ich mit dieser Art von Geschäftsreisen kürzertreten musste. Hauptsächlich lag es daran, dass ich gern öfter zuhause geblieben wäre, um meine kleine Tochter aufwachsen zu sehen, aber auch daran, dass diese Reisen mich zu sehr belasteten und für mich irgendwie immer bedeutungsloser wurden. Ich fragte mich allmählich, ob diese Reisen mich in Bezug auf meinen geschäftlichen Erfolg noch irgendwie weiterbrachten. Tief in mir zweifelte ich daran und so begann ich zu überlegen, die Reisen nicht nur zu reduzieren, sondern sie gleich ganz bleiben zu lassen.

Ich nippte an meinem Lemon-Drop-Martini mit Grey Goose-Wodka, einem meiner Lieblingsdrinks wenn ich unterwegs war, und starrte schweigend in das milchig-gelbe Cocktailglas, dessen Rand perfekt mit einer Zitronenscheibe dekoriert war. Und ich begann, tiefer nachzudenken. Ich dachte über meine nächste Geschäftsreise nach, weil ich spürte, dass ich so nicht weitermachen konnte; etwas musste sich ändern. Vor meinem geistigen Auge erschien tatsächlich das Wort *SACKGASSE*, in roter Sprühfarbe auf zwei zusammengenagelte dunkle, verwitterte Holzbretter geschrieben. Hinter dem Schild war eine Klippe und ich hatte das Gefühl, dass mich nur wenige Zentimeter davon trennten, abzustürzen und auf dem tief unten liegenden Grund aufzuschlagen, was mein sicheres Ende bedeutet hätte.

Meine dritte Ehe war dabei, in die Brüche zu gehen. Mein Geschäft – das mich einst mit absoluter Leidenschaft erfüllt hatte – brachte mir nur noch Selbsthass und meine Begeisterung, die ich früher morgens beim Aufwachen gespürt hatte, war einem so heftigen Burnout-Gefühl gewichen, dass es jede Vorstellung übersteigt. Ich glaube, ich existierte nur noch dank der Rauchschwaden, die das Adrenalin meiner früheren Powerfrau-Identität hinterlassen hatte. Aber ich wusste nicht einmal, wie oder wo ich mit dem Sortieren all dieser Dinge beginnen sollte, denn ich war viel zu erschöpft, mit den Nerven völlig fertig und unfähig, einen klaren Gedanken zu fassen.

Irgendwo zwischen meine benebelten Gedanken an Verzweiflung und Klippensprünge nahm ein älterer Herr – vielleicht so Anfang achtzig – zwei Barhocker rechts von mir Platz. Er verschränkte seine Finger und dabei bemerkte ich sein wallendes, wolkengleiches weißes Haar. Am Mittelfinger seiner rechten Hand fiel mir ein großer, mit einem blutroten Granat geschmückter Goldring auf. War es ein Ring von seinem College? Oder von einem Football-Team? Ich hatte keine Ahnung. An seiner linken Hand trug er einen einfachen goldenen Ehering. Er blickte zu mir herüber und lächelte mich an – ein Lächeln, das dazu dienen sollte, einem verzweifelt wirkenden Menschen Trost zu spenden. Ich lächelte höflich zurück und wandte mich wieder meinem Martini zu.

Er stellte sich als „Roy“ vor und fragte: „Was halten Sie von der Konferenz?“

Ich zuckte mit den Achseln. „Die war so wie die meisten anderen. Eine andere Stadt, aber dieselben Inhalte."

„Oh, besuchen Sie denn viele davon?"

Du hast ja keine Ahnung, dachte ich bei mir. „Ein paar hin und wieder."

Er nickte verständnisvoll. Dann rief er den Barkeeper herbei, bestellte einen Hamburger mit Pommes Frites und eine Cola und nahm dann den Gesprächsfaden wieder auf: „Was machen Sie beruflich?"

„Ich habe meinen eigenen Verlag. Ich bringe meine Bücher selbst heraus, ich konzipiere Kurse zum Selbststudium und gebe auch Seminare und Workshops."

„Hmmm."

Ich dachte mir, dass ich vielleicht nicht genug preisgegeben hatte, weil als Antwort nur ein „Hmmm" gekommen war, und so fügte ich hinzu: „Hauptsächlich über Investments."

Er meinte: „Mein Stiefvater war auch im Verlagsgeschäft aktiv. Er arbeitete für die *Ralston Society.* Schon mal davon gehört?" Er rührte mit dem Strohhalm seine Cola um, legte ihn dann beiseite und nahm einen Schluck direkt aus dem Glas.

Ich rückte einen Barhocker näher zu ihm heran, um nicht das Gefühl zu haben, schreien zu müssen. Die Bar begann sich mit weiteren müden und genauso erschöpft dreinblickenden Konferenzteilnehmern zu füllen, die es anscheinend kaum erwarten konnten, sich ein paar Drinks (oder auch viele) und ein Abendessen zu genehmigen.

„Leider nein." Ich gab dem Barkeeper ein Zeichen, das er mir meinen zweiten Martini bringen sollte – ich hatte diese Form der nonverbalen Kommunikation wirklich schätzen gelernt. „Was ist die *Ralston Society?*"

„Sie haben damals in den 1930ern *Denke nach und werde reich* herausgebracht. Sie haben doch sicher von diesem Buch von Napoleon Hill gehört, oder?"

„Natürlich hab' ich davon gehört," gab ich zurück. Ich wollte fast noch hinzufügen: *Wer denn nicht?,* aber dachte dann, das wäre vielleicht respektlos. „Alle Geschäftsleute, die ich kenne, haben zu irgendeinem Zeitpunkt *Denke nach und werde reich* gelesen."

„Mein Stiefvater arbeitete damals für die *Ralston Society*."

Roy machte sich an seinen Hamburger mit Fritten. Er aß ihn mit Messer und Gabel, und ich fragte mich, ob er ihn vielleicht lieber mit den Händen verzehrte, wenn er sich nicht gerade in einem 5-Sterne-Etablissement befand.

Die Grey Goose zeigte allmählich Wirkung und ich muss gestehen, dass mir vom Rest der Unterhaltung nicht allzu viel in Erinnerung geblieben ist. Aber ich weiß noch, wie Roy über Napoleon Hill und ein unbekanntes, noch nie enthülltes Geheimnis sprach, das sich um dessen Schriften rankte und ganz besonders mit *Denke nach und werde reich* zu tun hatte. Ich erinnere mich, dass Roy immer weitererzählte, während er gleichzeitig mit perfekten Tischmanieren seinen Hamburger mit Pommes verzehrte und ich höflich an meinem Cocktail nippte. Und ich weiß noch, wie fasziniert ich von dem künstlerisch wertvollen Zuckerrand an meinem Glas war, weil es mir nicht gelang, auch nur ein einziges Wort einzuwerfen.

Irgendwann muss ich zu dem Schluss gekommen sein, dass Roy wohl nicht alle Tassen im Schrank hatte, und gab vor, dass sich zu meiner unheimlichen Erschöpfung auch noch ein pochender Kopfschmerz gesellt hatte. Also überreichte ich ihm meine Visitenkarte mit den Worten, er solle mir seine Anschrift zumailen, damit ich ihm ein paar Gratis-Bücher zuschicken konnte.

Viele Jahre lang hörte ich dann nichts mehr von ihm und hatte den Abend schon ganz vergessen – jedenfalls bis ein paar Wochen vor Weihnachten 2017. Da erhielt ich eine mysteriöse E-Mail, deren Absender sich einfach „R.C." nannte. Die E-Mail enthielt den extrem vagen und schlecht formulierten Hinweis, dass er einige Kapitel aus *Denke nach und werde reich* in seinem Besitz hatte, die in der Originalausgabe aus dem Jahr 1937 fehlten. In der E-Mail stand auch, dass er mir eine Kopie dieser Kapitel zukommen lassen würde. Ich verschwendete keinen weiteren Gedanken an die Sache und löschte die E-Mail, ohne darauf zu antworten.

Kurze Zeit später unternahm ich eine Reise nach Hawaii. Der Blick auf die Bucht von Anaeho'omalu war, wie immer, herrlich, aber mein Verstand versperrte mir die Aussicht und zerrte ständig an mir: *Was wäre, wenn es tatsächlich einige verloren gegangene Kapitel gibt? Wie würden sie wohl aussehen? Um wie viele Kapitel handelt es sich? Was wäre wohl ihr Inhalt? Und warum hatte man sie nicht in der Erstausgabe vom Frühjahr 1937 veröffentlicht?*

Daraufhin schlief ich ein und hatte einen absolut realistischen, tiefgründigen und magischen Traum. Ich befand mich in einem großen Zimmer irgendeines 5-Sterne-Hotels und war gerade dabei, ein Hochzeitskleid anzuziehen, um einen meiner Ex-Ehemänner zu heiraten. (Ja, inzwischen gab es davon drei.) Ich verabscheute den Gedanken ans Heiraten und wollte es eigentlich gar nicht, aber aus irgendeinem Grund fühlte ich mich dazu verpflichtet.

Auf einmal fiel mein Blick auf einen schweren, burgunderroten Samtvorhang. Ich zog ihn beiseite, und er offenbarte eine wunderschöne Aussicht aufs Meer, so weit mein Blick reichte. Direkt unter der Wasseroberfläche sah ich einen festen Weg, und als ich genauer hinschaute, nahm ich ein sanftes Wellenspiel wahr, das meine Zehen umspülte, so als ob es mich einladen wollte, ihm zu folgen. Ich betrat den Weg und es erschien mir so, als würde ich über das Wasser gehen. Es war ein majestätisches Gefühl, das zu mir sprach und mir sagte, dass ein völlig neues Leben auf mich wartete, das mich überall hinführen würde, wo ich wollte, und das es mir ermöglichen würde, zu jeder gewünschten Person zu werden.

Da sprang mich auf einmal ein Angstgefühl an, wie ein Blitzschlag, und verwandelte sich augenblicklich in schiere Panik. *Wo gehe ich hin? Geht dieser Weg ewig so weiter? Werde ich mich in diesem Ozean verlieren? Werde ich ertrinken? Ich muss zurück!* In dem Moment, als ich mich umdrehte, um zurückzugehen, erwachte ich aus diesem Traum.

Ich wusste sofort, was er bedeutete. Er bedeutete, dass ich für immer gefangen wäre, wenn ich versuchen würde, mich in mein bisheriges Leben – sei es in eine Beziehung oder in etwas anderes – zurückzufinden. Und er wollte mir sagen, dass ich dieses neue Leben willkommen heißen musste, das mir das Universum schenken wollte. Ich wusste, dass ich nur zuzugreifen brauchte, aber mein Selbstvertrauen war ziemlich brüchig. Ich wusste nicht, ob ich auf dieser Reise in ein neues Leben im Universum sicher aufgehoben wäre.

Zum Zeitpunkt dieses Traums versuchte ich gerade krampfhaft, eine alte, nicht funktionierende Beziehung wiederzubeleben. Es heißt ja, das ist die Definition von Geisteskrankheit: Man tut immer wieder dasselbe und erwartet ein anderes Ergebnis. Aber genau das machte ich gerade – ich hatte zu sehr Angst, das loszulassen, was mich runterzog und mich bis ins Mark miserabel fühlen ließ.

Das geht vielen von uns so. Wir klammern uns an etwas Altem fest, das uns klar keinen Vorteil bringt, nur weil wir zu viel Angst vor dem Unbekannten haben, obwohl tief in unserem Inneren uns unser Herz auffordert, den Sprung zu wagen.

Ich kam aus Hawaii mit einer Menge neuer Fragen zurück, aber auch mit einer Fülle neuer Antworten. Am 30. Dezember 2017, dem letzten Samstag des Jahres, ging ich noch einmal in mein Büro, um meine Fische zu füttern und ein wenig Arbeit zu erledigen. Auf dem Fußboden lag ein zerknitterter brauner Umschlag, den jemand achtlos durch den Briefschlitz meiner Bürotür gequetscht hatte. Mit einem kaum leserlichen schwarzen Filzstift war mein Name und meine Anschrift draufgekritzelt. Als Absender war eine Postfachadresse in Chicago angegeben.

Konnte es das sein? Mein Herz raste, als ich den Umschlag aufriss und ein kurzes Anschreiben von einem Mann namens Roy Chamberlain herauszog. Ich wusste sofort, dass es sich um den „R.C." aus der E-Mail handelte. Roy wiederholte darin noch einmal, was er mir schon an der Hotelbar erzählt hatte: dass sein Stiefvater für die *Ralston Society*, den Herausgeber von *Denke nach und werde reich*, tätig gewesen war, und dass der Verleger irgendwann vor Druckbeginn beschlossen hatte, die Kapitel 16 und 17 aus dem Buch zu entfernen. Es wurde kein Grund für diese Entscheidung genannt und so erschien *Denke nach und werde reich* mit nur 15 Kapiteln.

Wir können nur spekulieren, warum man die zwei Kapitel wegließ. War es aus Gründen des Buchumfangs? Enthielten die Kapitel Informationen, für welche die Allgemeinheit nach Meinung der *Ralston Society* noch nicht bereit war? Machten diese Kapitel im Kontext des restlichen Buches keinen rechten Sinn? Wurden nur diese beiden Kapitel weggelassen oder gab es da noch weitere? Und waren diese verlorenen Kapitel überhaupt echt oder waren es nur Fakes?

In seinem Schreiben erklärte Roy weiter, dass er immer etwas mit diesen Kapiteln anfangen wollte, aber irgendwie war ihm die Zeit entglitten … und sein Gedächtnis ebenfalls. Er schrieb, vergessen zu haben, dass die verloren gegangenen Kapitel in seinem Besitz waren, und als er kürzlich darauf stieß, war ihm klar, dass er sich nicht in der Lage fühlte, sie in dieser späten Phase seines Lebens an die Öffentlichkeit zu bringen, zumindest nicht allein. Und jetzt kam *ich* ins Spiel. Sein Schreiben endete mit den Worten: „Ich vertraue darauf, dass Sie wissen, was Sie damit anfangen sollen.“

Als ich mir diese verloren gegangenen Kapitel näher ansah, wusste ich, dass es sich nicht um die Originale handelte. Es waren kaum leserliche Kopien von etwas, das möglicherweise die Originale waren. Ich kann nur vermuten, dass Roy die Originale behalten hatte, weil sie viel zu wertvoll waren, um sie einfach einer völlig Fremden zuzusenden.

Es gelang mir nicht, seine gelöschte E-Mail wiederzufinden. Auch meine anderen Versuche, mit Roy in Kontakt zu treten, schlugen fehl. Ich hatte nur den Poststempel aus Chicago mit einer falschen Rücksendeadresse. Ich heuerte sogar einen Privatdetektiv an, um an Roy heranzukommen, aber auch der konnte nichts finden.

Nachdem ich die beiden Kapitel mehrmals durchgelesen hatte, bekam ich das Gefühl, dass der Stil, in welchem sie verfasst waren, auf erstaunliche Weise dem Stil Napoleon Hills in seinen zahlreichen Büchern glich, vor allem in *Denke nach und werde reich*.

Ich kann verstehen, wenn Sie, meine Leser, am liebsten jetzt rasch bis zum Ende des Buches vorblättern und diese beiden Kapitel lesen möchten, aber ich bitte Sie eindringlich, es nicht zu tun – hauptsächlich, weil Ihnen der Kontext fehlen würde, in den sie gehören, und der unabdingbar ist, um ihre Echtheit zu bestimmen. Allerdings kann ich auch verstehen, dass man manchmal das Dessert am liebsten noch vor dem Hauptgericht verspeisen will. Sollte dies der Fall sein, können Sie gern bis zu den Kapiteln 16 und 17 vorblättern und die verlorenen Kapitel lesen, aber nur, wenn Sie *Denke nach und werde reich* bereits gelesen und Hills grundlegende Prinzipien verstanden haben. Sie sollten anschließend aber unbedingt dieses Buch von Anfang an durchlesen, weil Sie so die beiden verlorenen Kapitel noch viel mehr schätzen werden.

Ich bin davon überzeugt, dass es sich hier um die fehlenden Kapitel aus dem Originalmanuskript handelt, aber letztendlich müssen Sie das für Sie selbst entscheiden. Am wichtigsten ist, dass Sie für sich entscheiden, ob die Informationen aus den Kapiteln 16 und 17 Ihren Lebensweg verändern können. Ich kenne bereits die Antwort: Sie *können* es und sie *werden* es auch, wenn Sie ihre Inhalte immer wieder *anwenden*. Ich hoffe sehr, dass Sie in diesem Leben alles – und noch viel mehr – erhalten, was Sie sich jemals gewünscht haben. Das ist der Grund, warum ich ein so großes und vielfältiges Risiko eingegangen bin – insbesondere in rechtlicher und finanzieller Hinsicht – um Ihnen diese verlorenen Kapitel zu präsentieren.

Kapitel 1

KANN WIRKLICH JEDER „NACHDENKEN UND REICH WERDEN"?

Konzentrieren Sie sich auf das, was Sie wollen, und nicht auf das, was Sie nicht wollen.

—CHARLES F. HAANEL

Es war im Frühjahr 1984, als ich zum ersten Mal das Buch *Denke nach und werde reich* in meinen Händen hielt. Das war wenige Wochen vor meinem zehnten Geburtstag und meine Familie war gerade in das Haus meiner Oma gezogen, weil mein Vater wieder einmal mit einer seiner Geschäftsideen gescheitert war. Wir hatten kein Geld mehr, um die Miete für unser Haus in Panama City, Florida, zu bezahlen, und da wir nicht wussten wohin, ging es es zurück in den Vorort von Chicago, in welchem das Haus meiner Oma stand.

Mein Bruder Jason und ich teilten uns ein Zimmer während der rund 18 Monate, die wir dort wohnten. Es war kein richtiges Kinderzimmer, es hatte zwei Türen auf jeder Seite und diente eigentlich mehr als Durchgangsraum. So weit ich weiß, verkauften die Bauunternehmer in den 1950er Jahren den Leuten gern eine leere „Hülle". (Ich glaube, so etwas gibt es heute auch noch.) Im Prinzip handelte es sich dabei einfach um ein leeres Haus mit vier Wänden auf einer Betonplatte. Es war dann die Aufgabe der neuen Besitzer, das Innere des Hauses auszubauen, und genau das hatte mein Großvater getan… wenn auch nicht sehr gut, was ich komisch fand, denn er war von Beruf Bauzeichner und arbeitete als Ingenieur für die öffentliche Verwaltung. Aber der Fairness halber muss ich hinzufügen, dass er niemals behauptete, Architekt zu sein.

In diesem Zimmer befand sich ein großer Einbauschrank, der merkwürdig hervorstand. Es dauerte nicht lange, bis mein Bruder und ich neugierig wurden, denn er enthielt alle möglichen coolen Sachen, die für uns eigentlich tabu waren. Als Kind ist es natürlich so, wenn man etwas verboten bekommt, dann wird der Reiz nur umso stärker. Und als uns Oma anschrie, wenn sie uns beim Stöbern in diesem Schrank erwischte, steigerte das unsere Neugier nur noch weiter bis zur Besessenheit. Mit jedem Tag, der verging, beherrschten wir das Spiel immer besser, den Schrank zu erforschen, ohne dabei erwischt zu werden.

Der Schrank hatte einen ganz besonderen Geruch und selbst heute kann ich ihn immer noch wahrnehmen, wenn ich daran denke, wie wir seine Tür öffneten. Der muffige Geruch stammte hauptsächlich von den Ölgemälden und Malutensilien meines Großvaters sowie von anderen Überbleibseln seiner seit langem aufgegebenen Träume, die er niemals weiterverfolgt hatte. Im Schrank gab es auch Bücher, Zeitschriften, ganz normalen Müll, zusammengefaltete Papiereinkaufstüten und kleine „Schätze“, die dort sicher aufbewahrt wurden.

Links hing ein Regal und auf dessen mittlerem Brett lagen sorgfältig übereinander gestapelte Bücher. Das Buch ganz oben war *Denke nach und werde reich*. Irgendwann war sein Schutzumschlag verloren gegangen und so präsentierte es auf seiner Vorderseite stolz seinen Titel und ganz unten ein niedliches Trio aus Zylinderhut, Stock und einem Paar Handschuhen. Diese kleine Bild brannte sich mir bis heute ein, weil es *wirklich* meine Aufmerksamkeit fesselte.

Original-Bucheinband von *Denke nach und werde reich* aus dem Jahr 1937.

Als ich das Buch aufschlug, stellte ich mir einige beängstigende Fragen: *Kann man einfach durch „Nachdenken reich werden"? Ist das auch nur entfernt möglich? Und falls das so ist, kann dann auch ich „nachdenken und reich werden"?*

Bis zu diesem Punkt meines jungen Lebens hatte ich nichts als Armut erlebt. Heute weiß ich, dass zu dieser Zeit mein Groll gegen meine Lebensumstände zu wachsen begann, und dieser Groll wurde dann später zum Treibstoff, der mein *brennendes Verlangen* befeuerte, reich zu werden, koste es, was es wolle.

Als Teenager und junge Erwachsene nahm ich *Denke nach und werde reich* immer mal wieder in die Hand, aber es wollte mir kein Versuch gelingen, es ernsthaft durchzulesen. Ich fand die Worte Napoleon Hills staubtrocken und unbeschreiblich langweilig. Ich fragte mich dauernd: *Was zum Teufel finden die Leute bloß an diesem Buch?*

Erst als ich die Vierzig überschritten hatte, lernte ich allmählich *Denke nach und werde reich* zu schätzen. Bei einem Seminar, das ich damals besuchte, wurde eine originale Erstausgabe des Buchs versteigert. In der Sekunde, in der ich es sah, musste ich daran denken, wie ich mit neun Jahren zum ersten Mal das Bild mit Zylinder, Stock und Handschuhe erblickte; ich konnte sogar wieder die alte Ölfarbe und das Terpentin im Schrank meiner Großeltern riechen. Und da wusste ich, dass ich auf das Buch bieten musste. Und ich wollte nicht nur darauf bieten, sondern ich war fast entschlossen, den Zuschlag zu erhalten, zu welchem Preis auch immer.

Zweck der Auktion war es, zwei Hilfsorganisationen zu unterstützen, die sich um verlassene Farmtiere kümmern. Es wurden zwar einige recht wertvolle Gegenstände versteigert, aber dennoch war ich überrascht, dass sonst niemand ein Gebot für diesen „Schatz" abgab. Während des dreitägigen Events überprüfte ich regelmäßig, ob mich irgendjemand überboten hatte. Aber nein, da war kein Piep, und ich erwarb das Buch für nur 750 Dollar. Und da begann sich die Magie für mich zu entfalten.

Ich ließ mein wertvolles Buch in seiner Kunststoffhülle, um es sicher aufzubewahren. Über mehrere Tage warf ich immer wieder einen Blick darauf und fragte mich, ob es in Ordnung wäre, ein achtzig Jahre altes Werk zu lesen, das bereits doppelt so lang wie ich auf diesem Planeten existierte. Eine Woche später entschloss ich mich endlich, die Schutzhülle ein paar Mal vorsichtig zu öffnen, um zu testen, ob ich es wagen sollte, das Buch in die Hand zu nehmen. Bei jedem Öffnen schien es mir so, als ob gleich ein paar Seiten herausfallen würden. Aber sein Alter faszinierte mich und ich spürte, dass seine Geheimnisse nach mir riefen. Und so begann ich ganz langsam und vorsichtig, dieses alte Buch zu lesen.

Es dauerte nicht lange, bis mich Napoleon Hills antiquierte und fast nur auf Männer bezogene Ausdrucksweise anwiderte. Sie entsprach der damaligen Zeit, was bedeutet, dass es im gesamten Buch nur um „Männer" geht. Ab und zu ersetzte Hill dieses Wort durch den Singular „Mann", aber nur äußerst selten warf er mal „Frau" oder „Frauen" ein. Es war offensichtlich, dass er Frauen außen vor ließ, denn damals betrachtete man sie weithin als Hausfrauen und Gebärerinnen für den Nachwuchs.

Wie auch immer, je mehr ich in seine Inhalte eintauchte, umso mehr konnte ich für mich herausziehen. Am Ende des Buches gelangte ich zu derselben Schlussfolgerung, die mir vor vielen Jahren intuitiv bereits als neunjähriges Mädchen gekommen war. Man kann nicht einfach nur durch „Nachdenken" reich werden. Man muss gleichzeitig mit dem Nachdenken auch etwas „tun". Der ganze Prozess beginnt allerdings mit dem Aufblitzen eines Gedankens – und sei es nur ein kleiner – der dann die Mächte in Wallung versetzt, die alles Sichtbare und Unsichtbare gestalten. Napoleon Hill formulierte es in *Denke nach und werde reich* so:

> „Gedanken sind gegenständlich". Das ist so. Und das gilt ganz besonders, wenn sie mit Zielstrebigkeit, Ausdauer und einem BRENNENDEN VERLANGEN einhergehen, in Reichtum oder andere materielle Werte umgesetzt zu werden.

Der Autor Earl Nightingale, der tief von Napoleon Hill beeinflusst wurde, meinte: „Wir werden zu dem, woran wir die meiste Zeit denken, und das ist das seltsamste Geheimnis." Lassen Sie mich dies näher erläutern: Während Sie sich durch Ihr Leben bewegen, neigen Sie dazu, Ihre Fortschritte in Bezug auf Ihre Umwelt zu bewerten. Wenn Ihr Leben nicht Ihren ultimativen Wünschen entspricht, besteht ein Geheimnis darin, anders zu denken, damit Sie sich eine neue Umwelt kreieren, die Ihr Wunschleben fördert. Natürlich kann dies Ihnen schwerfallen, weil Ihr Gehirn umso stärker darauf „programmiert" wird, Ihre Realität als permanent anzusehen, je mehr Sie mit Ihrem derzeitigen Leben verschmolzen sind. Der „Trick" besteht natürlich darin, Wege zu finden, wie Sie sich über Ihre Realität hinwegsetzen können. Später in diesem Buch spreche ich ausführlich darüber.

Nur Wenige wissen, dass Hills Verleger darauf bestanden hatte, dem Buch den Titel *Use Your Noodle and Get the Boodle* („Benutz deine Birne und hol dir den Zaster") zu geben (das stimmt wirklich!). Zum Glück für uns alle nutzte Hill *die Macht des Äthers* und kam in der letzten Minute auf einen neuen Titel: *Denke nach und werde reich*. Ich sage „zum Glück", weil ich nie ein Buch mit diesem Titel anfassen würde, es sei denn natürlich, es handelt sich um ein

Kinderbuch. Ich bezweifle auch, dass ein Buchtitel mit *Birne* und *Zaster* die mehr als siebzig Millionen Menschen angesprochen hätte, die dieses Schatzkästlein erworben haben. Außerdem besagt ja die Grundidee von *Denke nach und werde reich*, dass wir die Kraft unseres Geistes nutzen sollen, um unsere Wünsche zu manifestieren. Ja, Sie verfügen tatsächlich über diese Kraft! Der Schlüssel besteht darin, einen Weg zu finden, wie Sie sich auf Ihr Wunschleben fokussieren können, während Sie in Ihrer alten Umgebung weiterleben. Hier wird es nun knifflig, und das ist wahrscheinlich der Grund, warum Hill so ausführlich auf die phänomenale Geschichte eines Mannes namens Edwin C. Barnes eingeht:

> DENKE NACH UND WERDE REICH – vor gut 30 Jahren begriff Edwin C. Barnes, dass das wirklich möglich ist. Zu dieser Erkenntnis gelangte er aber nicht unvermittelt, sondern nach und nach. Angefangen hatte alles mit seinem BRENNENDEN VERLANGEN, Geschäftspartner des großen Edison zu werden.
>
> Barnes' großer, dringender Wunsch zeichnete sich vor allem dadurch aus, dass er sehr konkret war. Barnes wollte mit Edison arbeiten, nicht für ihn. Verfolgen Sie nun aufmerksam, wie es ihm gelang, sein VERLANGEN in die Tat umzusetzen. Dann werden Ihnen die dreizehn Grundsätze klarer, die zu finanziellem Erfolg führen.
>
> Als Barnes dieser WUNSCH oder Impuls erstmals durch den Kopf schoss, war er nicht in der Position, ihm nachzugeben. Zwei Dinge standen ihm im Weg: Erstens kannte er Thomas Edison gar nicht und zweitens hatte er nicht genug Geld für eine Zugfahrkarte nach Orange, New Jersey.
>
> Diese Probleme hätten die meisten Menschen von dem Versuch abgehalten, diesen Wunsch zu verwirklichen. Doch im Falle von Barnes handelte es sich eben nicht nur um einen Wunsch! Er war so entschlossen, eine Möglichkeit zu finden, sein Verlangen in die Tat umzusetzen, dass er am Ende lieber als „blindes Gepäck" reisen wollte, als sich geschlagen zu geben. (Für die Unbedarften: Das bedeutet, er fuhr in einem Güterzug nach East Orange.)

Unvermittelt tauchte er in Thomas Edisons Labor auf und verkündete, er wolle mit dem Erfinder ins Geschäft kommen. Über die erste Begegnung von Barnes und Edison sollte Edison Jahre später sagen: „Da stand er vor mir und sah aus wie ein hergelaufener Landstreicher, doch aus seinem Gesicht las ich, dass er fest entschlossen war, ans Ziel zu kommen. Aus meiner jahrelangen Erfahrung im Umgang mit Menschen wusste ich: Wenn jemand ein so TIEFES VERLANGEN hat, dass er dafür alles aufs Spiel setzt, dann wird er es schaffen. Ich gab ihm die Chance, um die er mich bat, weil ich erkannte, dass er entschlossen war, durchzuhalten, bis er Erfolg hatte. Und wie sich zeigen sollte, war das kein Fehler.“

Ungleich wichtiger als das, was der junge Barnes damals zu Edison sagte, war also, was er dachte. Was zählte, waren seine GEDANKEN.

Eine einzige tragfähige Idee – mehr brauchen Sie nicht, um erfolgreich zu sein. Die in diesem Buch dargestellten Grundsätze beinhalten die nützlichsten und am leichtesten umsetzbaren aller Erkenntnisse über Mittel und Wege, brauchbare Ideen zu generieren.

Doch bevor wir unseren Ansatz zur Schilderung dieser Grundsätze weiterverfolgen, soll Ihnen folgender wichtiger Hinweis keinesfalls vorenthalten bleiben . . . WENN DER WARME REGEN KOMMT, DANN SO SCHNELL UND SO HEFTIG, DASS MAN SICH FRAGT, WO ER IN ALL DEN DÜRREN JAHREN GEBLIEBEN IST. Das ist eine ganz erstaunliche Feststellung – umso mehr in Anbetracht der verbreiteten Meinung, dass nur reich wird, wer lange und hart arbeitet.

Erfolg beginnt IM KOPF. Wer sich unwillkürlich auf Misserfolg einstellt, der scheitert.

Dieses Buch soll allen helfen, die lernen möchten, wie man sich von MISSERFOLG auf ERFOLG umpolt.

Ideen und Inspirationen – wo kommen sie her?

Wo genau entstehen diese inspirierten Gedanken und Ideen eigentlich? Woher nahm Barnes den Mumm, Edison seine ziemlich hochtrabende und verrückte Idee vorzustellen?

Die Antwort lässt dieses gesamte Geheimnis zu einem vollständigen Kreis werden – man kann nicht seinen Anfang beschreiben, solange man nicht als Erstes versucht, auch sein Ende darzulegen. Genauso habe ich *Denke nach und werde reich* empfunden – beginnen Sie mit Ihren Gedanken, aber versuchen Sie nicht zu ergründen, woher genau diese große Idee kommen soll.

Die Wahrheit ist, dass viele Menschen aus sich selbst heraus ein Genie sind, aber das erklärt nicht die Entstehung einer „großen Idee". Sie entsteht nicht aus Informationen, die wir über die Jahre aufgenommen und im Gedächtnis gespeichert haben. In Wahrheit ist es so, dass Ihre kühnsten, umfassendsten und größten Ideen überhaupt nicht aus Ihrem Gehirn stammen. Im weiteren Verlauf werde ich Ihnen genau enthüllen, woher diese *tatsächlich* kommen ... und Sie könnten überrascht sein!

Kapitel 2

DER ERSTE SCHRITT ZUM REICHTUM: WAS IST IHR BRENNENDES VERLANGEN?

Haben Sie erst einmal eine Entscheidung getroffen, so arbeitet das Universum mit Ihnen zusammen, damit sie auch Wirklichkeit wird.

–Ralph Waldo Emerson

Als ich zwölf war, wollte ich aus Panama City, Florida, nach Hollywood umziehen, um Schauspielerin zu werden. Dies wurde zu meinem *brennenden Verlangen* und *wichtigsten Ziel,* mit dem es kein anderer Wunsch aufnehmen konnte. Tag und Nacht dachte ich daran, nach Südkalifornien umzusiedeln. Ich visualisierte es morgens beim Aufwachen und besorgte mir sogar eine Karte der Gegend, die ich an meiner Zimmerwand befestigte. Es war ein Souvenir-Übersichtsplan mit den bekanntesten Touristenattraktionen und Sehenswürdigkeiten, vom Hollywood-Schriftzug bis zum Gebäude der *Capitol Records.* Ich studierte ihn den ganzen Tag lang und merkte mir akribisch alle Straßen, Gebäude und Sehenswürdigkeiten, bis ich sie alle auswendig kannte. Und jeden Abend schlief ich mit dieser fest in meinem Kopf und Bauch verankerten Vision ein.

Ich interessierte mich aber nicht sonderlich dafür, was ich nach meiner Ankunft dort eigentlich tun wollte. Das Einzige, was mich interessierte, war nach Südkalifornien zu kommen. Als frühreife Zwölfjährige hatte ich keinen blassen Schimmer von den zahlreichen Hindernissen in der realen Welt, und dazu zählte auch das finanzielle Unvermögen meiner Eltern, mit der ganzen Familie dorthin zu ziehen. Selbst wenn sie durch irgendein Wunder an genug Geld gekommen wären, so hatten sie doch keinerlei Beziehung zu dieser Region und kannten sie nur aus Filmen oder dem Fernsehen. Ich allerdings sehnte mich so sehr nach dieser geographischen Veränderung, dass ich die Westküste schon schmecken konnte. Ich *wusste* einfach, dass es geschehen würde, auf irgendeine Weise. Und wissen Sie was? *Kein halbes Jahr später zogen wir tatsächlich in den Süden Kaliforniens.*

Dies geschah aufgrund einer Reihe plötzlicher und „mysteriöser" Ereignisse, die man unmöglich hätte planen können. Vor einem Moment standen wir noch kurz davor, in unsere alte Heimat Chicago zurückzukehren, und im nächsten Augenblick ging die Reise nach Kalifornien, weil mein Onkel beschlossen hatte, sich dort niederzulassen, was meinen Dad bewog, ihm zu folgen. Das war 1987 und seit dieser Zeit lebe ich hier.

Das war meine erste Erfahrung mit dem *bewussten Kreieren und Manifestieren* meiner Wünsche aus nichts anderem als einem *brennenden Verlangen*. Ich wurde zwar keine Schauspielerin – hauptsächlich, weil ich später in einer Theatergruppe herausfand, dass mir die Schauspielerei nicht zusagte – aber die schöpferische Kraft hatte bei mir gewirkt. Unglücklichlicherweise entschied ich mich dann jahrzehntelang dafür, diese immense schöpferische Kraft unter den Teppich zu kehren. Aber zum Glück beschloss ich auch, mich ihr wieder zuzuwenden. Aber eher war es so, dass diese unglaublich faszinierende Quellenergie die *Entscheidung* für mich traf.

Heute ist mir klar, dass meine Unreife, meine mangelnde Erfahrung und meine kindlichen „wahnhaften" Ideen sich völlig zu meinem Vorteil auswirkten. Wenn ich gewusst hätte, was für „Realitäten" mir im Weg standen, hätte ich mir mein Verlangen selbst ausgeredet, so wie einst mein Großvater seine künstlerischen Ambitionen aufgab. Dann hätte sich mein Traum niemals manifestiert und wäre wohl, bildlich gesprochen, in einem muffigen Schrank neben den Leinwänden, Acrylfarben und Pinseln meines Opas gelandet.

Ich glaube, es ist an der Zeit, dass wir alle einen Weg finden, um wieder zu „wahnhaften" kleinen Kindern mit großen Träumen zu werden, die zwar Hindernisse und Begrenzungen erkennen, allerdings ohne sie zu akzeptieren!

Ein Verlangen: der entscheidende Ausgangspunkt für jede Manifestation

Das englische Wort für Verlangen, *desire,* hat seinen Ursprung im lateinischen *de sire,* was „vom Vater" bedeutet. Ihr Verlangen – ob es Ihnen leicht oder schwierig zu verwirklichen erscheint, ob möglich oder unmöglich – wurde von einem höheren Ort aus bereits erfüllt. Ihnen würde niemals ein Verlangen eingegeben, das unmöglich zu erreichen wäre. Zu Ihrem Verlangen erhalten Sie also immer auch Ideen, Inspirationen und Aktionspläne, denen Sie nur zu folgen brauchen, um Ihre Wünsche im Leben zu verwirklichen.

In der Geschichte über die Partnerschaft zwischen Edison und Barnes begann alles mit Barnes' *Verlangen* nach einer entscheidenden Verbesserung seiner Finanzlage. Daraufhin erhielt er den *Gedanken* an eine Zusammenarbeit mit Edison in Form einer Inspiration, die aktives Handeln von ihm *verlangte.* Barnes' beharrliches Handeln und seine Bereitschaft, auf alles flexibel zu reagieren, was auf ihn zukam, waren entscheidend für seinen Erfolg. Wenn er sich still hingesetzt hätte und die ihm eingegebenen Ideen, Gedanken und Pläne nur in seinem Hirn herumgewirbelt wären, ohne dass er aktiv wurde, dann hätte er wohl eine sehr unglückliche Existenz geführt.

„Handeln ist der grundlegende Schlüssel zu allem Erfolg." Dieses Zitat von Pablo Picasso bringt mich zu dem Schluss, dass „Denke nach und werde reich" eigentlich ein irreführender Titel ist. Napoleon Hill machte deutlich, dass der Erfolg von Barnes darauf zurückzuführen ist, dass er mehr tat, als nur „reich zu denken". Er wollte unbedingt Edison begegnen, weil er fest entschlossen war, die Stellung zu erhalten, die seiner Vision entsprach. Er hat zu keiner Zeit aufgegeben. Es ist gut möglich, dass aufzugeben für ihn absolut keine Option war. Sein Handeln beruhte auf der Energie aus seinem brennenden Verlangen. Das ist hier der entscheidende Punkt, deshalb will ich ihn wiederholen: Sein Handeln beruhte auf der Energie aus seinem brennenden Verlangen.

Ohne brennendes Verlangen können Sie nichts manifestieren

Jede Manifestation muss mit einem brennenden Verlangen beginnen. Es wäre sicher ein Schock für Sie, wenn Sie erfahren würden, wie viele Menschen nicht die leiseste Vorstellung davon haben, was sie sich wirklich im Leben wünschen, und sich fragen, warum ihr Leben nicht so ist wie gewollt. Die Grinsekatze aus *Alice im Wunderland* meint dazu: „Wenn du nicht weißt, wo du hinwillst, ist es egal, welchen Weg du einschlägst".

Andererseits begreift fast jeder, wenn man sich im Restaurant ein ausführliches Frühstück bestellt, dann muss man ganz präzise wissen, was man will: Spiegelei, Rührei oder ein gekochtes Ei; Weizen-, Roggen- oder Vollkorntoast; Bacon, Würstchen oder Schinken. Wenn Sie also nicht ganz exakt Ihre Bestellung für Ihre Wünsche im Leben aufgeben, dann brauchen Sie sich auch nicht zu wundern, wenn Sie etwas serviert bekommen, das Sie am liebsten in die Küche zurückschicken würden!

Schauen wir uns das mal genauer an. Sie kennen wahrscheinlich deshalb nicht genau Ihre Wünsche, weil Sie es anderen erlauben, Sie zu beeinflussen oder Ihnen sogar zu diktieren, was Sie zu wollen und nicht zu wollen haben. Ihr Kopf ist benebelt von den Ideen und Plänen anderer Leute, wie Sie Ihr Leben gestalten und wie Sie sich verhalten sollen. Einige dieser Programmierungen stammen noch aus Ihrer Kindheit – vielleicht meinte Ihr Vater, Sie sollten lieber Steuerberater werden und nicht Musiker, wie Sie eigentlich vorhatten. Andererseits lassen Sie sich auch heute noch jeden Tag programmieren, wenn Sie auf Ihrem Smartphone nach den neuesten Katastrophen Ausschau halten oder auf Instagram nachsehen, was Ihre Freunde gerade gepostet haben. Manchmal übernehmen Sie auch unbewusst die sozialen Verhaltensnormen mancher Leute. Sie sollten sich von hier Folgendes mitnehmen: Wenn Sie nicht geizig mit Ihrer Aufmerksamkeit umgehen und nicht darauf achten, mit wem Sie viel Zeit verbringen, dann werden Medien, Freunde, Verwandte, Werbetreibende und so weiter von Ihrer Aufmerksamkeit Besitz ergreifen und damit so verfahren, wie es ihnen gerade passt.

Um etwas mit absoluter Sicherheit zu manifestieren, brauchen Sie Ihr eigenes brennendes Verlangen. Was ist also der Unterschied zwischen einem Durchschnittswunsch und einem brennenden Verlangen? Für Napoleon Hill war die Antwort klar:

> *Ein BRENNENDES VERLANGEN ist nicht bloß eine Hoffnung! Es ist nicht bloß ein Wunsch! Es ist ein heftiges, pulsierendes, alles durchdringendes VERLANGEN, denn Sie sind bereit, absolut alles zu tun, um es zu verwirklichen. DAS ist der Unterschied zwischen einem lauwarmen Wunsch und einem BRENNENDEN VERLANGEN.*

Was ist *Ihre* Leidenschaft? Was wollen Sie mehr als alles andere? Ihr brennendes Verlangen zwingt den Manifestierungslevel auf die nächste Stufe, noch bevor Sie etwas dafür zu tun brauchen. Hill hob diese wichtige Erkenntnis in seiner Geschichte über Barnes besonders hervor:

> Auf dem Weg vom Bahngleis zum Büro von Thomas A. Edison arbeitete [Barnes'] Gehirn auf Hochtouren. Er stellte sich vor, *wie er vor Edison stehen würde*. Er hörte sich Edison um Gelegenheit bitten, die eine ALLES VERZEHRENDE OBSESSION seines Lebens zu verwirklichen – das BRENNENDE VERLANGEN, Geschäftspartner des großen Erfinders zu werden.
>
> Was Barnes umtrieb, war mehr als nur eine Hoffnung oder ein Wunsch! Es war ein ganz klares, lebendiges VERLANGEN,

das alles andere durchdrang – mit einem KONKRETEN ZIEL. Und das war fast immer etwas Negatives.

Als er den Erfinder aufsuchte, beherrschte ihn dieses Verlangen schon seit Langem. Anfangs mochte es noch ein Wunsch gewesen sein, doch als er damit bei Edison aufkreuzte, war es viel mehr als das.

Barnes hat es geschafft, weil er sich ein konkretes Ziel setzte, das er mit all seiner Energie, Willens- und Tatkraft verfolgte. Er war ja nicht vom ersten Tag an Edisons Partner. Er gab sich mit der Erledigung niederster Arbeiten zufrieden, solange ihm dies die Möglichkeit bot, seinem erklärten Ziel auch nur einen Schritt näher zu kommen.

Das ist ein erstaunliches Beispiel für die Macht eines KONKRETEN VERLANGENS. Barnes erreichte sein Ziel, weil er unbedingt Edisons Geschäftspartner werden wollte – mehr als alles andere auf der Welt. Er entwickelte einen Plan, um dieses Ziel zu erreichen. DABEI BRACH ER ALLE BRÜCKEN HINTER SICH AB. Er hielt an seinem VERLANGEN fest, bis es sein ganzes Leben bestimmte und schließlich Realität wurde.

Er ließ sich kein Hintertürchen offen, sondern ging aufs Ganze.

Wer ein Vorhaben siegreich zum Abschluss bringen will, muss bereit sein, seine Schiffe zu verbrennen und sich alle Rückzugsmöglichkeiten zu nehmen. Nur dann kann er eine für den Erfolg unabdingbare Grundhaltung aufrechterhalten: DAS BRENNENDE VERLANGEN, ES ZU SCHAFFEN.

Wo kommt ein brennendes Verlangen her?

Napoleon Hill erklärte nicht genau, *woher* ein brennendes Verlangen stammt; allerdings deutete er an, dass es bereits in uns liegt. Zum Beispiel schrieb er in Bezug auf Barnes: „Angefangen hatte alles mit seinem BRENNENDEN VERLANGEN, Geschäftspartner des großen Edison zu werden."

Heißt das, dass Barnes eines Tages aus dem Bett kullerte und begann, über irgendwelche Geschäftspartnerschaften mit berühmten Leuten nachzudenken? Aus heiterem Himmel, ohne Vorstufen?

Oder stammte der Ursprung seiner Idee – seine *Inspiration* – woanders her, auf der Grundlage seines Wünschens, seiner energetischen Einstimmung und seiner Bereitschaft für eine bedeutende Veränderung in seinem Leben? Vielleicht kam die Idee durch den „Äther" zu ihm, wie Hill es beschreibt – obwohl mir die Bezeichnung *Quellenergie* oder *Universum* besser gefällt – denn der ehrgeizige Unternehmer besaß ja schon ein tiefsitzendes Verlangen nach Veränderung, das nur noch klar definiert werden musste. Vielleicht war das der Moment, als ihn ein inspirierender Gedanke aus der Quellenergie erreichte, und dieser Funke versorgte Barnes mit der nötigen Energie, um durch entschlossenes Handeln die heiß ersehnten Veränderungen herbeizuführen. Ich bin davon überzeugt, dass das „Was" an erster Stelle kommt – finanzielle Freiheit, eine liebevolle Beziehung, eine klare Lebensaufgabe – und das „Wie" erst an zweiter.

Ich sagte ja bereits, dass Viele nicht wissen, was sie wollen, und deswegen ständig unglücklich sind. Und dann gibt es diejenigen, die zwar wissen, was sie wollen, aber ihnen fehlt das Wissen, wie sie es erreichen können; *auch sie* bleiben ihr ganzes Leben lang unglücklich.

Es ist gut möglich, dass Sie sich zu einer der beiden Gruppen zugehörig fühlen. Sie finden aus dem Nebel heraus, wenn Sie Herz und Verstand öffnen und Ihren Energielevel sowie Ihre Schwingungsebene anheben, bis Sie die „Gedanken- und Inspirationspartikel" Ihres brennenden Verlangens anziehen können.

Sie können noch ein weiteres einfaches Element hinzufügen: *Fragen und Bitten.* „Bittet und es wird euch gegeben; sucht und ihr werdet finden; klopft an und es wird euch geöffnet!" (Matthäus 7,7) Sobald Sie sich erst einmal geöffnet und auf diese Quellenergie *eingestimmt* haben, sollten Sie auf die Schätze an Inspirationen und Ideen achten, die Sie zu Gelegenheiten führen könnten, um Ihr Verlangen zu erfüllen.

Wenn wir unsere Schwingungsenergie beständig auf einem hohen Level halten, werden wir zu einem Übertragungsstrahl für Hunderte oder sogar Millionen von inspirierenden Gedanken, die wir hier und jetzt in bare Münze verwandeln können. Damit meine ich, dass wir aus diesen Inspirationsgedanken, die unser brennendes Verlangen befeuern, finanziellen Nutzen ziehen dürfen. Das könnte in Form einer Erfindung oder Umorganisation geschehen, oder vielleicht auch in Form eines Musikstücks oder anderen Kunstwerks. Es gibt endlose Gelegenheiten.

Sie müssen aber nicht nur Ihre Schwingungsenergie erhöhen, um diese Gelegenheiten zu bemerken, Sie müssen auch Ihr Gehirn neu „verdrahten", um zu erkennen, was Sie bisher vielleicht vollautomatisch übersehen haben. Außerdem müssen Sie auch alle Negativität und Zweifel von sich abstreifen, die Sie eventuell befallen, wenn es um die Verwirklichung Ihrer größten Wünsche geht. Ja, Sie müssen sich darauf „trainieren", das Glas als halb voll und nicht länger als halb leer zu betrachten, Lösungen statt Hindernisse zu erkennen und Rückschläge als Lernprozesse und nicht als Niederlagen einzuordnen. Wenn Sie sich darauf trainieren, sich über jede Negativität zu erheben, die aus welcher Richtung auch immer auf Sie zukommt – durch die Massenmedien oder durch Ihre abfälligen Selbstgespräche – und sich nur noch auf das Positive fokussieren, können Sie alles, was Sie sich wünschen, einfordern und manifestieren.

Ich möchte Ihnen gern ein wenig die zugrunde liegende Mechanik erläutern, die sich mithilfe der Quantenphysik sogar noch detaillierter beschreiben lässt. Wenn Sie sich auf eine höhere Schwingungsenergie ausrichten, befinden Sie sich auf einer Linie mit allem, was auf dieser Ebene existiert. Dies umfasst Liebe, Fülle, Glück, optimale Gesundheit, Lebensfreude und noch vieles mehr. Es ist schlichtweg unmöglich, in unserem Denken und Fühlen traurig oder arm zu sein, wenn wir auf diesem hohen Level schwingen, weil sich hohe und niedrige Schwingungen *niemals* vermischen können. Daher besteht die ideale Konstellation darin, den höchstmöglichen Schwingungs- und Energielevel konstant aufrechtzuerhalten. Damit halten Sie sich die „schlechten" Gedanken vom Hals, und das gilt auch für lähmende Zweifel und irrationale Ängste. Nur wenn Sie auf einer niedrigeren Ebene schwingen, überkommen Sie Gefühle von Sorge, Panik, Ausweglosigkeit, Aufgeben und so weiter, nun, Sie können diese sehr lange Liste ja gerne weiterführen.

Wenn andere es schaffen, dann können Sie es auch!

Unser gegenwärtiges Informationszeitalter hat den Vorteil, dass wir direkt mitverfolgen können, wie die Reichen leben. Auf Google finden wir Bilder ihrer Anwesen und Luxusautos. Es gibt viele Berichte über Millionäre und Milliardäre, die mit Nichts angefangen haben. Wir können ihre Erfolge stellvertretend miterleben. Das verschafft uns einen großen Vorteil, um unsere Denkweise leichter an diejenige dieser wohlhabenden Menschen anzugleichen.

Vor hundert Jahren im Agrarzeitalter und dann auch im größten Teil des Industriezeitalters war es so, dass Kinder, die in Armut und Verzweiflung aufwuchsen, höchstwahrscheinlich auch im weiteren Verlauf ihres Lebens sich nur mit Ideen und Gedanken beschäftigten, die Armut und Verzweiflung zum Inhalt hatten. Ihre niedrige Schwingungsenergie harmonierte mit ihrer Umwelt und reflektierte Mangel und Beschränkung. Sie träumten vielleicht von Erfolg und Reichtum, aber ein Weg dorthin war praktisch nicht vorhanden. Über die Zeitalter hinweg war es aus diesem Grund schon immer so, dass die Reichen sich mit anderen Reichen verheiratet haben. Dabei ging es nicht so sehr darum, Netzwerke mit anderen Reichen aufzubauen (obwohl das sicherlich auch dazugehörte), sondern hauptsächlich darum sicherzustellen, dass die Schwingungsfrequenz, die ihrer Meinung nach in ihrer DNA steckte, an ihre Nachkommenschaft weitergegeben wurde, um ihren Reichtum für zukünftige Generationen zu sichern.

Wie kommt es aber dann, dass manche sich über ihre Herkunft aus verarmten Verhältnissen erheben und zu gewaltigem Erfolg aufschwingen? Die Antwort ist dieselbe wie im bisher Gesagten. Trotz ihrer Umweltbedingungen fangen sie irgendwann zu glauben an, dass ein besseres Leben für sie erreichbar ist. Auf einer gewissen – bewussten oder unbewussten – Ebene wissen sie, dass es möglich ist, einem entbehrungsreichen Leben zu entrinnen, und zwar nicht nur für sie persönlich, sondern für ihre ganze Familie.

Hierzu ein passendes Beispiel. Wenn es in der modernen Geschichte darum ging, einen neuen Rekord aufzustellen oder einen neuen Meilenstein zu erreichen, dann dauerte das meist Jahre. Aber sobald es geschafft war, wiederholten andere diese Leistung oder übertrafen sie sogar. Warum ist das so? Nun, scheinbar brauchen wir häufig Vorbilder, die uns erst einmal „beweisen", dass etwas möglich ist, bevor wir „Normalmenschen" daran *glauben* können.

Wir Frauen brauchten die erste Leiterin eines millionenschweren Unternehmens. Und dann die oberste Chefin eines Unternehmens mit Milliardenumsätzen. Wir brauchten die erste Frau, die bei einer großen Filmproduktion Regie führte. Und dann die erste, die ein großes Filmstudio leitete. Dann musste es die erste Frau geben, die Bürgermeisterin werden wollte. Und die erste, die sich um die amerikanische Präsidentschaft bewarb. Für alle, die aus schwierigen Verhältnissen und insbesondere aus einer armen Umgebung stammen, musste es den ersten geben, der Erfolg hatte.

In diesen und noch vielen anderen Beispielen begann aufgrund der Leistung dieser Vorreiter bei Tausenden anderen *die Idee zu keimen*, dass auch sie auf irgendeine Art erfolgreich sein könnten. Dank dieser Vorkämpfer und Vorkämpferinnen konnten viele andere den festen Glauben entwickeln, dass für sie ein Besser und Größer möglich war. Aber täuschen Sie sich nicht: Vorreiter zu sein ist ein schwieriges Unterfangen und erfordert sehr viel kreatives Denken, um Tradition, Kultur und Umwelt zu überwinden.

Sind Sie „auserwählt"?

Was für Menschen werden für die erste *große Idee* „auserwählt"?

Die Antwort lautet: Wir sind *alle* auserwählt. Ihnen ist möglicherweise nicht bewusst, dass Sie bereits durch Ihr Geborenwerden und Ihr Leben in diesem Körper das Glück auf Ihrer Seite haben. Allein schon das Heranwachsen einer befruchteten Eizelle im Körper einer Mutter gleicht einem Wunder, unabhängig davon, welche Art von Leben dann daraus folgt. Milliarden von Dingen mussten auf zahlreichen physischen und ätherischen Ebenen geschehen, damit Sie geboren werden konnten, und noch viele Milliarden mehr waren notwendig, damit Sie, jetzt in diesem Moment, dieses Buch lesen können.

Machen Sie sich auf und engagieren Sie sich aktiv inmitten dieser Milliarden Dinge, um das zu erschaffen, was Sie wollen, statt alles dem Zufall zu überlassen. Sie *besitzen bereits* alle Kraft und Energie, die Sie *hier und jetzt* als quicklebendiges biologisches und spirituelles Wesen brauchen.

Wenn Sie *wissen,* dass Ihnen Besseres und Größeres zusteht, dann brauchen Sie nicht länger mühsam nach Ideen zu suchen. Stattdessen besitzen Sie ein tiefsitzendes Gespür dafür, wie Ihr nächster großer Schritt aussehen soll. Sie *wissen bereits,* was Sie erreichen wollen, und vertrauen darauf, dass das Universum auf Ihren Volltreffer wartet. *Das* ist die große Idee. *Sie* sind die große Idee. Es geht einzig und allein darum, Ihr Schicksal zu gestalten. Machen Sie sich also endlich auf die Reise, nach der Sie sich schon viel zu lange sehnen!

Allein schon durch Ihr aktives Beschreiten eines neuen Wegs – selbst wenn er sich als der falsche entpuppt – erhalten Sie neue, inspirierende Ideen und Gedanken, wie Sie Ihren Kurs durch eine immer bessere Einstimmung auf die Quellenergie korrigieren können. Entscheidend ist, dass Ihr Handeln auf den ursprünglichen Ideenfunken und aufregenden Goldnuggets gründet, die Sie als Geschenk erhalten haben. Wenn Sie erst einmal so richtig in Schwung gekommen sind und durch einen hohen Schwingungslevel mit der Quellenergie verbunden bleiben, haben Sie immer die Gewissheit, dass Sie zu Ihrem Leitstern geführt werden. Sie werden *niemals* in die verkehrte Richtung geschickt.

Künstler sagen dazu, sie haben ihre Muse gefunden. Andere nennen es den *Flowzustand.* Die Zeit steht still und es erscheinen alle Ideen, die Sie brauchen oder sich wünschen. Wir alle benötigen diese aus einer höheren Quelle stammenden und aufeinander ausgerichteten Gedanken, Ideen und Inspirationen. Die gute Nachricht ist, dass ein jeder sich relativ schnell in diesen Zustand begeben kann. Hierzu müssen wir uns zunächst auf etwas fokussieren, das wir wirklich wollen. Die Idee ist anfangs vielleicht ziemlich vage, wie zum Beispiel der Wunsch nach einem Berufswechsel.

Oder sie kann auch sehr spezifisch sein, wie der Wunsch, einen Liebespartner für das ganze Leben anzuziehen. Wie auch immer, es muss mit einem inneren brennenden Verlangen beginnen.

Nehmen wir mal an, Sie haben eine klare Vision von dem, was Sie wollen, aber kennen noch nicht die Einzelheiten, wie Sie sie erreichen sollen. Das ist schon in Ordnung. Das in Ihnen emporkeimende Verlangen reicht aus, um zu beginnen, und das „Wie" wird Ihnen dann im weiteren Verlauf eingegeben.

Viele kennen im Alter von sechs oder sieben Jahren bereits ihre Lebensaufgabe. Und doch geben sehr viele Menschen diese Einstimmung auf ihr Schicksal auf, wenn sie älter werden. Wenn Sie sich an Ihre Lebensaufgabe nicht erinnern können oder wenn Sie sie zwar noch kennen, aber keine Ahnung haben, wie Sie Ihre Zweifel überwinden können, will ich Ihnen mit einer Frage weiterhelfen, über die Sie ernsthaft nachdenken sollten: Was war im Alter von ungefähr sechs Jahren Ihr großer Traum? Forschen Sie ein wenig tiefer. Können Sie sich jetzt daran erinnern?

Sobald Ihr brennendes Verlangen feststeht und sobald sich Ihr Glaube an seine Erreichung voll entfaltet, strömen inspirierende Ideen in Ihren Geist. Das kann in den frühen Morgenstunden geschehen oder auch beim Entenfüttern am Teich. Plötzlich rufen Sie: „Hurra! Das ist meine große Idee!" Sie *wissen einfach*, wie Ihr nächster Schritt auszusehen hat.

Oder nehmen wir an, Sie wissen nicht genau, was Sie wollen, sondern haben nur eine vage Idee. Vielleicht wollen Sie reich werden, haben aber keinen blassen Schimmer, wie Sie es anstellen sollen. Auch das ist in Ordnung – und nicht nur in Ordnung, sondern sogar ziemlich weitverbreitet. Eine allgemeine Vision Ihres Ziels reicht aus, um Sie für die Ideen zu öffnen, die genau zur richtigen Zeit auf Sie zukommen werden. Wenn Ihr brennendes Verlangen zum Beispiel darin besteht, Reichtum zu erleben – selbst wenn Sie im Moment in finanziellen Schwierigkeiten stecken – reicht dieses in Ihnen *aufkeimende Verlangen* aus, um ein Feuer zu entfachen. Sie fangen allmählich an zu glauben, dass Ihnen Ihr brennendes Verlangen zusteht, und dass Sie tatsächlich fähig sind, es zu manifestieren. Ein Feinjustieren Ihrer Einstimmung auf die

Quellenergie bringt Ihnen sodann die inspirierten Ideen und Gedanken, die Sie brauchen, um aktiv zu handeln.

So ziehen Sie schnell Geld in Ihr Leben

Wir sorgen uns häufig darum, wie unser brennendes Verlangen sich manifestieren soll, wenn wir unsere Idee für ziemlich weit hergeholt halten. Sagen wir zum Beispiel, dass Sie innerhalb von 30 Tagen 100.000 Euro manifestieren wollen. Aber wenn Sie vorher noch nie mehr als 30.000 Euro im Jahr verdient haben, ist es gut möglich, dass Sie tief in sich drin nicht wirklich daran glauben, so rasch so viel Geld anziehen zu können, und so werden Zweifel, Widerstand und Zynismus Ihre natürliche Manifestationsfähigkeit untergraben.

Wenn Sie andererseits seit mehr als zehn Jahren ein Rap-Star sind und gerade eine schwierige Zeit durchmachen, aber andererseits schon erlebt haben, dass man Ihnen Schecks über 100.000 Euro aushändigt, dann *glauben* Sie – unabhängig davon, was in Ihrem Leben gerade vor sich geht – aufgrund Ihrer bisherigen Erfahrungen daran, dass es Ihnen möglich ist, in kurzer Zeit ein so hohes Einkommen anzuziehen. Ihr Erfolg oder Misserfolg hängt allein davon ab, was Sie Ihrem *Glauben* nach für sich selbst für möglich halten.

Wenn es bei Ihnen so ist, dass ein bestimmter Geldbetrag einen inneren Widerstand in Ihnen auslöst, dann sollten Sie am besten *gar keinen* Betrag festlegen und überhaupt nicht daran denken, wie er sich wohl manifestieren wird. Lassen Sie das Universum sich um die Details kümmern und vertrauen Sie darauf, dass es für ein gutes Gelingen sorgen wird.

Bei Ihren Visualisierungen zum Thema Geld sollten Sie sich *in Harmonie mit dem gewünschten Einkommen fühlen.* Geld ist nichts weiter als eine Energieform. Jetzt werfen Sie vielleicht ein: „Aber Monica, Geld ist *keine* Energie. Wenn ich aus meinem Geldbeutel einen Zwanziger hervorhole, fühlt sich das für mich wie schmuddeliges Papier an." Ja, das verstehe ich. Aber wenn Sie das Geld jemandem geben, dann im Tausch für ein Produkt oder eine Dienstleistung. Deshalb ist das Geld, das Sie hergeben, eine Form von Energie, damit Sie im Gegenzug etwas bekommen, das für Sie von Wert ist. Was Sie erhalten, ist ebenfalls eine Energieform, sei es ein Produkt, eine Dienstleistung, eine Dankbarkeitserweisung oder was auch immer.

Das ist der Grund, warum Diebe niemals „davonkommen". Wenn Sie von einer Person Geld erhalten und ihr als Ausgleich nicht etwas bieten, das sich auf einem *gleichwertigen oder höheren Energieniveau* befindet, so entsteht ein energetisches Ungleichgewicht. Und das Universum korrigiert immer jedes Ungleichgewicht. Was Kriminelle angeht, so verlieren sie meist das gestohlene Geld, sie verlieren einen Teil ihrer Lebenszeit hinter Gittern, sie verlieren geliebte Menschen oder verlieren auf irgendeine andere Weise, als ihre *Rückerstattung* an das Universum für das energetische Ungleichgewicht, das sie hervorgerufen haben.

Wenn Sie aber Geld so visualisieren, dass es Ihren Schwingungslevel anhebt, dann erschaffen Sie damit gleichzeitig das erforderliche energetische Gleichgewicht, um das gewünschte Geld zu empfangen. Falls Sie nach Ihrer Arbeit zur Energieanhebung in der Lotterie gewinnen, dann sollte das eben so sein – halten Sie Ihren Energielevel weiterhin hoch, damit Sie den Gewinn auch behalten und ihn nicht so wie viele andere Lotteriegewinner verjubeln.

Um alle Widerstände zu vermeiden, die in Ihnen vielleicht in Bezug auf das Annehmen von Geld hochkommen – besonders wenn es sich um einen ungewohnt hohen Betrag handelt – sollten Sie unbedingt: 1. Geld als eine Energieform *ansehen,* die von Ihnen einen hohen Schwingungszustand verlangt; 2. in Ihrer *Vorstellung* in den Geldstrom *eintauchen,* so als ob er ein Fluss wäre; 3. davon überzeugt sein, dass Geld in Ihr Leben strömt, und 4. das Geld für die Wahlmöglichkeiten *lieben,* die es Ihnen bietet. Sobald Sie das alles tun, müssen Sie im nächsten Schritt loslassen, ohne sich zu sorgen oder daran zu zweifeln, dass sich das Geld manifestieren wird ... denn sonst wird es nicht zu Ihnen kommen, weil Sie mit diesen Einstellungen und Gefühlen sein Erscheinen verhindern – Ihre Hochschwingungs-Verbindungsleitung schließt sich und das Geld findet keinen klaren Weg auf Ihr Bankkonto.

Am wichtigsten ist aber die Überzeugung, dass Ihnen so wie allen Menschen *grenzenlose Fülle zusteht,* heute und für immer. Diese Fülle ist für jeden da, der sie nur annehmen will. Sie können wählen, nur einen Fingerhut voll aus diesem reißenden Strom des Wohlstands zu entnehmen. Oder Sie können beschließen, aus demselben Strom tausend große Lagerhallen voller Reichtümer zu füllen. Wofür Sie sich auch entscheiden, es hat keinen Einfluss auf die Fülle, die Ihnen und anderen zur Verfügung steht, da sie sich ständig regeneriert. Diese Fülle ist jederzeit für Sie da. Das Universum liebt Sie und will immer nur das Beste für Sie. Nehmen Sie diese bedingungslose Liebe und Fülle an. Sobald Sie sich nicht mehr selbst im Weg stehen, brauchen Sie diese Geschenke nur noch anzunehmen!

Lassen Sie Ihren inspirierten Gedanken sofort Taten folgen

Das „Nachdenken“ ist nur der allererste Schritt im Prozess zur Manifestation Ihres brennenden Verlangens. So wie Barnes das notwendige Geld zusammenkratzte, um auf einen Zug zu springen und Edison zu treffen, so müssen auch Sie inspiriert handeln. Es gibt keinen einzigen Grund, warum Sie nicht erfolgreich sein sollten, solange Sie die *Anleitung zum Handeln* befolgen, die Sie von der Quellenergie erhalten.

Die sechs Schritte zur Verwirklichung Ihrer Wünsche

So wie es Napoleon Hill in *Denke nach und werde reich* erläutert, lässt sich der Prozess zur Verwirklichung unserer Wünsche in sechs Schritten aktivieren:

> **Erster Schritt.** Setzen Sie sich im Kopf ein genaues finanzielles Ziel. Es reicht nicht zu sagen: „Ich möchte viel Geld haben“. Legen Sie einen bestimmten Betrag fest.

Zweiter Schritt. Bestimmen Sie genau, was Sie im Gegenzug leisten wollen. (Von nichts kommt nichts, so ist das nun einmal.)

Dritter Schritt. Legen Sie ein genaues Datum fest, an dem Sie den angestrebten Betrag besitzen wollen.

Vierter Schritt. Arbeiten Sie einen bestimmten Plan aus, um Ihr Anliegen umzusetzen, und fangen Sie *sofort* an, ob Sie dafür bereit sind oder nicht, nach diesem Plan zu *handeln.*

Fünfter Schritt. Halten Sie den Betrag, den Sie erwirtschaften wollen, die Frist, die Sie sich dafür gesetzt haben, Ihre Gegenleistung und den genauen Plan, mit dem Sie das alles erreichen wollen, kurz und prägnant schriftlich fest.

Sechster Schritt. Lesen Sie sich zweimal am Tag laut vor, was Sie aufgeschrieben haben – einmal kurz vor dem Schlafengehen und einmal gleich nach dem Aufstehen. STELLEN SIE SICH BEIM LESEN MÖGLICHST PLASTISCH UND ÜBERZEUGEND VOR, DAS GELD BEREITS ZU BESITZEN.

Es ist ein Unterschied, ob man sich etwas wünscht oder ob man auch BEREIT ist, es zu empfangen. Niemand ist für etwas *bereit,* an das er nicht glaubt. Man muss GLAUBEN, nicht nur hoffen oder wünschen. Die Voraussetzung für Glauben ist Aufgeschlossenheit. Wer nicht aufgeschlossen ist, der bringt nicht die nötige Zuversicht, den Mut und den Glauben auf.

Die Zone

Es erfordert nicht mehr Anstrengung, das zu erhalten, was wir wollen, als das zu erhalten, was wir *nicht* wollen. Der einfachste Weg zur Zielerreichung besteht in einem hohen Schwingungszustand. Ich nenne diesen Zustand die *Zone.* Je mehr Sie sich in der Zone aufhalten, umso mehr Wunderbares wird in Ihr Leben strömen.

„Aber Monica," mögen Sie jetzt einwenden, „das ist vielleicht einfach für Sie, aber ich sterbe hier fast. Ich hab' einfach kein Glück."

Darauf würde ich antworten: „Dafür gibt es auch einen guten Grund. Die meisten von uns stecken unsere Köpfe häufig in den Sand stecken, besonders wenn wir unsere Zeit verschwenden. Stellen Sie sich vor, wie es wäre, wenn wir sofort das erhalten würden, woran wir denken; und jetzt rufen Sie sich bitte alle schrecklichen Nachrichten in Erinnerung, die Sie in den letzten 24 Stunden gelesen, gesehen oder gehört haben. Wenn wir sofort alles bekommen würden, woran wir denken, dann würden wir auf der Stelle Krieg, Korruption, Verbrechen und alle möglichen Tragödien anziehen. Seien Sie deshalb dankbar, dass es etwas länger dauert, bis das, woran Sie denken, sich verwirklicht."

Das bedeutet, dass Sie sich von allem lossagen sollten, was Ihre Gedanken herabzieht. *Hören Sie auf,* die Nachrichten anzusehen. *Hören Sie auf,* die sozialen Netzwerke zu nutzen – ja, Sie sollten sich sogar überlegen, alle Ihre Konten bei diesen Netzwerken zu löschen! Hören Sie auf, sich mit brutalen Videospielen zu beschäftigen und sich auf irgendwelche Dinge einzulassen, die Ihre Gedanken auf einer niedrigen Schwingungsebene in Geiselhaft nehmen. Um die Kontrolle über Ihre Gedanken zu erlangen, müssen Sie zuerst Ihren Geist in den Griff bekommen. Das erfordert eine Neuprogrammierung Ihres Geistes, und diese besteht zum großen Teil darin, an jedem einzelnen Tag sorgfältig darauf zu achten, worauf Sie Ihren Fokus lenken. Wenn Sie dazu nicht bereit sind, endet Ihre Reise bereits hier.

Kapitel 3

DER ZWEITE SCHRITT ZUM REICHTUM: UNERSCHÜTTERLICHER GLAUBE EINFACH DURCH „WISSEN“

Glaube bedeutet, den ersten Schritt zu machen, auch wenn du nicht die ganze Treppe sehen kannst.

–Martin Luther King

Seit dem Teenageralter *wusste* ich, dass ich eines Tages reich sein würde. Ich wusste zwar nicht genau, wie der Weg dorthin aussehen könnte, aber ich war mir sicher, dass aus mir eine Geschäftsfrau würde – und eine gewiefte dazu.

Ich kann mich erinnern, dass ich mit meinem Dad darüber stritt, warum er nicht ein erfolgreiches Geschäft aufziehen und mehr Geld für uns alle verdienen wollte. Er kam mir mit unendlich vielen Ausreden, aber am stärksten blieb mir diese im Gedächtnis haften: „Man braucht Geld, um Geld zu verdienen“.

Ich ließ nicht locker und erwiderte: „Aber Dad, schon mit ein paar Hundert Dollar kannst du dich selbständig machen. Fang' erst einmal an und bau' es dann aus.“ Je mehr Argumente ich brachte, umso stärker wurde sein Widerstand; erst bestand er auf der Unmöglichkeit und bald warf er mich zur Tür hinaus.

Ich wusste schon immer, dass ein paar Hundert Dollar ausreichen, um ein Geschäft zu beginnen, und ich wusste auch schon immer, dass ich damit erfolgreich sein würde. Irgendwie hatte ich mir als junge Erwachsene diesen Glauben zugelegt, trotz meiner ärmlichen Umgebung.

Ein Jahrzehnt später war es dann soweit: Ich startete mit ein paar Hundert Dollar mein erstes Geschäft und machte daraus innerhalb weniger Monate ein Multimillionen-Dollar-Unternehmen. Zugegeben, ich machte einige Anfängerfehler, die mir eine Menge Sorgen einbrachten. Aber Tatsache ist, dass mir das gelang, woran ich glaubte: Ich konnte mit wenigen Hundert Dollar beginnen und ein millionenschweres Unternehmen aufbauen. Und das habe ich seitdem mehrere Male wiederholt!

Selbst heute mit meinen derzeitigen erfolgreichen Unternehmen beruht meine Existenz auf reiner Glaubensüberzeugung. Um ehrlich zu sein, betrachte ich meinen jahrelangen Erfolg als ein bemerkenswertes Phänomen, insbesondere weil ich mir manchmal selbst im Weg stehe, wie es so Vielen geht. Wenn ich mich beispielsweise mit neuen Marketingkampagnen oder zu vielen Vortragsterminen übernehme und kopflos durch die Gegend renne, wenn ich alles tue, was ich meiner Meinung nach tun *sollte*, um weiterhin erfolgreich zu bleiben, dann geht der Geldzustrom zurück. Das führt dann dazu, dass ich mich total gestresst, überwältigt und erschöpft fühle und sorgenvoll in die Zukunft blicke. Dann ziehe ich noch mehr „faule Äpfel“ an, die mir schon bald unerträglich werden. Die ganze in meinem Inneren wühlende Negativität spiegelt sich im Äußeren und meinem Geschäft geht es dadurch noch schlechter.

Aber wenn ich andererseits weniger tue, ruhig bleibe und akzeptiere, was immer auch geschehen mag, dann entwickelt sich alles phänomenal gut. In solchen Zeiten läuft mein Geschäft tatsächlich besser denn je, ich arbeite mit freundlichen und dankbaren Menschen zusammen und der Geldzustrom nimmt zu – *während ich gleichzeitig viel weniger tue.*

Der Dreh- und Angelpunkt dieses bemerkenswerten Phänomens ist meine tief verwurzelte Gewissheit, dass sich alles ohne jeden Zweifel zum Besten für mich ergeben wird, was immer auch geschieht. Diese tiefe Gewissheit ist eines der Geheimnisse, warum meine Geschäfte so gut laufen, und eben diese Gewissheit lässt sich auf jeden anderen Lebensaspekt übertragen.

Hakuna matata! Mach dir keine Sorgen! Das ist ein großartiges Lebensmotto.

Was ist Glaube?

Ehrlich gesagt, missfällt mir die allgemein bekannte Definition von „Glaube“, weil damit die blinde Hoffnung gemeint ist, dass etwas gut ausgehen wird. Sie suggeriert, dass wir darauf reduziert werden, unsere Herzenswünsche in der Hoffnung zu formulieren, dass irgend so ein weißbärtiger Mann in den Wolken unser Sehnen erhören wird. Und sie suggeriert, dass das Gewünschte geschehen *könnte,* was aber eher *unwahrscheinlich* ist.

Viele von uns versuchen, jeden Aspekt unseres Lebens zu beherrschen. Wir gehen davon aus, dass wir die meisten Dinge unter Kontrolle haben können, mit Ausnahme derjenigen, die wir für „Unglücksfälle“ halten. In Wirklichkeit können wir einzig und allein unsere Gedanken kontrollieren und damit die *Gefühlsschwingungen,* die mit unseren Gedanken einhergehen. Wenn wir darüber nachdenken, dann ist das Beherrschen unserer Gedanken und Gefühl *das absolut Wichtigste,* wenn es darum geht, unser Wunschleben zu erschaffen.

Sie haben deshalb nicht die Dinge in Ihrem Leben, die Sie sich schon immer wünschten, weil Sie diese Träume *weggezweifelt* haben. Ja, Ihre Zweifel überlagerten Ihren Glauben, dass die Traumverwirklichung naht. Ihre Zweifel „verkauften“ Ihnen den Glauben, dass es keinen Weg gibt, um Ihr Verlangen zu erfüllen, und aus diesem Glauben erwuchs der Fakt, dass es sich nicht manifestierte. In einem gewissen Sinn waren Sie erfolgreich – allerdings nicht so, wie Sie es wollten. Sie haben erfolgreich bewiesen, dass Sie in Bezug auf das Nicht-Manifestieren Ihres Verlangens Recht hatten. „Das hab‘ ich doch gleich gesagt!“, können Sie ausrufen.

„Ich hab‘ doch gesagt, dass dieses ganze Manifestationsgeschwätz nicht funktioniert!“ Ihr Schiff lief nicht in den Hafen ein, weil Sie es mit Ihren Wellen aus unaufhörlichem Zweifel und negativen Glaubenssätzen weggedrückt haben. Damit haben Sie sich noch weiter verschanzt und scheuten noch mehr vor dem Versuch zurück, etwas anderes zu manifestieren.

Als Kinder waren wir näher an der Quellenergie. Im Kindesalter erscheint einem alles möglich. Das Leben ist bunt, es ist voller Versprechungen und macht einfach Spaß. Aber wenn wir erst einmal die Grundschule hinter uns gelassen haben, bringt man uns viele tausendmal bei, uns auf weniger Buntheit, Versprechungen und Spaß einzustellen, und stattdessen Enttäuschungen zu erwarten. Je älter wir werden – und je mehr unsere Trennung von der Quellenergie zunimmt – umso stärker tritt die Magie des Lebens und unserer Träume in den Hintergrund; neue Inspirationen und Ideen schaffen es erst gar nicht über die Außenschranken unseres bewertenden Verstandes hinweg, weil wir die Idee verinnerlicht haben, dass Träume sich nicht verwirklichen.

Zur Erfüllung Ihrer Wünsche brauchen Sie einen unerschütterlichen Glauben

Ich sagte ja vorhin, dass mir die übliche Definition des Wortes *„Glaube“* nicht gefällt. Vielleicht empfand Napoleon Hill dies genauso; das könnte erklären, warum er sich eine eigene Definition einfallen ließ, die wiederum genau zur Gesamtaussage von *Denke und nach werde reich* passt:

> DER GLAUBE ist der Chefchemiker im Kopf. Mischt sich GLAUBE mit der Gedankenschwingung, so nimmt das Unterbewusstsein diese Schwingung sofort auf und übersetzt sie in ihre spirituelle Entsprechung. Wie im Gebet wird sie dann der grenzenlosen Intelligenz übermittelt.

Diese Definition verlangt von Ihnen, dass Sie aktiv in sich die unerschütterliche Gewissheit einpflanzen und aufrechterhalten, dass Ihr brennendes Verlangen auf dem Weg zur Verwirklichung ist. Das ist der wichtigste Aspekt, um alles zu manifestieren, was Sie sich im Leben wirklich wünschen. Punkt. Ohne jede Ausnahme! Ohne einen solchen entschiedenen Glauben – ohne diese innere Gewissheit – erzielen Sie keine Resultate, selbst wenn Sie alle anderen Prinzipien des Reichwerdens umsetzen. Der Glaube ist ein unersetzlicher Bestandteil der Gleichung.

Die Art und Weise meiner erfolgreichen Unternehmensführung beruht auf meiner *unerschütterlichen Gewissheit*, dass alles gut wird. Wenn ich mich bestimmten Herausforderungen gegenübersehe, dann bekomme auch ich für einen Moment das Gefühl, dass mein Leben auseinanderbricht. Aber dann appelliere ich sofort an mich selbst, auf Hinweise des Universums zu achten, meiner Intuition zu folgen und inspiriert zu handeln. Dann *lasse ich los*, in dem Wissen, dass alles gut wird. Tatsächlich wird alles noch viel besser, als ich es je hätte planen können. Und das funktioniert jedes einzelne Mal!

Ganz gleich, worum Sie sich Stress machen – Geld, Beziehungen, Karriere, Gesundheit oder was auch immer Sie auffrisst – die einfache Strategie des *Loslassens* funktioniert immer. Lassen Sie alle Ihre Situation umgebende Negativität los und lassen Sie alles geschehen, so wie es soll.

Um leichter loszulassen, verwende ich manchmal gern den Ansatz des schlimmstmöglichen Falls, Ich frage mich: „Was kann schlimmstenfalls passieren?" In Bezug auf meine Geschäfte lautet meine Weltuntergangsantwort stets: „Meine gesamte Unternehmensstruktur zerbricht und ich muss die Tore schließen." Das führt dann zu: „Okay, dann werde ich eben etwas anderes machen." Ich versuche nicht länger, das Resultat zu beeinflussen, und gebe mich der Gewissheit hin, dass ich immer klarkommen werde, egal was geschieht. Bei jedem Vorhaben, zu dem ich mich entschließe, vertraue ich auf meine angeborenen Eigenschaften und erlernten Fähigkeiten, in dem Wissen, dass immer alles gut ausgehen wird. Mit dieser *Gewissheit,* dass alles gut wird, überwinde ich meine Angstgefühle in allen Aspekten meines Lebens.

Es ist wahrhaftig magisch – eigentlich schon himmlisch – dass ich, sobald ich völlig loslassen kann, aus einer höheren Quelle die Inspiration und Führung erhalte, was ich als Nächstes tun soll. Ich setze diese inspirierten Ideen und Gedanken dann sofort in die Tat um, weil ich weiß, dass es sich dabei um notwendige Aktionsschritte handelt, die mir immer noch mehr Glück, Erfolg und Reichtum bringen.

All dies ist möglich aufgrund meiner *Gewissheit*: Ich *weiß*, dass alles gut wird, was immer auch geschieht. Ich *weiß*, dass die Ideen, die mir eingegeben werden, aus den höchsten und reinsten Schwingungsebenen stammen. Ich *weiß*, dass meine Ideen und Inspirationen mich zur Manifestierung meines brennenden Verlangens leiten.

Es gibt einen wichtigen Punkt zu beachten, wenn Ihr Verlangen darin besteht, einen bestimmten Menschen in Ihr Leben zu bringen: *Wir dürfen andere nicht dazu zwingen, gegen ihren Willen zu handeln.* Jeder Versuch, in den Lebensweg oder die Lebensaufgabe eines anderen Menschen einzugreifen, ist ein Verstoß gegen die universellen Gesetzmäßigkeiten. Wenn also Ihr Wunsch, einen bestimmten Menschen anzuziehen, sich nicht verwirklicht, dann sollten Sie aufpassen, dass Sie sich nicht in seinen Willen und seine Lebensaufgabe einmischen!

Was es bedeutet zu kämpfen

Im Sommer 2017 machte ich mit meiner Tochter eine zehntägige Disney-Kreuzfahrt im Mittelmeer. Wir gingen in Barcelona an Bord und befuhren dann mit dem Schiff die südfranzösische und die italienische Küste. Unser letzter italienischer Anlaufhafen war in Sizilien. Als wir wieder ausliefen, um zu unserem Ausgangshafen in Spanien zurückzukehren, musste unser Schiff plötzlich mitten auf dem Meer wegen einem kleinen schwankenden Boot stoppen. Es war voller syrischer Flüchtlinge, darunter zahlreiche

Kinder, mit nichts mehr als der spärlichen Kleidung, die sie trugen. Sie sahen erschöpft und verängstigt aus, von der Sonne verbrannt, und sicherlich hatten sie auch großen Hunger und Durst.

Ich sah mit meinen eigenen Augen die *echten Kämpfe* in dieser Welt, anstatt sie nur in den Nachrichten vom bequemen Sofa aus zu verfolgen. Mir wurde klar, dass der Überlebenskampf dieser Menschen sehr real ist. Als ich die dicke Schicht der Empfindungslosigkeit abschälte, die ich in mir zugelassen hatte, überkam mich ein Schockgefühl wegen des gewaltigen Kontrasts zwischen den gut gekleideten Passagieren auf unserem herrlichen Disney-Schiff – mit Mickey als Hexenmeister am Bug und einem witzigen Goofy am Heck – und dem kleinen Boot voller Flüchtlinge, die einfach nur ein besseres Leben wollten und gerade einer nach dem anderen an Bord eines Rettungsschiffs der italienischen Küstenwache gehievt wurden. Dieser Tag brachte mein Herz zum Weinen. Und er machte mir noch stärker bewusst, wie gesegnet ich bin.

An jedem Tag leiden auf der ganzen Welt Flüchtlinge und Millionen andere Menschen. Jetzt in diesem Moment, in welchem Sie diese Zeilen lesen und ganz persönlich davon überzeugt sind, dass Sie ein hartes Leben haben, in diesem Moment leiden Menschen. Wenn Sie in der Lage sind, dieses Buch zu lesen und zu verstehen, dann wissen Sie auch, dass Ihr Leben nicht schwierig ist; es gibt einfach nur noch nicht umgesetzte Verbesserungsmöglichkeiten.

Sie leben wahrscheinlich auch in einem Land der ersten Welt wie zum Beispiel die Vereinigten Staaten. Milliarden von Menschen, die anderswo leben, versuchen oft ihr ganzes Leben lang, das zu erreichen, was Sie bereits seit Ihrer Geburt kennen und möglicherweise für selbstverständlich halten. Es ist nicht sehr logisch, über Ihre Schwierigkeiten zu jammern, wenn Sie von Gelegenheiten umgeben sind. Sie erkennen es zwar nicht, aber Sie wurden seit Ihrer Geburt verwöhnt, und das hat Sie möglicherweise engstirnig werden lassen, wenn Sie glauben, dass Ihr Leben ein einziger Kampf ist. Sollten Sie dieses Gefühl haben, dann denken Sie mal an die syrischen Flüchtlinge vor der sizilianischen Küste. Denken Sie daran, dass Sie *einer von ihnen* sein könnten. Und dann werfen Sie erneut einen Blick auf die angebliche Härte Ihres Lebens.

Der Überlebenskampf des einen ist für einen anderen purer Luxus

Kommen wir noch einmal darauf zurück: Woher sollen Sie wissen, dass Geld auf Sie zukommt, wenn Sie scheinbar keine Karriereaussichten, kein Einkommen und nichts auf dem Konto haben? Hier muss Ihre Kreativität ins Spiel kommen. Sie müssen bereit sein, Ihre Wissensbasis zu erweitern, und sei es nur ein wenig.

Sprechen wir zunächst darüber, wie Sie es bis hierher geschafft haben. Ich nehme an, Ihnen stand eine Nahrungsquelle zur Verfügung, denn sonst wären Sie nicht am Leben und könnten dieses Buch nicht lesen. Ist es Ihnen gelungen, für ein Dach über dem Kopf zu sorgen – ein Haus, eine Wohnung oder ein Zelt am Straßenrand? Wie Ihre Umstände auch aussehen mögen, Sie hatten immer irgendeine Unterkunft, stimmt's? Warum also sich um die Zukunft sorgen, wenn es Ihnen von Anbeginn an bis zum jetzigen Zeitpunkt ziemlich gut ging?

Sie könnten jetzt einwerfen: „Sicher, ich hatte immer zu essen und ein Dach über dem Kopf, aber zur menschlichen Existenz gehört schon viel mehr als nur das reine Überleben. Also nein, Monica, mir geht es nicht gut." Ihnen geht es nicht gut? Wirklich nicht? Und warum nicht? Sie haben bis heute überlebt. Zu überleben ist bedeutsam, *sehr* bedeutsam sogar. Aber Sie meinen wahrscheinlich, dass Ihr mörderischer Überlebenskampf darin besteht, dass Sie nach wie vor einen vierzehn Jahre alten Subaru fahren, Ihr Netflix-Konto kündigen und sich mit einem iPhone 6 zufriedengeben müssen. Für Milliarden von Menschen bedeutet Überlebenskampf etwas ganz anderes, wie zum Beispiel für diese syrischen Flüchtlinge. Oder für den Kerl, der eine lebenslange Haftstrafe für ein Verbrechen verbüßt, das er gar nicht begangen hat. Oder für die Frau mit Brustkrebs im Endstadium, der nur noch ein paar Monate Lebenszeit bleiben. Seien Sie also ehrlich: Stecken Sie im Überlebenskampf?

Es ist für Sie an der Zeit, voller Anerkennung und Dankbarkeit darauf zu blicken, dass Sie die Fähigkeiten, die Mittel, die Gewieftheit und die Kühnheit hatten, um es im Leben bis hierher zu schaffen. Sie können sich *gewiss* sein, dass das stimmt, weil allein schon Ihr Dasein hier und heute den *Beweis* dafür liefert! Was die Manifestation Ihrer Träume angeht, brauchen Sie nur die Gewissheit, dass es geschehen wird – und mehr nicht.

Die erste Technik: Denken Sie an die Dinge, die Sie ganz sicher wissen

Denken Sie nur an Dinge, die Sie *ganz sicher wissen*. Sie wissen, dass Sie bis heute überlebt haben. Sie wissen, dass es Ihnen im Moment ziemlich gut geht. (Schließlich werden Sie nicht gerade jetzt von einem Schwarm Killerbienen angegriffen und Sie hängen auch nicht mit den Fingernägeln an einer hohen Felsklippe; Sie können also jetzt in diesem präzisen Augenblick von sich sagen, dass es Ihnen mehr als ziemlich gut geht!) Sie wissen, dass Sie heute schon etwas zu essen hatten oder schon bald essen werden. Sie wissen, dass Sie Freunde und Verwandte haben. Was wissen Sie noch mit Sicherheit, ohne jeden Zweifel? Überlegen Sie sich zehn Dinge und halten Sie sie schriftlich in einer „Was-ich-weiß-Liste" fest. Hier sind ein paar Beispiele, was *ich* alles ganz sicher weiß:

1. Ich weiß, dass es mir im Augenblick gut geht und dass es mir immer gut gehen wird, was auch geschehen mag.
2. Ich weiß, dass ich heute schon zu essen hatte.
3. Ich weiß, dass mich meine Freunde und Angehörigen lieben, und ich weiß, dass ich sie liebe und schätze.
4. Ich weiß, dass mich meine Tochter liebt und dass ich sie mehr liebe als alles andere auf der Welt.
5. Ich weiß, dass ich meine Fellkinder liebe – meine Haustiere, falls Sie nicht gleich verstanden haben – und dass sie mich genauso lieben.
6. Ich weiß, dass ich wirklich unheimlich gern Tee trinke!

7. Ich weiß, dass ich hawaiianische Ananas liebe, und eigentlich alles, was mit Ananas zu tun hat, und dass eine meiner Katzen *Pineapple* („Ananas") heißt.

8. Ich weiß, dass ich in einem hübschen Haus mit einem wunderbaren Pool lebe und zwei schöne Luxusautos besitze.

9. Ich weiß, dass dieses Buch es auf den ersten Platz der *New York Times*-Bestsellerliste schaffen wird.

10. Ich weiß, dass Oprah Winfrey dieses Buch lesen, es lieben und mich interviewen wird, was diesem großartigen Werk eine gewaltige Aufmerksamkeit bescheren wird!

Ist Ihnen an meiner Liste etwas aufgefallen? Bei den Punkten 1 bis 8 bin ich mir absolut sicher, da sie sich bereits in meinem Leben manifestiert haben. Bei den Punkten 9 und 10 befinde ich mich im „Wissensfluss" und heiße ihre Manifestation herzlich willkommen. Woher weiß ich, dass dieses Buch es auf den ersten Platz der Bestsellerliste der *New York Times* schaffen wird? Woher weiß ich, dass Oprah Winfrey es lesen und mich darüber interviewen wird? Weil ich genau das schon seit einiger Zeit visualisiere und inzwischen so sehr davon überzeugt bin, dass es für mich eine sichere Tatsache ist, und das mit jeder Faser meines Wesens und ohne den geringsten Zweifel. Und wenn ich mich im „Wissensfluss" befinde, mit einer sagenhaften Energieschwingung, dann kann ich zusätzlich noch weitere Dinge hinzufügen, die mich mit einem brennenden Verlangen erfüllen. Ich könnte mich beispielsweise darauf einstimmen, dass die Hörbuchversion ein Bestseller auf iTunes oder dass mein Werk weltweit in viele Fremdsprachen übersetzt wird.

Woher können Sie wissen, dass etwas Bestimmtes in *Ihrem* Leben geschehen soll? Was ist, wenn Sie gern ein Filmstar wären, aber sich Fragen stellen wie: *Ist das wirklich mein Lebensweg? Kann ich es wirklich schaffen? Ist es Teil meines Schicksals?*

Diese Fragen kann ich zwar nicht für Sie beantworten, aber ich *kann* Ihnen sagen, wenn Sie es wollen, dann können Sie es haben. Wenn Sie es wollen, dann können Sie es anziehen. Sie können es werden, und es kann ein Teil von Ihnen werden. Es ist lohnenswert, sich mit diesen bewährten Techniken zu beschäftigen, damit Sie tief in sich eine schrankenlose *Gewissheit* verankern, die nichts erschüttern kann, selbst wenn der schlimmste Fall eintreten sollte.

Falls Sie, solange etwas noch nicht geschehen ist, noch nicht so recht zu der Gewissheit gelangen können, dass es in Ihrem Leben eintreten wird, sollten Sie sich auf etwas fokussieren, von dem Sie wissen, dass es Sie hier und jetzt glücklich und zufrieden macht, selbst wenn es sich einfach um einen Vanille-Karamell-Latte handelt... oder um die Vorfreude auf den Spaß bei einem Abendessen mit guten Freunden... oder wenn Sie an den Witz denken, den Sie neulich gehört haben und der in Ihnen einen Lachkrampf auslöste. Das heißt, fokussieren Sie sich auf das, was in Ihnen so viel Freude und Begeisterung auslöst wie in Ihren Kindheitstagen an Heiligabend kurz vor der Bescherung. Und sobald Sie in der Zone sind, schicken Sie Ihre *Absichten* hinaus ans Universum.

Die zweite Technik: Sagen Sie: „Ich beabsichtige . . ."

Ich hasse gute Vorsätze zu Silvester, so wie viele Menschen. Für mich ist das eine langweilige Liste mit Dingen, die zu erledigen sind und die ich meist doch nicht schaffe, so wie die Hausarbeitsliste am Wochenende. Es ist wie eine Version für Erwachsene des Briefes an den Weihnachtsmann: „Ich wünsche mir... ich möchte... ich will... ", während wir doch ganz genau wissen, dass es keinen Weihnachtsmann, keinen Schlitten und keine Rentiere gibt.

Falls sich das auch ganz nach Ihnen anhört, *machen Sie Schluss mit den guten Vorsätzen!* Werfen Sie jede Liste weg, ja sogar Ihre Einkaufsliste, wenn sie Ihnen nichts bringt, und erstellen Sie lieber eine „Ich beabsichtige-Liste". Diese Worte, wenn sie ausgesprochen und niedergeschrieben werden, strahlen eine ganz spezielle Schwingungsenergie aus, geradeso als ob Sie dem Universum befehlen, für Sie das Meer zu teilen und Ihnen das zu liefern, was Sie sich wünschen – und zwar pronto! *„Ich beabsichtige"* fühlt sich auch wie eine Mischform an zwischen „ich will" und „ich werde erhalten".

Nutzen wir also diese beiden kraftvollen Worte, um herauszufinden, wie sie sich für Sie anfühlen.

Die total langweilige Liste	**Die „Ich beabsichtige-Liste"**
Ich will zehn Pfund innerhalb von zehn Wochen abnehmen	Ich BEABSICHTIGE, zehn Pfund innerhalb von zehn Wochen abzunehmen
Ich will ein neues Auto	Ich BEABSICHTIGE, ein nagelneues Auto zu manifestieren
Ich muss meine Garage aufräumen	Ich BEABSICHTIGE, meine Garage auszumisten und aufzuräumen
Ich will neue Kleidung	Ich BEABSICHTIGE, mir wunderschöne neue Kleidung zuzulegen
Ich sollte mich wirklich scheiden lassen	Ich BEABSICHTIGE, mich aus dieser Ehe zu befreien
Ich muss diesen Bericht fertig bekommen	Ich BEABSICHTIGE, einen brillanten und informativen Bericht zu verfassen
Ich will einen neuen Laptop	Ich BEABSICHTIGE, mir einen sagenhaften neuen Laptop zuzulegen
Ich muss noch ein paar Erledigungen machen	Ich BEABSICHTIGE, bei meinen Erledigungen viel Spaß zu haben
Ich muss einen neuen Job finden	Ich BEABSICHTIGE, eine profitable neue Karriere zu starten
Ich will eine neue Beziehung	Ich BEABSICHTIGE, einen liebevollen Partner zu manifestieren

Dass „ich beabsichtige" so viel kraftvoller ist als „ich muss" oder „ich will", liegt daran, dass Sie aus Liebe statt aus Angst handeln. Mit „Ich beabsichtige" kommen Sie in die Kraft, damit wirklich etwas geschieht. Ihre Absicht wird noch kraftvoller, wenn Sie sich so *spezifisch und präzise* wie nur möglich ausdrücken. Nehmen wir als Beispiel noch einmal die obige Liste und formulieren wir sie so um, dass Ihre Absicht, das Gewünschte vom Universum zu erhalten, kristallklar zum Ausdruck kommt:

Die kristallklare und präzise „Ich beabsichtige-Liste"
Ich BEABSICHTIGE, durch einen gesunden Ernährungsplan in zehn Wochen zehn Pfund abzunehmen
Ich BEABSICHTIGE, ein nagelneues Auto zu manifestieren: einen schwarzen Mercedes AMG S 63 mit Vollausstattung
Ich BEABSICHTIGE, am nächsten Wochenende meine Garage auszumisten und aufzuräumen und dabei zu Wahnsinnsmusik abzurocken
Ich BEABSICHTIGE, mir in meiner Lieblingsboutique modische neue Designer-Kleidung zuzulegen
Ich BEABSICHTIGE, mich aus dieser Ehe zu befreien und mich gleich morgen früh mit einem Scheidungsanwalt zusammenzusetzen
Ich BEABSICHTIGE, einen brillanten und informativen Bericht zu verfassen, der allen im Büro den Mund offenstehen lässt
Ich BEABSICHTIGE, mir einen sagenhaften neuen Laptop zuzulegen, ein MacBook Pro mit einem Intel Core i9-Prozessor
Ich BEABSICHTIGE, bei meinen Erledigungen viel Spaß zu haben, weil ich mir zuallererst meinen Lieblings-Latte gönne
Ich BEABSICHTIGE, eine profitable neue Möglichkeit zum Geldverdienen zu kreieren, der ich von zuhause aus nachgehen kann
Ich BEABSICHTIGE, einen liebevollen Partner zu manifestieren, der in jeder Hinsicht perfekt zu mir passt

Die dritte Technik: Dankbarkeit für das, was Sie bereits haben

Neulich, als ich meine Wäsche aus dem Trockner holte und mir der Duft des noch warmen Trocknertuchs in die Nase stieg, überkam mich ein Gefühl der Dankbarkeit. Ich war unendlich dankbar für meine Waschmaschine und meinen Trockner, meine schöne Kleidung und mein herrliches Zuhause. Und ich freute mich voller Dankbarkeit, dass ich meine ganze Wochenwäsche erledigt hatte!

Ich glaube fest, dass meine tiefen Gefühle der Dankbarkeit zum großen Teil mit dafür verantwortlich sind, dass immer mehr materielle Dinge, mehr Erfolg und mehr Glück in mein Leben treten. Ich bin dankbar für den Orangenbaum in meinem Garten. Ich bin dankbar für das saubere Wasser, in welchem ich bade. Ich bin dankbar für die frischen Lebensmittel, die ich jede Woche einkaufe. Ich bin dankbar für meine süßen und liebevollen Haustiere. Ich bin dankbar für meine wunderbare Tochter, die mein Leben in jeder Hinsicht aufblühen lässt. Ich bin einfach auf jede nur vorstellbare Weise gesegnet und ich ehre diesen Segen jeden Tag durch meine *tiefen Gefühle der Dankbarkeit.* Ich empfehle Ihnen wärmstens, dasselbe zu tun – aufrichtig und ohne irgendwelche Bedingungen. Das natürliche Resultat wird sein, dass Sie noch mehr Gutes in Ihr Leben ziehen; das hat nichts mit irgendwelchen Gegenleistungen zu tun, über die man verhandeln könnte.

Jetzt grummeln Sie vielleicht: „Sie haben leicht reden. Sie verdienen mit Ihrem florierenden Geschäft jede Menge Geld und können sich diese ganzen tollen Sachen leisten. Für einen BMW ‚dankbar' zu sein, fällt Ihnen sicher leicht. Ich fahre ein Schrottauto, lebe in einer 30-Quadratmeter-Kellerwohnung unter einem China-Restaurant und habe gleich zwei Jobs, in denen ich nur den Mindestlohn verdiene. Waschmaschine und Trockner? Zum Teufel, ich wasche meine Sachen in der Küchenspüle und trockne sie auf einer quer durchs Zimmer gespannten Leine."

Nun, damit fokussieren Sie sich auf alles Negative. Mit diesen laserscharfen niedrigen Gedankenschwingungen ziehen Sie nur noch *mehr* von dem an, worauf Sie sich konzentrieren, so wie ein Staubsauger. Die gute Nachricht ist, dass Sie genauso leicht, wie Sie diesen ganzen Mangel erschaffen haben, auch Fülle, Glück, Gesundheit und Lebensfreude kreieren können.

Lesen Sie diesen Satz nochmal: *Sie können genauso leicht Fülle, Glück, Gesundheit und Lebensfreude kreieren.* Dazu brauchen Sie nur Ihren Fokus statt auf einen negativen auf einen positiven Kanal auszurichten. Beginnen Sie damit, Gedanken und Gefühle der Anerkennung, Zufriedenheit und Dankbarkeit für alles zu entwickeln, was in Ihrem Leben jetzt bereits gut ist.

Lassen Sie uns das gemeinsam tun, liebe Freunde!

Die vierte Technik: Denken Sie an etwas, das Sie so richtig begeistert

Um sich in die richtige „Gefühlsstimmung" für das Manifestieren zu bringen, müssen Sie Ihre Schwingung so weit nach oben treiben wie nur möglich, und das auch möglichst schnell. Bis jetzt habe ich Ihnen enthüllt, dass das Geheimnis zur Wunscherfüllung darin besteht, sich mit der Quellenergie zu verbinden, die ich auch die Zone nenne. Napoleon Hill nennt sie die *grenzenlose Intelligenz* oder den Äther. Esther Hicks – als Abraham – bezeichnet sie als den *Vortex*. Man kann sie auch Gott nennen, Universum, universelle Intelligenz, Gottesquelle, Gottesbewusstsein oder auch Hintertupfinger Dorfkirmes – wie immer Sie wollen. Es ist allerdings sehr wichtig, dass Sie sich in die Schwingung eines glückseligen Hochgefühls erheben, damit Sie sich direkt an die Quellenergie anbinden können.

Wenn ich niedergedrückt bin und spüre, dass ich meine Stimmung nicht anheben kann, dann denke ich an Dinge, die mich so richtig begeistern. Manchmal höre ich mir schwungvolle Musik an und tanze sogar dazu. Es ist eine kraftvolle Methode, in die Zone zu gelangen, wenn man seinen Körper zur Musik bewegt. Das Ziel dabei ist, dass wir uns von allen traurig stimmenden Gedanken lösen und uns nur auf das fokussieren, was uns aufheitert – bis zur *Ekstase*! *Aufgeladen! Jaaaaa!*

Sobald Sie die Zone erreicht haben, fühlen Sie sich dynamisch, irgendwie „high", und das ganz ohne Drogen oder Alkohol. Sie freuen sich. Sie sind fröhlich. Sie fühlen sich *unbesiegbar*. Die Zone ist der Ort, an welchem *alle Dinge erschaffen* werden – schalten Sie also den Autopiloten ein und suchen Sie die Zone schnell und häufig auf.

Die fünfte Technik: Verknüpfen Sie Ihre Gedanken *mit Gefühlen,* um eine innere *Gewissheit* zu erzeugen

Hier ist der bedeutungsvollste Abschnitt aus der Originalversion von Napoleons Hills *Denke nach und werde reich*:

> ALLE MIT GEFÜHLEN AUFGELADENEN UND MIT GLAUBEN VERKNÜPFTEN GEDANKEN übersetzen sich unmittelbar in ihr physisches Pendant oder Gegenstück.
>
> Die Emotionen beziehungsweise „Gefühlsanteile" an den Gedanken sind die Faktoren, die ihnen Vitalität, Energie und Handlungsantrieb einhauchen. In der Mischung mit geistigen Impulsen wirken die mit Glauben, Liebe und Sex verbundenen Gefühle im Zusammenspiel motivierender als für sich alleine.
>
> Es sind aber nicht nur mit dem GLAUBEN verquickte geistige Impulse, die ins Unterbewusstsein vordringen und dieses beeinflussen können, sondern auch solche, die mit einer positiven oder einer negativen Emotion einhergehen.
>
> Das bedeutet, dass das Unterbewusstsein einen negativen oder destruktiven geistigen Impuls ebenso leicht in seine physische Entsprechung übersetzen kann wie einen positiven, konstruktiven. Daraus entsteht das eigenartige Phänomen, das so viele Millionen Menschen am eigenen Leibe erfahren und als „Missgeschick" oder „Pech" bezeichnen.
>
> Millionen Menschen GLAUBEN, dass sie auf unerklärliche Weise zu Armut und Misserfolg „verdammt" sind und nichts dagegen tun können. Dabei sind sie selbst die Urheber ihres „Missgeschicks", denn ihr negativer GLAUBE wird vom Unterbewusstsein aufgenommen und in sein physisches Gegenstück übersetzt.
>
> An dieser Stelle ist erneut der Hinweis angebracht, wie sehr Sie davon profitieren können, wenn Sie jedes VERLANGEN, das Sie gern in sein physisches oder monetäres Gegenstück verwandelt sähen, in der Erwartungshaltung oder dem GLAUBEN an Ihr Unterbewusstsein vermitteln, dass diese Verwandlung auch tatsächlich stattfinden wird. Ihre ÜBERZEUGUNG beziehungsweise Ihr GLAUBE ist das Element, das

darüber bestimmt, wie Ihr Unterbewusstsein reagiert. Nichts kann Sie davon abhalten, Ihr Unterbewusstsein „auszutricksen", indem Sie ihm durch Autosuggestion bestimmte Vorgaben machen.

Damit solche „Tricks" Wirkung zeigen, sollten Sie sich so verhalten, als wären Sie BEREITS IM BESITZ DER MATERIELLEN GEGENSTÄNDE, DIE SIE GERN HABEN WOLLEN, wenn Sie sich an Ihr Unterbewusstsein wenden.

Das Unterbewusstsein setzt jede Anweisung, die es im Zustand der ÜBERZEUGUNG, dass diese ausgeführt wird, oder im Zustand des Glaubens erhält, auf direktestem und praktischstem Wege in ihr physisches Pendant um.

Das sollte Ihnen ausreichend Anhaltspunkte geben, um sich durch Experimente und Übung die Fähigkeit anzueignen, jeder Anweisung an das Unterbewusstsein ein Quäntchen GLAUBEN beizumischen. Und Übung macht bekanntlich den Meister – nicht das Lesen von Anleitungen.

Die sechste Technik: Entwickeln Sie ein tiefes Gefühl der Liebe

Jeden Morgen mache ich mit meiner Hündin Sally etwas ganz Spezielles. Die Morgenstunden sind immer ein wenig kühl in meinem Schlafzimmer, sommers wie winters, weil ich den Raumthermostat meistens auf konstante 21 Grad eingestellt habe. Meine Hündin wiegt ungefähr sieben Kilo und sie liebt es, unter der Bettdecke mit mir zu kuscheln. Sobald ich also aus dem Schlaf erwache und mit den Augen blinzele, klopfe ich zweimal auf mein Kissen, und schon springt meine kleine Sally in die schmale Lücke zwischen dem Kissen und meiner Brust. Sie kuschelt sich in diese Lücke und ich ziehe die Decke über sie. Das nenne ich das *ultimative Kuscheln*, und wir machen es jeden Morgen, wenn ich zuhause bin.

Allein schon der Gedanke daran hebt meine Stimmung. Wenn ich an Sallys kleines Gesicht und ihre großen, braunen Rehaugen denke, durchströmt mich ein tiefes Gefühl bedingungsloser Liebe, das ich sonst nirgendwo bekomme. Dieses Gefühl der Liebe, das mir das morgendliche ultimative Kuscheln beschert, befördert mich in die richtige Schwingungshöhe für den ganzen Tag.

Falls Sie kein Haustier haben, empfehle ich Ihnen, eines zu adoptieren. Ein Haustier schenkt Ihnen eine bedingungslose Liebe, zu welcher wir Menschen nicht fähig sind. Hunde und Katzen helfen Ihnen auch, Ihren Blutdruck und Stresslevel zu senken, insbesondere wenn Sie sich mit ihnen irgendwie beschäftigen, wie beispielsweise durch Streicheln oder Spielen. Allein schon der Gedanke an Ihr Tier kann Sie in eine warme und freudig erregte Stimmung versetzen.

Hier ist ein Bild von Sally. Könnte man nicht einfach vor Liebe dahinschmelzen, wenn man in dieses kleine Gesichtchen blickt?

Die siebte Technik: Nutzen Sie Ihre ersten wachen Momente, um sich auf den Tag einzustimmen

Ich bin davon überzeugt, dass es ganz besonders wichtig ist, sich jeden Abend vor dem Einschlafen ein positives Subliminal-Audio oder eine geführte Meditation anzuhören. Das erlaubt es Ihnen, alle im Tagesverlauf angesammelte Negativität abzustreifen und gleichzeitig Ihren Geist vor dem Einschlafen positiv einzustimmen.

Am Morgen nach dem Aufwachen sollten Sie die ersten magischen Minuten des Tages nutzen, um an Ihr brennendes Verlangen zu denken, statt das Negative des letzten Tages (oder der letzten Woche) wiederzukäuen. Spüren Sie Ihr brennendes Verlangen so intensiv, als ob es sich jetzt in diesem Augenblick in Ihrem Leben manifestiert. Dies ist zweifellos der kraftvollste Moment des Tages, um sich in der Kunst der bewussten Manifestation zu üben. Warum Ihre Zeit mit Gedanken an das verschwenden, was gestern geschah, oder sich mit der Liste von langweiligen Aufgaben verrückt zu machen, die Sie am heutigen Tag erwarten? Ergreifen Sie stattdessen diesen magischen Moment, um Ihre Wünsche noch schneller zu manifestieren, als Sie es jemals für möglich hielten!

Vor ein paar Tagen erwachte ich morgens aus einem tiefen Traum und konnte die Magie dieses Traums noch deutlich spüren. Ich sagte zu mir: „Natürlich sind alle diese Dinge möglich! *Alles* ist möglich!" Doch als mein Körper dann ein wenig wacher wurde, begann ich über die „Realitäten" in meinem Leben nachzudenken, so als ob die ganzen Quarks, Atome und Moleküle mich umschwirren und meine aktuelle Wahrnehmung erschaffen, was sich so anfühlte, als würde sich eine Betonschicht um meinen ganzen Körper legen und rasch austrocknen. Ich sagte mir: *Das ist doch interessant. Vor einem Moment war diese andere Welt möglich, weil ich völlig daran glaubte. Und jetzt hat mir mein Gehirn diese andere „Realität" verkauft und die magische Welt ist verschwunden, während ich spürte, wie diese andere Realität mich fest umschließt. Aber was wäre, wenn ich länger in diesem magischen Morgenzustand verbleiben und mein brennendes Verlangen in ihn einweben könnte? Würde dadurch der Manifestationsprozess viel schneller ablaufen?*

Ich habe herausgefunden, dass ich tatsächlich die Dinge viel schneller manifestieren kann, wenn ich diesen magischen morgendlichen Zeitraum nutze, kurz bevor das Gehirn völlig erwacht und mit der „Logik" und dem „Unmöglichkeitsdenken" des logischen Verstands Wasser auf das Feuer schütten kann. Versuchen Sie es! Sie werden von den Ergebnissen angenehm überrascht sein. Nehmen Sie sich morgen früh, bevor Sie aus dem Bett springen, fünf Minuten Zeit, um einfach nur dazuliegen und an Ihre sehnlichsten Wünsche zu denken. Stellen Sie sich vor, wie es ist, wenn sie sich manifestieren. Spüren Sie, wie es sich anfühlt, wenn sie ein Teil Ihres Lebens werden. Das Coole daran ist, dass in diesem

Moment des Erwachens Ihr logischer Verstand noch keine Gelegenheit hatte, völlig munter zu werden und Ihrer möglichen neuen Realität einen Dämpfer zu verpassen. Sie eilen damit im Prinzip Ihrem bewussten Verstand voraus, um die Manifestation Ihres Verlangens zu visualisieren und zu fühlen, noch bevor Ihr Gehirn die Chance ergreift, Ihnen alles wieder auszureden. Wenn Sie diese kraftvolle Technik jeden Tag anwenden, kann sich Ihr Leben im Handumdrehen verändern.

Die achte Technik: Finden Sie den „Schnappschuss" Ihres Taumlebens und umgeben Sie sich damit

Ich habe einen Schnappschuss davon, wie mein Leben aussehen soll. Es ist tatsächlich ein einziges Foto, auf dem alles zu sehen ist, was aus mir werden soll. Ich habe dieses Bild einfach überall. Ich habe es in meinem Arbeitszimmer, in meinem Büro, in meinem Bad, an meinem Kleiderschrank, auf meinem Manifestationsbuch, in meiner Geldbörse und an vielen weiteren Stellen. Und so sieht es aus:

Ich habe überall so viele Exemplare davon angebracht, dass es meine Tochter verrückt macht. Dieses Bild zeigt, wie meine Zukunft aussehen soll. Es stellt mein neues Leben dar. Überall diese Bilder zu sehen hilft mir, mein Unterbewusstsein auf den Glauben zu trainieren, dass dieses neue Leben möglich für mich ist, denn das Unterbewusstsein reagiert auf Bilder viel intensiver als auf Worte.

Was bedeutet diese Momentaufnahme aus meiner Zukunft für mich? So stelle ich mir mein Leben als erfolgreiche Autorin vor, beim Schreiben an einem paradiesischen Strand mit einem erfrischenden Kokos-Drink zur Hand. Ich kann so leben, wie ich will, schreiben, wo immer ich will, und überall in der Welt leben, wo ich will. In diesem Bild sehe ich mich, wie ich über das schreibe, was mich am meisten mit Leidenschaft erfüllt und was das Leben der Menschen auf irgendeine Weise verbessern kann. Das ist meine wahre Aufgabe und mein wichtigstes Ziel im Leben. Was ist *Ihre* wahre Lebensaufgabe? Was ist Ihr wichtigstes Lebensziel? Und am wichtigsten: Was ist Ihr brennendes Verlangen? Welche Momentaufnahme repräsentiert am besten, was Sie sich zurzeit am meisten vom Leben wünschen?

Wenn sich alles nur um Geld dreht, wird es ziemlich einsam an der Spitze

Neulich sprach ich auf einem Event und man stellte mir die tiefgründigste und interessanteste Frage, die mir je gestellt wurde, und ich habe über die Jahre vor Tausenden von Menschen gesprochen. Eine junge Frau aus der Millenial-Generation fragte mich: „Es war für mich sehr interessant, als Sie davon sprachen, wie Sie in eine tiefe Depression verfielen, nachdem Sie den Höhepunkt erreicht und viel Geld verdient hatten und sich fragten: ‚War das etwa schon alles?‘ Wie kann man das vermeiden – ich meine, in so eine Depression zu geraten?“

Sie bezog sich mit ihrer Frage auf eine Geschichte, die ich auf einigen Events erzählte. Nachdem ich viele Millionen Dollar verdient und einen „Höhepunkt“ erreicht hatte, schlitterte ich in eine fürchterliche Depression, die viele Monate andauerte. Ich weiß nicht, welche Gefühle ich erwartete, nachdem ich so viel Geld verdient hatte. Vielleicht meinte ich, dass Posaunenbläser meine Ankunft verkünden würden, während Konfetti und Ballons im Raum umherschweben. Vielleicht glaubte ich auch, ich würde mich königlich fühlen, so als ob für mich der rote Teppich ausgerollt wird und man mir den goldenen Schlüssel zu einem weit entfernten Königreich überreicht. In Wahrheit hatte ich mir das nie überlegt, aber falls doch, dann bin ich mir sicher, dass mir nie der Gedanke an eine Depression gekommen wäre. Ja, ich hatte alles – das Haus, die Autos, den Status, den Erfolg – und doch hatte ich mich in meinem ganzen Leben noch nie leerer und unbedeutender gefühlt. Ich brauchte eine Weile, um zurückzufinden, was an sich schon interessant war, weil ich denselben Weg beschritt, der mich einst zum Erfolg geführt hatte.

Hier ist mein Ratschlag, damit Ihnen nicht dasselbe droht:

Erweisen Sie Ihren Mitmenschen immer einen bedeutungsvollen Dienst. So lange Sie ein dienendes Leben führen, werden Sie sich nie niedergeschlagen oder unbedeutend fühlen, weil es dann in Ihrem Leben darum geht, anderen und nicht nur sich selbst zu dienen. Ihr Leben wird größer, weil es nicht nur um Sie selbst geht. Mit Dienen meine ich alles, was dazu beiträgt, das Leben der Menschen zu verbessern. Solange Sie dies auf bedeutungsvolle Weise tun, hat Ihr Leben einen Sinn und einen Wert.

Vor einigen Jahren diagnostizierte man bei mir eine bipolare Störung. Es ist tatsächlich so, dass viele erfolgreiche Menschen unter psychischen Problemen oder Gehirnstörungen leiden, und dazu gehören auch depressive Tendenzen. Bisweilen scheint es fast schon eine Voraussetzung für grandiose, fast nicht umsetzbare Ideen zu sein, dass man neurotisch genug ist, sich mit seiner Risikofreudigkeit bloßstellt und dann noch den Wagemut besitzt, alles durchzuziehen. Aber manche Menschen sind eben nicht so gestrickt. Sie sind „normal“, und das hat möglicherweise etwas damit zu tun, dass dieser Persönlichkeitstyp sich mehr abkämpfen muss, um sein volles Potential zu entfalten.

Anstatt Ihren Erfolg am Geldverdienen, am Finden Ihres Traumpartners oder am Manifestieren von Besitztümern festzumachen, wäre es für Sie vielleicht besser, wenn Sie Ihren Erfolg mit etwas erzielen, wofür Sie tiefe Leidenschaft empfinden und womit Sie gleichzeitig sehr vielen Menschen helfen können.

Der Motivationsredner Zig Ziglar hat es wunderbar so formuliert: „Du kannst im Leben alles haben, was du willst, wenn du nur genug anderen Menschen bei der Verwirklichung ihrer eigenen Wünsche hilfst".

An das „Wissen" gelangen

Wenn Sie voller Leidenschaft eine bedeutungsvolle Dienstleistung erbringen, richten Sie sich auf die Quellenergie aus und finden den Weg zu Ihrer Glückseligkeit. Ohne diese Ausrichtung ist es für Sie nicht möglich, eine hohe Schwingungsanbindung zu erreichen, mit deren Hilfe Sie zuallererst sich selbst finden können. Um Ihre Lebenswünsche zu erreichen brauchen Sie sehr viel Energie von einer höheren Schwingungsmacht, und das bedeutet konkret, dass Sie fast ständig mit ihr verbunden sein müssen. Wenn Sie nicht fähig oder willens sind, sich an diese Quellenergie anzuschließen oder sich mit ihr zu verbinden, dann ist Ihr Verlangen nach dem, was Sie haben wollen, wahrscheinlich nicht groß genug. Und wenn Sie sich dazu zwingen, etwas nur des Geldes wegen zu tun oder weil Sie meinen, den gesellschaftlichen Erwartungen entsprechen zu müssen, dann werden Sie nie und nimmer den notwendigen Zustand des „Genug-Wissens" erreichen und beibehalten können.

Der einfachste Weg, an dieses Wissen zu gelangen, besteht darin, anderen einen sinnvollen Dienst zu erweisen und Ihre Leidenschaft auszuleben, und zwar unabhängig davon, was die Leute denken, weil Sie den Raketenschub aus Ihrer direkten Anbindung an die Quellenergie brauchen. Anderen zu dienen ist sehr kraftvoll und edel. Falls Sie ein wenig Unterstützung beim Festlegen Ihrer Vision benötigen, sollten Sie sich folgende Fragen stellen:

- Wie kann ich anderen dienen?
- Welche Produkte oder Dienstleistungen kann ich der Welt zur Verfügung stellen, die vielen Menschen etwas nützen?
- Welche Produkte oder Dienstleistungen kann ich anbieten bzw. verkaufen, die das Leben der Menschen verändern oder sie glücklich machen oder ihnen bei der Verwirklichung ihrer eigenen Träume helfen?

Ihre Vision kann ganz einfach darin bestehen, den Menschen ein Produkt anzubieten, das ihnen bei der Wäschepflege hilft (wie zum Beispiel ein biologisch abbaubares Waschmittel), oder sie kann auch komplexer sein, wenn Sie ihnen beispielsweise beim Umgang mit chronischen Schmerzen helfen wollen (durch kognitive Verhaltenstherapie). Wenn Sie Ihren Fokus darauf ausrichten, anderen zu helfen, finden Sie Erfüllung und auch einen Weg zu unbegrenztem finanziellem Reichtum.

Es ist für mich bei meinen Schulungen für Investoren und Geschäftsgründer immer wieder frustrierend, wenn mich die Teilnehmer auffordern, gleich zum Wesentlichen zu kommen und ihnen zu erzählen, wie sie *sofort* reich werden können. Sie interessieren sich nicht dafür, das, was ich lehre, wirklich umzusetzen. Da spielt es auch gar keine Rolle, ob ich ihnen einen umfassenden Schritt-für-Schritt-Plan zum Reichtumsaufbau an die Hand gebe, der auf den Prinzipien basiert, von denen ich überzeugt bin; sie würden sich schon bald vor einer dicken Mauer wiederfinden, weil sie nicht an das Prinzip glauben, in der Zone zu leben. Es ist ein Fakt, dass niemand erfolgreich werden kann, indem er den Reichtumsplan eines anderen umsetzt, an den er selbst nicht glaubt. Jeder Mensch muss auf der Grundlage seiner inneren Führung seinen *eigenen* Weg kreieren. Ja, Sie können mit der Vorlage eines anderen beginnen, und das biete ich Ihnen ja auch an, aber letztendlich müssen Sie den vorgefertigten Rahmen sprengen und

Ihre eigene Lebensgeschichte so gestalten, dass sie perfekt auf Sie zugeschnitten ist. Folgen Sie einfach Ihrer Leidenschaft – es gibt *immer* einen Weg, viel Geld zu verdienen, wenn Sie nichts weiter tun als das!

Finden Sie etwas, das hier und jetzt Ihr Feuer entfacht

Üben Sie sich in Geduld, während Sie auf die Inspiration warten, wie Sie Ihrer Leidenschaft folgen und damit gutes Geld verdienen können. Denken Sie daran, dass die Freude Sie auf dem Weg und nicht erst am Ziel erwartet. Vertrauen Sie darauf, dass Ihr nächstes Lebenskapitel sich von selbst zeigen wird, wenn Sie das akzeptieren, was sich gut anfühlt, und wenn Sie inspirierende Ideen und Gedanken aus einer höheren Quelle erhalten. Wenn diese erhabenen Gedanken Sie erreichen, müssen Sie sie sofort umsetzen, in dem Wissen, dass Ihnen der nächste Schritt auf Ihrer Reise immer wieder neu aufgezeigt wird, bis Sie an Ihrem ultimativen Ziel angekommen sind.

Kapitel 4

DER DRITTE SCHRITT ZUM REICHTUM: AUTOSUGGESTION, VISUALISIERUNG UND AFFIRMATIONEN

Kreatives Visualisieren ist magisch, und das im wahrsten und höchsten Wortsinn.

–SHAKTI GAWAIN

Vor einigen Jahren führte der japanische Arzt für alternative Medizin Masaru Emoto ein Experiment durch. In seinem Buch *Die Botschaft des Wassers* wies er nach, dass Gedanken und Gefühle die physische Realität beeinflussen – wie das Wasser in seinen Laborexperimenten. In seinen Forschungen erkannte er eine „Veränderung des Ausdrucks", wenn das Wasser „besprochen" wurde, je nachdem, ob es sich um positive oder negative Worte – und die damit verbundenen Intentionen – handelte. Ein Beispiel: Bei den Worten „du machst mich krank" erschien das Wasser faulig und kränklich mit einer grün-braunen Färbung, andererseits zeigte sich das Wasser bei den Worten „Liebe und Dankbarkeit" als weiße, wunderbare und schneeflockengleich auskristallisierte Moleküle.

Durch Tausende von Experimenten und jahrelange Analysen mit Hochleistungsmikroskopen und Hochgeschwindigkeitskameras gelang Emoto der wissenschaftliche Nachweis, dass Gedanken, Einstellungen und Gefühle Kräfte sind, die auf die Umwelt, die Erde, unsere Umgebung und unsere eigene Gesundheit einen tief reichenden Einfluss ausüben. Negative Gedanken und Worte *resultieren in negativen Ergebnissen.* Positive Gedanken und Worte *resultieren in positiven Ergebnissen.*

Der menschliche Körper besteht zu ca. 60 Prozent aus Wasser und das Gehirn sogar zu 73 Prozent. Wenn wir uns selbst sanft zureden, scheint es so zu sein, dass wir auf dieselbe Weise positiv reagieren wie die Wassermoleküle in Emotos Experimenten. Daraus folgt also, dass wir negativ reagieren, wenn wir unangenehme Worte aussprechen. Ich sagte zwar, *es scheint so zu sein,* aber das ist nicht ganz richtig: Ich *weiß*, dass dies wahr ist.

Früher sah ich tägliche positive Affirmationen als einen lächerlichen und naiven Versuch an, das eigene Leben zu verbessern. Aber nach einigen Experimenten mit „sanften Selbstgesprächen" bin ich inzwischen davon überzeugt, dass Affirmationen unser Leben verändern können, wenn wir sie richtig und beständig einsetzen.

Als man bei mir eine Zyklothymie genannte milde Form einer bipolaren Störung feststellte, wollte ich mit dieser Schublade nichts zu tun haben. Zunächst einmal glaube ich nicht an Schubladen. Und ich glaube auch, dass jeder einmal Anflüge von Traurigkeit, Niedergeschlagenheit und Selbstzweifel erlebt, die man nicht gleich als Krankheit einstufen sollte.

Allerdings hat dieser Zustand mir schmerzlich bewusst gemacht, welche Unmengen von abfälligen Gedanken ich manchmal auf mich selbst abfeuere, wenn ich mich in einem niedrigen Schwingungszustand befinde. Ihm habe ich auch einige weitreichende Veränderungen in meiner Ernährungsweise zu verdanken – insbesondere den Verzicht auf komplexe Kohlenhydrate wie Brot und Nudeln – da manche Lebensmittel depressive Gedanken fördern. Die negativen Gedanken und meine schlechte Ernährungsweise führten zu einer noch niedrigeren Schwingungsfrequenz und fegten meinen Glauben hinweg, dass ich meine Lebenswünsche erreichen konnte.

Was Sie in Gedanken oder laut ausgesprochen sagen, zu sich selbst oder anderen, bewirkt einen *gewaltigen* Unterschied. Worauf Sie sich konzentrieren, was Sie im TV sehen, was Sie sich anhören, was Sie lesen und was Sie zu sich nehmen – sei es bewusst oder unbewusst – hat eine dramatische Wirkung auf jeden Aspekt Ihres Fühlens, Ihres Denkens und Ihres Glaubens. Das hat nichts mehr mit Naivität zu tun. Wenn Sie Affirmationen und Visualisierungen richtig – und beständig – anwenden, kann dies Ihr Leben wahrhaftig verändern und magische Türen für Sie öffnen.

Was bedeutet „Autosuggestion" eigentlich genau?

Napoleon Hill meint damit, dass wir uns selbst etwas suggerieren sollen, aber dieses Prinzip aus *Denke nach und werde reich* wird am häufigsten missverstanden. Was bedeutet Autosuggestion also *wirklich*, und noch wichtiger, wie kann man sie für optimale Resultate bestmöglich einsetzen? Beginnen wir mit der Sichtweise von Napoleon Hill:

> KEIN GEDANKE, ob negativ oder positiv, KANN OHNE AUTOSUGGESTION INS UNTERBEWUSSTSEIN VORDRINGEN – außer solchen, die aus dem Äther gefischt werden.
>
> Der Mensch ist von Natur aus so beschaffen, dass er ABSOLUTE KONTROLLE darüber hat, was über die fünf Sinne in sein Unterbewusstsein vordringt. Das bedeutet aber nicht, dass jeder Mensch diese Kontrolle auch immer ausübt. Meistens ist das NICHT der Fall, was erklärt, warum es so viele Menschen im Leben zu nichts bringen.

Ich glaube, es hat noch nie zuvor eine Zeit gegeben, in welcher die Menschen so viel Verwirrung, Ablenkung, Propaganda, Abgetrenntheit, Verzweiflung, Hoffnungslosigkeit und Zweifel ausgesetzt waren wie in der Zeit, in der wir heute leben. Millionen von Informationen strömen ständig auf uns ein – insbesondere seitdem wir unsere körperliche, mentale und emotionale

Aufmerksamkeit technischen Geräten schenken – und dadurch sind wir noch empfänglicher für die schlimmstmögliche bewusste und unbewusste Programmierung in der Menschheitsgeschichte. Die Lösung besteht darin, dass wir die *aktive Kontrolle* über alles übernehmen müssen, was wir uns selbst sagen und verkaufen. Ansonsten fühlen wir uns antriebslos und sind unfähig, auf unsere Ziele hinzusteuern.

Catherine Ponder formulierte es in ihrem Buch *The Prosperity Secrets of the Ages* („Die Wohlstandsgeheimnisse der Jahrhunderte") so: „Wenn Sie Ihre Gedanken beherrschen, dann beherrschen Sie Ihre Welt. Wenn Sie Ihre Gedanken wählen, dann wählen Sie damit auch Ihre Ergebnisse."

So übernehmen Sie sofort die Kontrolle über Ihren Verstand

Bevor Sie mit der ständigen Kontrolle Ihres Verstandes beginnen können, müssen Sie sich zuerst der schlechten Informationen *bewusstwerden,* die Sie freiwillig konsumieren, und dann müssen Sie diese *aktiv identifizieren.*

Ja, es stimmt: Sie erlauben es freiwillig den Smartphones, Tablets, sozialen Netzwerken, Berichten in den Massenmedien und allen sonstigen Informationen, Sie zu beeinflussen … und sehr häufig auch Sie zu manipulieren. Um die Kontrolle über Ihren Geist zu übernehmen, müssen Sie *sofort* den Zustrom dieser verseuchten Materialien *stoppen,* die ständig und tagein, tagaus in Ihr Gehirn gekippt werden.

Das heißt, Sie müssen bereit sein, sich vollständig und absolut davon zu trennen. Ich empfehle Ihnen, nachts alle elektronischen Geräte aus Ihrem Schlafzimmer zu verbannen, und damit meine ich unter anderem Notebooks, Tablets, Fernseher und Handys. Es gibt noch keine umfassenden Studien über den biologischen Schaden, den diese Geräte in unserem Kopf und Körper anrichten, indem sie die Energiefelder verändern, aber die ersten Resultate sehen nicht gut aus. Der sich herausbildende wissenschaftliche

Konsens besagt, dass Technologiesucht das Gehirn auf dieselbe Weise beeinträchtigt wie Drogenmissbrauch.

Wenn Sie nicht bereit sind, sich von dem loszusagen, was Ihren Geist direkt und indirekt vergiftet, und dessen Nutzung strikt zu kontrollieren, wird sich Ihr Verlangen niemals verwirklichen. Allein schon das Kappen des Zustroms schädlicher Gedanken, Ideen und Gefühle hat das Potential, Ihr Leben völlig zu verändern! Wenn diese Informationskloake nicht länger in Ihren Verstand strömt, sind Sie in der Lage, viele Dinge klarer zu erkennen, und das womöglich zum ersten Mal seit vielen Jahren. Sie erhalten Ihre wahre Identität zurück – weit weg von allen Nachrichtensendungen, Feeds aus den sozialen Netzwerken, Spiele-Apps und Talkshows – und damit auch Ihre eigenen Gedanken, Ideen und Träume sowie Ihre mentalen und emotionalen Prozesse.

Es wird einige Zeit benötigen, um sich von dieser geistigen Verseuchung zu befreien, aber sobald Sie die „Entzugserscheinungen" überwunden haben, nimmt Ihr Gehirn neue Gewohnheiten an, die Sie in Ihre neu gewonnene Freiheit führen. Ihre Identität wird wieder völlig hergestellt – das heißt, Sie nehmen wieder Ihre Macht in Besitz, so wie es ursprünglich gemeint war, und das ermöglicht Ihnen dann, sich auf Ihre wahren Wünsche einzustimmen, anstatt auf das, was die Gesellschaft Ihnen eingeredet hat, was Sie haben, denken oder glauben sollen.

Ich selbst habe bemerkt, dass immer mehr hochrangige Persönlichkeiten auf ihre „Smart"-Phones verzichten, die ihr Gehirn verfaulen lassen, und sich den altmodischen (und daher teureren) Klapphandys zuwenden, die nicht süchtig machen und die Gehirnwellen nicht verändern, da diesen Spitzenverdienern ihre Zeit und Leistungsfähigkeit sehr wichtig ist.

Ändern Sie den Zustrom von Gedanken und Gefühlen vom Negativen ins Positive

Der nächste Schritt, um die Kontrolle über Ihren Verstand zu übernehmen, besteht darin, gute Gedanken in Ihren Kopf hineinzubekommen. Beginnen Sie damit, sich selbst zu ermutigen und sich für die Dinge zu loben, die Sie gut an sich finden.

Ich empfehle Ihnen, mit einer neuen Selbstbeschreibung den Anfang zu machen. Diese Technik habe ich von meiner Tochter gelernt. Als kleines Kind, sie konnte noch kaum sprechen, erklärte sie bereits: „Ich bin Künstlerin". Sie sagte nicht: „Ich will mal Künstlerin werden" oder etwas Ähnliches. Absolut konsequent von Kindesbeinen an bis zu der jungen Frau, die sie heute ist, erklärte sie stets: „Ich *bin* Künstlerin".

Ich weiß noch, wie sie mich mal um Hilfe bei einer Englisch-Hausaufgabe bat, als sie neun Jahre alt war. Ich habe einen Hochschulabschluss als Schriftstellerin, und deshalb kommt sie immer mit allen Fragen zu mir, die mit Rechtschreibung, Satzstruktur, Handlungssträngen, Dialogen und so weiter zu tun haben. Sie fragte mich etwas aus diesem Bereich, aber weil ich gerade mit etwas anderem beschäftigt war, verstand ich sie nicht richtig. Frustriert sagte ich: „Ich weiß das jetzt nicht". Sie erwiderte: „Wie kannst du das denn *nicht* wissen? Du bist doch Schriftstellerin!"

Als sie darauf bestand, dass ich Autorin bin, hielt ich inne und überlegte einen Augenblick, aber was ich dann von mir gab, war nicht gerade mein stolzester Moment: „Ich bin nicht wirklich Schriftstellerin… noch nicht. Ich verfasse Bücher und Kurse für mein Geschäft, aber das ist nicht das, was man unter einer echten Schriftstellerin versteht, so wie du das jetzt meinst." Ich meinte, sie dachte an J. K. Rowling oder an Roald Dahl – *professionelle* Autoren, und zu dieser Gruppe fühlte ich mich nicht zugehörig.

Sie sah mich an, meine Antwort hatte sie verwirrt. Auf einmal begann ich, mich zutiefst zu schämen, weil ich meine Unterlegenheitsgefühle einem jungen Mädchen offenbart hatte, das ich doch dazu anleiten wollte (und immer noch will), eine selbständige Powerfrau zu werden. Seit diesem Tag erkläre ich stets: „Ich *bin* Schriftstellerin".

Damit Sie sich auf die Reise begeben können, die Sie zu der Persönlichkeit formen soll, die Sie werden wollen, müssen Sie erklären, dass Ihr Ziel *hier und jetzt* Realität ist. Wenn Sie sich geschäftlichen Erfolg wünschen, dann sollten Sie Ihre Erklärung ungefähr so in der Gegenwartsform formulieren: „Ich habe ein erfolgreiches Geschäft". Damit dies wirklich funktionieren kann, müssen Sie sich in einen *Gefühlszustand* begeben, in welchem Sie „wissen", dass Sie bereits ein erfolgreiches Geschäft besitzen, selbst wenn Sie zurzeit noch als Putzhilfe zum Mindestlohn arbeiten.

Um diese „Wissens-Verbindung" zwischen Ihrem Verstand und Ihrem Unterbewusstsein herzustellen – zwischen der Arbeit als Putzkraft und dem Führen Ihres erfolgreichen Geschäfts – müssen Sie wahrscheinlich „Brücken-Affirmationen" formulieren, wie beispielsweise: „Dies ist ein vorübergehender Zustand in meinem Leben und es ist nur eine Frage der Zeit, bis ich mein eigenes riesig erfolgreiches Geschäft führe. Jeder muss irgendwo anfangen und dies ist mein Ort, um mir alle erforderlichen Tools anzueignen. Ich weiß, dass ich hier und jetzt die richtigen Gelegenheiten anziehe, die mich zum Erfolg führen." Ohne eine solche Brücke finden Sie sich sonst leicht in einem Strudel aus negativen Gedanken und Gefühlen wieder und vergleichen nur noch Ihre Hoffnung mit Ihrer aktuellen Situation. *Ehren* Sie Ihre *derzeitige Lage.*

Erst vor kurzem habe ich eine negative Denkweise geändert, die ich schon viel zu lange praktiziert hatte. Ich hatte mich immer, leicht abfällig, als „alleinerziehende Mutter" bezeichnet. Dieser Aspekt meines Lebens erfüllte mich mit Gefühlen von Furcht, Enttäuschung, Verletztsein und Wut. Doch in Wahrheit bin ich eine sagenhaft geniale Mutter, bei allem, was ich für meine Tochter schon getan habe. Und so beschloss ich, mich nicht mehr „alleinerziehende Mutter", sondern „Super-Mom" zu nennen, und das schenkt mir große Kraft, viel Selbstvertrauen und ein starkes Selbstwertgefühl!

Schaffen Sie sich mithilfe von Affirmationen und Gefühlen ein positives Geldbewusstsein

Ohne *Geldbewusstsein* können Sie nicht reich werden. Ohne *Gesundheitsbewusstsein* können Sie nicht gesund sein. Ohne *Fitnessbewusstsein* können Sie nicht fit sein. Ohne *Liebesbewusstsein* können Sie nicht von Liebe erfüllt sein. Und ohne *Glücksbewusstsein* können Sie nicht glücklich sein.

Was ist also dieses Bewusstsein und wie können Sie es entwickeln? Sie sind sich Ihres Verstandes bewusst. Zum Beispiel sind Sie sich bewusst, dass Sie gerade dieses Buch lesen. Sie verstehen, was Sie denken, fühlen, sagen, empfinden und so weiter.

Sie nehmen aber nicht Ihr Unterbewusstsein wahr. Vielleicht kennen Sie den Begriff „Bloatware“. PC-Techniker benutzen ihn ständig. Er bedeutet, dass ein Computer voller nutzloser, speicherfressender Anwendungen steckt, die im Hintergrund laufen und die Arbeitsgeschwindigkeit reduzieren. Nun, wenn Ihr Unterbewusstsein zu viele schlechte Dinge hereinlässt und es diesen erlaubt, sich in Ihrem Gehirn einzunisten, dann werden diese zu Bloatware und stauen Ihren Lebensfluss. Positive Dinge, die Sie Ihrem Unterbewusstsein aufprägen, sind dagegen hilfreich – wenn Sie sich zum Beispiel nach beiden Seiten umsehen, bevor Sie eine verkehrsreiche Straße überqueren. Napoleon Hill schenkte uns in *Denke nach und werde reich* noch weitere Erkenntnisse:

> Ausschlaggebend ist dabei, dass das Unterbewusstsein Befehle entgegennimmt, die im festen GLAUBEN gegeben wurden, und diese befolgt. Sie müssen allerdings immer wieder wiederholt werden, bis sie das Unterbewusstsein richtig auslegen kann. Überlegen Sie sich mit Blick auf das eben Gesagte, wie Sie Ihrem Unterbewusstsein einen vollkommen legitimen „Streich“ spielen können, indem Sie es, *weil Sie selbst daran glauben,* davon überzeugen, dass Sie das vorgestellte Geld haben müssen – dass dieses Geld nur darauf wartet, von Ihnen beansprucht zu werden, und dass Ihnen Ihr Unterbewusstsein durchführbare Pläne dazu liefern MUSS, wie Sie sich „Ihr“ Geld beschaffen können.

Als ich noch sehr jung war, erhielten wir mindestens einmal im Jahr einen dicken Versandhauskatalog. Wenn Sie in meinem Alter oder etwas älter sind, dann erinnern Sie sich sicher, dass diese Kataloge dicker waren als so manches Telefonbuch einer Großstadt. Ich schleppte ihn in mein Zimmer und markierte alles, was ich mir wünschte, mit einem schwarzen Filzstift. Ich war damals zu jung, um zu denken *Ach, meine Eltern sind doch immer pleite und können mir sowieso nichts davon kaufen.* Ich war eine Träumerin und glaubte daran, dass alles möglich war.

Aber eines Tages änderte sich alles, als meine Mutter in mein Zimmer kam, während ich gerade meine Wünsche ankreuzte, und zu mir meinte: „Das hab' ich früher auch gemacht, als ich noch klein war". Mein Unterbewusstsein scannte wohl rasch ihre Körpersprache und ihren Tonfall und folgerte daraus, was sie damit sagen wollte: *Ich war auch mal eine armselige Träumerin, und sieh dir doch mal an, wohin mich das gebracht hat. Das Leben wird dir wahrscheinlich auch nicht mehr zu bieten haben.*

Ich weiß noch, wie ich langsam den Stift weglegte und den Katalog zumachte. Meinem Unterbewusstsein prägte sich dabei ein: *Du bist bloß eine Träumerin, die nie all das bekommt, was sie sich aus dem Katalog wünscht. Wozu solltest du also überhaupt noch weiterträumen? Hör' damit auf, die Sachen zu markieren, die du sowieso nicht kriegst. Was für eine Zeitverschwendung!* Und ich habe nie wieder etwas in diesen Katalogen angekreuzt.

Ich hoffe, Sie haben bemerkt, dass meine Mutter diese Worte nicht wirklich ausgesprochen hat. Sie sagte nur: „Das hab' ich früher auch gemacht, als ich noch klein war". Aber mein Unterbewusstsein erfand seine eigene Interpretation. Ich bin mir sicher, dass meine Mutter nicht so verstanden werden wollte, aber zumindest ich habe sie so verstanden.

Auf diese Art und Weise, meine Freunde, zerstört man das Selbstvertrauen, die Träume und die Schwungkraft eines Menschen – vom Kind bis zum Erwachsenen. Sie müssen daher nicht nur sorgfältig auf Ihre Wortwahl achten, sondern auch auf Ihren Tonfall. Indem Sie Ihr Unterbewusstsein von allen negativen Glaubenssätzen befreien, die sich dort eingenistet haben, können Sie die Gefahr, anderen wehzutun, sehr reduzieren.

Beginnen Sie jetzt sofort!

In diesem Zeitpunkt in Ihrem Leben haben Sie möglicherweise mit Ihren Finanzen zu kämpfen, was zum Teil daran liegen mag, dass Sie in einer Familie ohne große Geldmittel aufgewachsen sind. Oder vielleicht haben Sie auf der Beziehungsebene zu kämpfen, weil es in Ihrer Familie nicht viel Liebe gab. Dies bedeutet, dass Sie einige inneren Schäden mit sich herumtragen, aber ich werde Ihnen zeigen, wie Sie diese loswerden können.

Ich verwende eine bekannte Übung, um den Menschen zu ihrem persönlichen Durchbruchserlebnis zu verhelfen, damit sie im Leben vorankommen können. Zu dieser Übung gehört, dass Sie sich daran erinnern, in welchem Moment Sie zum ersten Mal das Gefühl hatten, unbedeutend oder nicht gut genug zu sein. Ich will Ihnen ein Beispiel aus meinem Leben geben. Ich denke an die Zeit zurück, als ich so ungefähr fünf war. Meine Familie unternahm eine kurze Reise mit dem Auto, wahrscheinlich von Chicago nach Michigan oder Wisconsin – solche Tagesausflüge machten wir immer mal wieder. Wir hielten an einem kleinen Laden auf dem Land an. Dort gab es braune Weidenkörbe mit besonders großen Lutschern. Der oberste Korb war einfach perfekt – prall gefüllt mit riesigen, spektakulären Lutschern, die in brillantem Blau, Rot, Gelb und Orange leuchteten. So etwas hatte ich noch nie gesehen. Ich suchte mir sofort einige aus, die mir am besten gefielen, und konnte es kaum erwarten, sie endlich mein zu nennen.

Aber meine Mutter schimpfte mich aus und befahl mir, die Lutscher zurückzulegen. Dann zeigte sie auf einen Korb ganz unten, den ich überhaupt nicht bemerkt hatte. Er war voll mit in billigen Papiertüten verpackten Bruchbonbons, deren reduzierter Preis mit einem schwarzen Stift aufgemalt war. Sie wies mich an, mir einen Lutscher aus einer dieser Tüten auszusuchen. Ich weiß noch, wie ich zu weinen anfing, aber meine Mutter blieb hart: Entweder suchte ich mir einen Bruchlutscher aus oder ich würde gar keinen bekommen. Und ich kann mich gut an das Gefühl erinnern, wie in diesem Moment etwas in meinem Gemüt zerbrach.

Diesen Vorfall hatte ich komplett vergessen, bis ich mich an diese Übung machte. Er war tief in meinem Unterbewusstsein vergraben und hatte doch all mein Tun beeinflusst, wie auch alle meine Gedanken über mich selbst und alle Vorstellungen, was ich mit meinem Leben anfangen könnte. Aber sobald ich diese emotionale Narbe als solche erkannte, verstand ich auch die dahinter liegenden *Gründe,* und das erlaubte mir wiederum, dieses Erlebnis lozulassen.

Hier sind die *Gründe,* die ich freilegte:

1. Meine Mutter war damals Mitte zwanzig. Sie war von der *High School* geflogen und verstand nichts von der Psychologie eines Kindes, und sie war sich auch nicht bewusst, dass ihr Verhalten mein ganzes Leben beeinflussen würde.
2. Meine Eltern lebten von der Hand in den Mund. Sie hatten keine Ahnung von Geld, Geschäft, Kreditwesen oder der Funktionsweise der realen Wirtschaftswelt; niemand hatte ihnen bis zu jenem Zeitpunkt etwas darüber beigebracht und sie versuchten nie, es selbst zu lernen.
3. Ich gestattete völlig unbewusst meinem fünf Jahre alten Selbst, das nicht die ersehnte Süßigkeit bekam, bis weit ins Erwachsenenalter hinein über mein Selbstwertgefühl zu bestimmen.

Man kann sich das bildlich als ein Schiff vorstellen, das man durch trübes Wasser manövriert. Aber ohne dass Sie es wissen, ist Ihr Ruder völlig ohne Funktion und stattdessen bestimmen ein anderes Steuerrad und Ruder über Ihren Kurs. Sie blicken zum Horizont und sagen: „Ich will unbedingt in diese Richtung“, aber Ihr Schiff fährt ganz woanders hin. Das schreiben Sie dann dem Wetter zu (oder Ihrer Umwelt, der Wirtschaftslage usw.) oder Sie schieben es auf den Zufall (oder auf Ihre Gene, Ihr Pech usw.). Aber solange Sie nicht begreifen, dass unbewusste selbstzerstörerische

Glaubenssätze Ihr Schiff steuern, kommen Sie ständig vom Kurs ab – bis Sie diese korrigieren.

Um Ihre emotionalen Narben klar zu bestimmen, sollten Sie zunächst einmal an ein oder zwei Erlebnisse aus Ihrer Kindheit oder Jugendzeit denken, die Sie tief geprägt haben, und die Ihr Unterbewusstsein nutzt, um Sie auszutricksen – beispielsweise indem es Ihren Verstand mit Gedanken füllt, warum Sie es nicht wert sind, Erfolg zu haben oder geliebt zu werden.

Diese „Anker"-Erinnerungen halten Sie noch auf andere Weise zurück: Sobald sich Ihr Unterbewusstsein an etwas festgebissen hat, sammelt es nur noch Informationen, die diesen Glaubenssatz untermauern, auch wenn sie überhaupt keinen Sinn ergeben. Es schiebt alle anders gearteten Belege beiseite – ja sogar überprüfbare Fakten. Die Folge von meinem Lutschererlebnis war zum Beispiel, dass mein Unterbewusstsein seit dieser Zeit bis weit in mein Erwachsenenalter hinein nur noch Informationen sammelte und abspeicherte, die meinen Glauben verstärkten, dass ich weniger wert war als andere. Gleichzeitig *verwarf* es alle gegenteiligen Beweise, wie die nachprüfbare Tatsache, dass mein Bankkonto ein recht gesundes Guthaben aufwies.

Fast jeder hat ab und zu das Gefühl, unwürdig zu sein. Wenn Sie unfähig sind, diese Emotionen freizulegen und zu überwinden, empfehle ich Ihnen, eine sichere Umgebung aufzusuchen, wie ein Heilungs-Retreat oder die Praxis eines professionellen Therapeuten. Dort finden Sie Unterstützung, um diesen „Anker" an die Oberfläche zu befördern und mit ihm fertigzuwerden. Solange Sie dies nicht tun, wird er auch weiterhin für Chaos in Ihrem Leben sorgen.

Identifizieren Sie das auslösende Ereignis und machen Sie den Schaden rückgängig

Sprechen wir nun darüber, wie Sie Ihre neue Einstellung dauerhaft in Ihr Leben integrieren können. Die einfachste Lösung lautet: Sie müssen selbst die Arbeit tun. Die gute Nachricht ist, dass dieser Prozess richtig Spaß machen kann! Napoleon Hill beschreibt ein Element dieser wichtigen Arbeit in *Denke nach und werde reich* so:

> Bedenken Sie daher beim lauten Vorlesen Ihres Verlangens (durch das Sie ein „Geldbewusstsein" entwickeln sollen), dass es NICHTS NÜTZT, die Wörter nur abzulesen. Sie müssen Sie mit Emotionen aufladen. Sie können die berühmte Formel von Émile Coué „Es geht mir jeden Tag in jeder Hinsicht immer besser und besser" noch so oft wiederholen – ohne Emotionen und GLAUBEN sind das nur Worthülsen und bringen Ihnen nicht die gewünschten Ergebnisse. Ihr Unterbewusstsein erkennt und richtet sich AUSSCHLIESSLICH nach solchen Gedanken, die emotional aufgeladen sind.
>
> Diese Feststellung ist so bedeutsam, dass sie quasi in jedem Kapitel wiederholt werden sollte. Wenn die Anwendung der Grundsätze der Autosuggestion nicht die gewünschte Wirkung zeigt, dann liegt das gewöhnlich daran, dass die Menschen diesen Punkt nicht verstanden haben.
>
> Neutrale, emotionslose Wörter beeinflussen das Unterbewusstsein nicht. Nachweisbare Ergebnisse erhalten Sie erst dann, wenn Sie lernen, Ihr Unterbewusstsein mit Gedanken oder gesprochenen Worten zu erreichen, die durch den GLAUBEN die nötige emotionale Komponente aufweisen.

Hier ist ein weiterer Vorschlag, um diesen Prozess zu vereinfachen: Hören Sie sich aufbauende Musik an, oder sogar noch besser, Hörbücher über positives Denken. Tun Sie dies beim Autofahren, beim Reinemachen, beim Fitnesstraining oder einfach beim Relaxen auf der Couch. Dies allein schon kann unabhängig von den aufbauenden Inhalten bereits Ihr Leben verändern. Es stimmt ja schließlich: Gutes rein, Gutes raus. Mist rein, Mist raus. Negative Songtexte über Mord und Drogenhandel verändern die Art und Weise, wie Ihr Unterbewusstsein Gedanken verarbeitet, und sie verringern auch die von Ihnen ausgestrahlte Schwingungsfrequenz, und das zieht wiederum, wie schon gesagt, Lebensumstände mit niedriger Energie an, wie das Pleitesein.

Daher sollten Sie am Abend, wenn Ihr Unterbewusstsein empfänglicher für Botschaften des positiven Denkens ist, alle negativen Informationen von sich fernhalten, wie zum Beispiel den Bericht über die neuesten ungeklärten Mordfälle oder Einzelheiten über einen Terroranschlag, der Hunderte von Menschenleben forderte. Entspannen Sie sich stattdessen vor dem Einschlafen lieber mit einer geführten Meditation oder mit Subliminal-Audios. Ja, diese „altmodischen" Audios funktionieren wirklich, denn sie hinterlassen in Ihrem Unterbewusstsein positive Spuren, die Sie dann die ganze Nacht hindurch bis in den neuen Tag hinein begleiten.

Wenn ich mich abends schlafen lege, gleicht mein Gehirn meist einem großen Bahnhof zur Hauptverkehrszeit mit seinen pausenlos ein- und ausfahrenden Gedankenzügen. Eine geführte Meditation hilft mir, mich zu beruhigen, und schenkt mir gleichzeitig positive Botschaften und Suggestionen, die mein Denken vom Negativen wieder ins Positive „umpolen", während sich meine Gehirnwellen für den Schlaf verlangsamen. Ich habe sogar meine eigenen Audioaufnahmen erstellt. Wenn ich sie mir jeden Abend anhöre, verbessert sich mein Leben auf wunderbare Weise, und nicht nur das, ich bleibe auch häufiger in der Zone und fühle mich dadurch phantastisch.

Ich werde Ihnen noch einige der neurowissenschaftlichen Hintergründe dieses Phänomens darlegen. Diese sind nicht nur sehr interessant, sondern sie bieten Ihnen auch eine bildliche Vorstellung davon, was in Ihrem Gehirn vor sich geht. (Das folgende Schaubild enthält eine Erklärung der verschiedenen Stufen.) Im Wachzustand arbeitet unser Gehirn normalerweise auf der Beta-Stufe. Wenn wir aber besonders konzentriert sind und Höchstleistungen erbringen, arbeitet es auf der Gamma-Ebene. Allerdings erreichen die meisten diesen Level selten oder auch nie.

Wenn Sie sich vor dem Schlafengehen entspannen, begibt sich Ihr Gehirn in den Alpha-Zustand. Zu diesem Zeitpunkt sind Sie weit offen für Suggestionen, wie durch eine geführte Meditation oder durch Hypnose. Dieser Moment eignet sich auch ideal, um kreative Visualisierungen und persönliche Affirmationen einzuflechten, die Ihr brennendes Verlangen anziehen.

Wenn Sie sich noch tiefer entspannen, kommt Ihr Gehirn in den Theta-Zustand. Jetzt können Sie sich beim Meditieren für Ihre Intuition öffnen. Wenn ich diesen Zustand erreiche, kann ich mich an meine nächtlichen Träume erinnern. Ich kann mich deshalb daran erinnern, weil meine Gehirnwellenaktivität sich so verlangsamt, dass dies möglich wird.

Der Delta-Level reicht sehr tief. Unser Körper braucht diesen Zustand, um sich zu heilen, zu erneuern und sich spirituell auszurichten.

MENSCHLICHE GEHIRNWELLEN

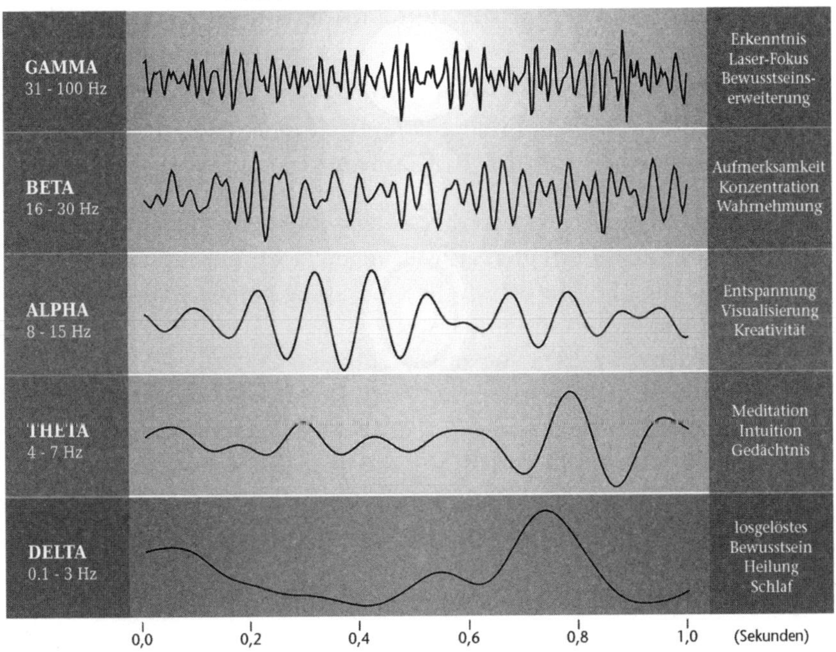

Können Sie sich vorstellen, zu welchen Meisterschöpfungen Sie fähig wären, wenn Sie sich an jedem Abend vor dem Einschlafen Ihr brennendes Verlangen bildhaft vorstellen? Oder noch kraftvoller: Stellen Sie sich vor, was passiert, wenn Sie durch das

Visualisieren von dem, was Sie manifestieren wollen, in das *Gefühl* dieses Verlangens eintauchen. Und um es auf die Spitze zu treiben, was wäre, wenn Sie sich gleich beim Aufwachen wieder in diesen Gefühlszustand begeben und ihn mindestens fünf Minuten lang beibehalten? Sie würden tatsächlich alles anziehen, was Sie sich je gewünscht haben.

Es gelang mir im Alter von zwölf Jahren, den Umzug nach Kalifornien zu manifestieren, indem ich genau das tat, was ich eben beschrieben habe. Ich visualisierte das, was ich wollte, und ich fühlte es. Mir war, als würde mein Herz bei der Manifestation des Umzugs vor Freude zerspringen und mein Solar Plexus – das Gefühlszentrum in der Magengegend – sich erweitern und Licht ins Universum hinausstrahlen. Das ist der Schlüssel, um alles zu bekommen, was Sie sich wünschen. Können Sie sich das vorstellen?

Nun sind Sie bereit, die Macht der Autosuggestion zu nutzen und Ihr Leben völlig umzuwandeln. Hier sind einige Anweisungen aus Napoleon Hills Buch *Denke nach und werde reich*, mit ein paar Anmerkungen von mir in Klammern:

> Im Folgenden werden die zu den sechs Schritten aus dem zweiten Kapitel erteilten Anweisungen noch einmal zusammengefasst und mit den in diesem Kapitel behandelten Prinzipien kombiniert – nämlich so:
>
> Erstens: Wählen Sie einen ruhigen Ort, wo Sie nicht gestört oder unterbrochen werden (bevorzugt abends im Bett), und schließen Sie die Augen. Sagen Sie sich laut vor (damit Sie Ihre eigenen Worte hören), was Sie über den Betrag, den Sie sich zum Ziel gesetzt haben, aufgeschrieben haben (bzw. über das, was Sie sich wünschen) – und auch, wie Sie die Dienstleistung oder Ware beschrieben haben, die Sie als Gegenleistung erbringen oder liefern wollen. STELLEN SIE SICH DABEI VOR, DAS GELD BEREITS ZU BESITZEN.
>
> Ein Beispiel: Nehmen wir an, Sie wollen bis zum 1. Januar in fünf Jahren 1 Million Euro erwirtschaften und als Gegenleistung Ihre persönlichen Dienste als Verkäufer (bzw. Verkäuferin) zur Verfügung stellen. Dann sollte sich Ihre niedergeschriebene Aussage über Ihr Ziel ungefähr folgendermaßen anhören:

Am 1. Januar (des Jahres 20..) werde ich 1 Million Euro besitzen, die mir bis dahin in Teilbeträgen zufließen.

Als Gegenleistung erbringe ich die effizienteste Leistung, zu der ich in der Lage bin, und zwar in der größtmöglichen Menge und in bestmöglicher Qualität in meiner Eigenschaft als Verkäufer (bzw. Verkäuferin) für... (Beschreiben Sie die Dienstleistung oder Ware, die Sie verkaufen wollen).

Ich glaube, dass ich dieses Geld besitzen werde. Mein Glaube ist so stark, dass ich dieses Geld schon vor mir sehen kann. Ich kann es mit meinen Händen berühren. Es wartet nur darauf, zu dem Zeitpunkt und in der Höhe auf mich übertragen zu werden, zu dem und in der ich meine Gegenleistung erbringe. Ich öffne mich für einen Plan, um dieses Geld zu beschaffen, und werde mich nach diesem Plan richten, sobald ich ihn aus einer höheren Quelle erhalten habe.

Zweitens: Wiederholen Sie dieses Programm jeden Abend und jeden Morgen, bis Sie (vor Ihrem inneren Auge) die Geldsumme (bzw. die anderen Dinge) sehen, die Sie erwirtschaften oder manifestieren wollen. Drittens: Legen Sie sich eine schriftliche Fassung Ihrer Ausführungen dorthin, wo Sie sie morgens und abends sehen, und lesen Sie sie vor dem Schlafengehen und nach dem Aufstehen so oft durch, bis Sie sie auswendig beherrschen.

Vergessen Sie nicht: Wenn Sie diese Anweisungen ausführen, wenden Sie das Prinzip der Autosuggestion an, um Ihrem Unterbewusstsein Befehle zu erteilen. Bedenken Sie auch, dass sich Ihr Unterbewusstsein NUR nach emotional aufgeladenen Anweisungen richtet, die ihm mit „Gefühl" erteilt werden. Der GLAUBE ist das stärkste und produktivste aller Gefühle. Halten Sie sich an die im Kapitel über den GLAUBEN erteilten Anweisungen.

Sie beherrschen die Erfolgsprinzipien meisterhaft, wenn Sie spüren, wie die Energiekugel aus Ihrem Solar Plexus durch Ihren ganzen Körper pulsiert und ins Universum hinausdrängt, *während Sie Ihre Wünsche visualisieren*! Napoleon Hill hat in *Denke nach und werde reich* absolut klar dargelegt, wie wichtig jeder dieser Schritte ist:

Wenn Sie das Buch zu Ende gelesen haben, sollten Sie noch einmal auf dieses Kapitel zurückkommen und sich im Geist und im Handeln an die folgende Regel halten:

LESEN SIE SICH DAS GANZE KAPITEL JEDEN ABEND LAUT VOR, BIS SIE FEST DAVON ÜBERZEUGT SIND, DASS DAS PRINZIP DER AUTOSUGGESTION FUNKTIONIERT UND FÜR SIE ALLES ERREICHEN WIRD, WAS IHNEN VERSPROCHEN WURDE. UNTERSTREICHEN SIE BEIM LESEN MIT BLEISTIFT JEDEN SATZ, DER SIE POSITIV BEEINDRUCKT.

Befolgen Sie vorstehende Anweisung gewissenhaft, und sie wird es Ihnen ermöglichen, die Erfolgsgesetze vollkommen zu verstehen und zu beherrschen.

Kapitel 5

DER VIERTE SCHRITT ZUM REICHTUM: FACHWISSEN FÜR DAS GROSSE GELD

Wissen ist erst dann Macht, wenn man es anwendet.

–Dale Carnegie

Ich bin nicht offiziell von der *High School* geflogen, aber ich hörte kurz vor meinem sechzehnten Geburtstag auf, am Unterricht teilzunehmen. Ich wollte aus der Schule *raus*, ohne *hinausgeworfen* zu werden – das war meine feste Absicht. Das hört sich für Sie vielleicht nach Wortklauberei an, aber für mich ging die Bedeutung viel tiefer. Ich hasste die Schule, aber ich wollte nicht wie meine Eltern werden, die beide von der Schule geflogen waren und im Leben nur eine Spur von Fehlschlägen hinterließen, was ich auf ihre fehlende Schulbildung zurückführte.

Eines Tages hörte ich nach der Sportstunde, wie sich zwei Mädchen über etwas unterhielten, das sich CHSPE nannte. Ich spitzte die Ohren und fühlte eine Inspiration auf mich zukommen. Eines der Mädchen sagte, dass sie diese Prüfung machen wollte, sobald sie sechzehn war. Damals hatte ich bereits mit dem Gedanken gespielt, die GED-Prüfung (General Educational Development Test, „Allgemeine Bildungsentwicklungs-Prüfung“) abzulegen, aber ich war noch weit vom Mindestalter von achtzehn Jahren entfernt. Ich fragte mich: *Was hat es mit CHSPE auf sich?* Ich hatte noch nie davon gehört. *Ist das die Lösung für mein Verlangen, die* High School *vorzeitig zu verlassen?*

Das war 1989, als es noch kein Internet gab, um mal schnell etwas nachzuschauen. Und so begann ich meine Nachforschungen im Büro der Schülerberatung und fand schnell heraus, dass die Abkürzung CHSPE für *California High School Proficiency Exam* (Kalifornischer *High School*-Leistungstest) steht. Für die Teilnahme muss man sechzehn Jahre alt sein bzw. mindestens ein Jahr lang die zehnte Klasse besucht haben. Eine Sekunde lang wurde mir das Herz schwer: Ich erfüllte keine der beiden Bedingungen. Doch eine Sekunde später wurde es wieder leicht, denn ich hatte eine Hintertür gefunden:

> „Der Bewerber/die Bewerberin muss am Ende des Halbjahrs (Frühjahr oder Herbst), in welchem die regelmäßige CHSPE-Prüfung durchgeführt wird, die zehnte Klasse ein volles akademisches Jahr lang besucht haben."

Ich war zwar erst fünfzehn, aber damit durfte ich mich während des zweiten Halbjahrs der zehnten Klasse für die Prüfung im nächsten Frühjahr anmelden. Ich kaufte mir ein Lehrbuch, paukte Tag und Nacht und bestand den Test gleich beim ersten Mal mit Bravour. Einige Wochen später erhielt ich mein CHSPE-Zertifikat und hatte damit die *High School* vorzeitig abgeschlossen. Schon damals hatte ich das Unternehmertum im Auge, aber ich ging trotzdem erst aufs *College*, weil ich meinte, es wäre die Eintrittskarte zu meinen Träumen. Aber ich hatte mich getäuscht und fand in meinem ersten Jahr am College schnell heraus, dass das nichts für mich war: Der Professor, der das Fach Unternehmertum lehrte, gab zu, nie selbst ein Unternehmen besessen zu haben, und deshalb fühlte ich mich betrogen.

Viele Jahre später holte ich meinen College- und Universitätsabschluss nach. Heute ist mir klar, dass ich damit Folgendes bezweckte: 1. Ich wollte es auf keinen Fall so machen wie meine Eltern; 2. Ich wollte mich nie mit meiner Tochter streiten müssen, falls sie sich gegen eine Hochschulausbildung sperrt, und 3.

Ich wollte meinen Wert beweisen. Im Rückblick halfen mir meine beiden Abschlüsse, die Last meines unbewussten Verlangens abzuschütteln, mit dem ich der Welt und mir selbst beweisen wollte, dass ich *wertvoll* bin und nicht mehr das fünfjährige Mädchen, das damals im Landladen nur Bruchlutscher bekam, weil seine Eltern arme Schulabbrecher waren.

Aber diese Abschlüsse behinderten auch meine Fähigkeit zu kreativem, profitorientiertem und grenzenlosem Denken. Wenn Sie einen Abschluss haben, dann wurden Sie höchstwahrscheinlich auch mit dem langweiligen Standardgeschwätz abserviert, das die Hochschulen auf fast jeden Studenten loslassen, und das nichts weiter beinhaltet als ein „Standardwissen", das ihnen nicht viel hilft, wenn es darum geht, in einer sich ständig wandelnden Wirtschaft richtiges Geld zu verdienen. Napoleon Hill hatte das bereits 1937 erkannt, als *Denke nach und werde reich* zum ersten Mal erschien:

> Es gibt zwei Arten von Wissen: Allgemeinwissen und Spezialwissen. Allgemeinwissen nützt Ihnen, ungeachtet seiner Fülle oder Breite, beim Vermögensaufbau wenig. An den Fakultäten der Universitäten ist in ihrer Gesamtheit praktisch jede Form des Allgemeinwissens verfügbar, das in der zivilisierten Welt bekannt ist. Dennoch sind die meisten Professoren nicht besonders vermögend. Sie haben sich auf die Vermittlung von Wissen verlegt, und nicht darauf, Wissen praktisch zu verwerten und Kapital daraus zu schlagen.
>
> WISSEN bringt kein Geld ein, wenn es nicht in praktischen HANDLUNGSPLÄNEN mit dem KONKRETEN ZIEL, Geld zu verdienen, verwertet und gezielt eingesetzt wird. Wer das nicht versteht, gehört zu den Millionen von Menschen, die fälschlicherweise annehmen, „Wissen ist Macht". Das stimmt nicht! Wissen ist lediglich potenzielle Macht. Zu echter Macht wird es nur dann, wenn es in konkreten Handlungsplänen verwertet und auf ein konkretes Ziel ausgerichtet wird.

Wissen Sie, wie man eine komplizierte Algebraformel anwendet? Ja? Super! Abgesehen natürlich davon, dass die Wahrscheinlichkeit, dass Ihnen jemand für Ihre mathematischen Fähigkeiten jedes Jahr Millionen von Euro bezahlt, mathematisch gesehen, nun ja, eher bescheiden ist. Das ist der Grund, warum viele Self-Made-Milliardäre wie Bill Gates, Michael Dell, Steve Jobs, Mark Zuckerberg und einige andere Schul- oder Hochschulabbrecher sind. Sie entkamen der Schublade, in welche das Schulsystem alle hineinstopft und in der alle dasselbe denken, damit sie mithilfe ihrer großen, kreativen Ideen und Visionen ihre Flügel entfalten konnten. Natürlich will ich Sie nicht dazu animieren, Ihre Ausbildung abzubrechen, falls Sie gerade eine durchlaufen. Stattdessen will ich Ihnen lediglich den Rat geben, was Sie brauchen, um Ihre Träume zu verwirklichen. Zum großen Teil hat dies damit zu tun, *groß zu denken* und *das Schubladendenken hinter sich zu lassen*, unabhängig davon, was Ihr Umfeld Ihnen vielleicht empfiehlt.

Gates, Dell, Jobs und einige andere stellen auch unter Beweis, dass Bildung nicht nur durch andere Menschen oder anerkannte Institutionen verfügbar ist. Das englische Wort für Bildung, *education*, basiert auf dem lateinischen *educo*, welches „hervorbringen, herausziehen oder von innen heraus entwickeln" bedeutet.

Eine strukturierte und organisierte Ausbildung kann Sie Ihrer Fähigkeit berauben, das Schubladendenken zu überwinden und schöpferische Inspirationen zu empfangen. Und sie kann Ihnen den Mut rauben, Ihre Flügel zu entfalten und Ihre großen Träume zu manifestieren. Zahlreiche Professoren und Ausbilder stecken in den von ihnen selbst geschaffenen einengenden Schubladen fest. Mit ihren Vorurteilen und ihrer Voreingenommenheit lehren sie bewusst ihren „Stoff", während sie es gleichzeitig den Schülern unbewusst ausreden, ihre Träume realisieren zu wollen.

Das Universum kann Ihnen keinen himmlischen Scheck schicken

Hier ist das ABC über die Funktionsweise unseres Wirtschaftssystems. Sie bieten Energie in Form von Produkten oder Dienstleistungen an. Die Leute bezahlen Sie für diese Energie in Geldform, das Sie wiederum nutzen können, um Nahrung, Kleidung, eine Unterkunft und alles andere zu kaufen, das Sie brauchen und wollen. Das sind die „Regeln".

Stuart Wilde hat es in seinem Buch *The Little Money Bible* („Die kleine Geldbibel") treffend so formuliert: „Um Geld zu verdienen, müssen Sie Ihre Energie in irgendeiner Form zur Verfügung stellen, um einen bereits existierenden Bedarf zu befriedigen. Und wenn es sich bei Ihrem Angebot um Energie, Charisma und Begeisterung handelt, gibt es für Sie keine Konkurrenz, weil die meisten anderen nur leblose, lieblose und langweilige Dinge verkaufen."

Das bedeutet, welche Produkte oder Dienstleistungen Sie auch immer anbieten, es sollte immer etwas sein, für das Sie wahre Leidenschaft empfinden. Auf diese Weise arbeiten Sie mit der hohen Schwingung von Enthusiasmus und Begeisterung, die unbedingt erforderlich ist, wenn man an das große Geld gelangen will.

Immer mal wieder treffe ich auf ein paar Jungspunde mit genug Grips, um mich zu fragen, worauf sie sich ausrichten sollen, um reich zu werden. Manchmal stellen mir auch Eltern diese Frage, die ihren Kindern gern den richtigen Weg zum finanziellen Erfolg weisen wollen. Meine Antwort ist stets dieselbe: „Lernt zu verkaufen. Lernt, wie man etwas vermarktet. Lernt zu investieren. Und werdet darin *richtig gut*. Punkt."

Wenn Sie in die Welt des Verkaufens, des Vermarktens und des Investierens eintauchen, werden Sie wahrscheinlich feststellen, dass Sie eines dieser drei Elemente besser beherrschen als die anderen beiden. Obwohl mich die meisten als erfolgreiche Investorin ansehen, bin ich doch am besten im Marketing, und das wird auch immer so bleiben. Für das Marketing empfinde ich auch das stärkste brennende Verlangen.

Sie sind vielleicht besonders für den Verkauf begabt. Im Verkauf wiederum existieren zahlreiche Unterkategorien wie zum Beispiel das Verkaufen im persönlichen Gespräch, Webinare, Live-Seminare und -Events und das Leiten von Verkaufsteams. Die vielleicht wertvollste und edelste Fähigkeit besteht darin, die Kunst der Textgestaltung für Werbebriefe, Broschüren und Webseiten meisterhaft zu erlernen, weil man damit Millionen von Menschen etwas verkaufen kann, ohne sich persönlich mit ihnen zu treffen ... und das kann zu gigantischen Umsätzen führen!

Oder vielleicht ist das Investieren Ihr Ding. Auch in diesem Bereich existieren vielfältige Facetten. Für mich besteht das Investieren hauptsächlich aus zwei „Schirmen“: Immobilien und der Handel an den verschiedenen Märkten mit Wertpapieren wie Aktien, Optionsscheinen, Futures und so weiter. Das ist schon alles.

Diese breit gefassten Kategorien sind genauso vage wie die Begriffe „Obst“ und „Gemüse“. Zum Obst zählen Äpfel, Bananen, Orangen und noch sehr viele andere Sorten – und dann gibt es auch noch zahlreiche Unterkategorien. In der Kategorie „Äpfel“ zum Beispiel gibt es Granny Smith, Golden Delicious, Gala, Pink Lady und so weiter. „Immobilien“ und „Markthandel“ sollten Sie daher als Verallgemeinerungen wie „Obst“ und „Gemüse“ betrachten und deren Subkategorien als *Nischen*. Das echte Geld wird durch das Investieren in diese Unterkategorien verdient. Hier werden Sie Ihr Vermögen machen.

Sie werden es beispielsweise als Immobilieninvestor nicht sonderlich weit bringen, wenn Sie sich nicht auf eine bestimmte Sparte spezialisieren. Was mich angeht, so habe ich mit dem schnellen Kaufen und Verkaufen von Einfamilienhäusern begonnen und mich dann später für ein langfristiges passives Einkommen auf den Kauf von Apartmentgebäuden spezialisiert. Seit kurzer Zeit befasse ich mich mit einer noch spezielleren Art des Immobilieninvestments, nämlich mit der Umwandlung von Bürogebäuden in Wohneinheiten. Das ist schon eher eine Mischform aus dem Investieren in Immobilien und einem Geschäft mit regelmäßigem Einkommen. Das Investieren in Immobilien umfasst zahlreiche Unterkategorien, zu welchen wiederum weitere Subkategorien gehören. Je mehr Sie sich spezialisieren und je besser Sie sich in Ihrer gewählten Nische auskennen, um so wohlhabender werden Sie.

Sie müssen die Zahlen kennen, bevor Sie sich auf irgendein Geschäft einlassen!

Ich muss immer wieder mit dem Kopf schütteln, wenn ich an einem geschlossenen Geschäft mit einem Verkaufsschild im Fenster vorbeikomme, weil ich weiß, dass ein solcher Schiffbruch vermeidbar gewesen wäre, wenn sich die Geschäftsinhaber fünf Minuten Zeit genommen hätten, um sich mit dem grundlegenden Zahlenwerk zu beschäftigen.

Gerade vor ein paar Tagen bin ich erst an einem Geschäft vorbeigefahren, von dem ich wusste, dass es innerhalb kürzester Zeit pleitegehen wird. Es handelte sich um einen in einem vornehmen Viertel gelegenen Laden mit einer Verkaufsfläche, die viel zu groß für diese Art von Geschäft war. Beim Anblick stellte ich mir diese Frage: „Warum stellen manche Leute nicht mal die grundlegendsten Berechnungen an, bevor sie ein Geschäft eröffnen?“ Fünf Minuten mit dem Taschenrechner hätten ausgereicht, um herauszufinden, ob sich mit Low-End-Produkten wie Eis, Säften oder Milchshakes in dieser Umgebung Geld verdienen lässt oder nicht.

Ich würde *Ihnen* empfehlen, Ihre Berechnungen mit den monatlichen Mietzahlungen zu beginnen, die Sie für Ihre Verkaufsfläche zu entrichten haben. Dann fragen Sie sich, wie viele Produkte Sie tagtäglich verkaufen müssen, um wenigstens Ihre Miete bezahlen zu können, und dazu kommen ja dann noch die ganzen Aufwendungen für Inventar, Nebenkosten, Angestellte, Versicherungen und den ganzen anderen Rattenschwanz. Sie müssten da schon ziemlich viele Eiswaffeln, Saftflaschen oder Milchshake-Kreationen verkaufen, um damit Ihre Miete abzudecken, ganz zu schweigen von allen anderen Ausgaben, die zu einem erfolgreichen Ladengeschäft nun mal dazugehören.

In meiner Gegend beläuft sich die Miete für ein Ladengeschäft auf ca. 50 Dollar pro Quadratmeter. Und das ist noch günstig im Vergleich zu einigen anderen Gegenden in Kalifornien. Für einen 100-Quadratmeter-Laden müssen Sie also 5.000 Dollar im Monat hinblättern, und dazu kommen noch Neben- und Instandhaltungskosten. Wenn Sie pro Kunde fünf Dollar einnehmen, dann müssten Sie im Monat über tausend Einheiten verkaufen, nur um die Kosten für Ihr Ladenlokal abzudecken. Und da sind die Ausgaben für Angestellte und Strom noch nicht mal inbegriffen.

Aus diesem Grund halte ich mich von Geschäftsideen im Einzelhandel fern, es sei denn, sie sind hochprofitabel. Mit dieser Art von Geschäft sind Sie in Ihrem örtlichen Gebiet gefangen und von Kunden abhängig, die daran vorbeikommen oder es leicht mit dem Auto erreichen können. Das ist kein guter Marketingplan, insbesondere da sich heute durch das Internet die ganze Welt erreichen lässt. Warum also sich klein machen, wenn man auf der ganzen Welt verkaufen kann? Liebe Freunde, anstatt sich kleinzumachen, sollten Sie lieber groß denken!

Beginnen Sie mit dem Geld anderer Leute

Es wäre schön, wenn man uns schon als Kind beibringen würde, wie das Geldspiel funktioniert, aber das geschieht leider selten. Die Realität sieht so aus, dass wir die Anstrengung unternehmen müssen, es uns selbst beizubringen. Wenn Sie dies nicht tun, werden Sie sich wahrscheinlich schon recht bald in finanziellen Schwierigkeiten wiederfinden.

Ich begann, mit meiner Tochter über Hypothekenrückzahlungen zu sprechen, als sie in die erste Klasse ging. Ich sprach mit ihr darüber, was es mit Darlehen und Kreditkarten auf sich hat. Und ich erzählte ihr, wie man aus dem Geld anderer Leute einen maximalen finanziellen Nutzen für sich selbst ziehen kann. Meist sah sie mich ziemlich verwirrt an, aber ich dachte mir, dass sie es bewusst oder unbewusst schon irgendwann begreifen wird und dass sie so zumindest weiß, an wen sie sich wenden kann, wenn sie einmal später Hilfe in Finanzfragen benötigt.

Vielleicht reagieren Sie ja genauso auf einige Aspekte der Finanzwelt – insbesondere wenn es darum geht, mit dem Geld anderer Leute zu starten. Alles beginnt damit, dass Sie eine sehr hohe persönliche Kreditwürdigkeit brauchen. Hier in den USA bedeutet das eine durchschnittliche FICO-Bewertung von mindestens 750 Punkten. (Es gibt hier drei Kreditauskunfteien: Experian, Equifax und Transunion. Ihre durchschnittliche FICO-Bewertung berechnet sich aus den Werten aller drei Unternehmen.) Das ist die Grundvoraussetzung, damit Sie einen Geschäftskredit erhalten können. Sie brauchen eine hohe persönliche Kreditwürdigkeit, um sich ein geschäftliches Kreditprofil aufzubauen.

Der nächste Schritt besteht dann darin, in Ihrem heimatlichen Bundesstaat ein Unternehmen zu gründen. Mit Hilfe von Dienstleistern wie LegalZoom.com oder AmeriLawyer.com, die von Anwälten betrieben werden, können Sie die Kosten hierfür häufig auf nur wenige Hundert Dollar drücken.

Wenn Sie Ihr Unternehmen online registrieren wollen, sollten Sie zusätzliche Hilfe in Anspruch nehmen, um Ihre Arbeitgeber-Identifikationsnummer (EIN) zu erhalten. Hierbei handelt es sich im Prinzip um die Sozialversicherungsnummer Ihres Unternehmens. Sie benötigen eine EIN, um sich eine geschäftliche Kreditwürdigkeit aufzubauen, so wie Ihnen Ihre Sozialversicherungsnummer bei Ihrer persönlichen Kreditwürdigkeit hilft.

In den vergangenen Jahrzehnten hat sich in puncto Geschäftskredite Einiges verändert. Ich empfehle Ihnen, die EIN Ihres Unternehmens in jeden Kreditkarten- und Darlehensantrag aufzunehmen. Auf diese Weise werden Ihre kreditbezogenen Aktivitäten automatisch in Ihr Experian-Geschäftsprofil übernommen, ohne dass es Sie etwas kostet und ohne dass Sie sich um Ihr Profil zu kümmern brauchen.

Wenn Ihre geschäftlichen Kredite größer werden, benötigen Sie für jeden Antrag eine D-U-N-S-Nummer. Auf der Webseite DandB.com erhalten Sie eine kostenlose D-U-N-S-Nummer für Ihre Anträge.

Das sind die grundlegenden Voraussetzungen, um das Geld anderer Leute zu nutzen und dadurch einen positiven Cashflow zu generieren bzw. zu erweitern.

Wer braucht eigentlich ein eingetragenes Unternehmen?

Alle, die geschäftlich aktiv sind, müssen ihr Unternehmen in ihrem heimatlichen Bundesstaat registrieren lassen – da gibt es keine Ausnahme! Wenn Sie vorhaben, selbständig von zu Hause aus zu arbeiten, vielleicht im Bereich Grafikdesign oder Buchhaltung, müssen Sie ein Gewerbe anmelden. Wenn Sie auf eBay oder Etsy einen Online-Store eröffnen wollen, müssen Sie hierfür ebenfalls ein Gewerbe anmelden. Und wenn Sie eine Dienstleistung anbieten wollen, und sei es als Hundeausführer/in oder Fensterwäscher/in, brauchen Sie ebenfalls ein Gewerbe. Sie benötigen ein Gewerbe, weil Sie mit Ihren Aktivitäten Geld verdienen wollen. Selbst wenn Sie abhängig beschäftigt und zufrieden mit Ihrem Job sind, aber gleichzeitig nebenberuflich geschäftlich aktiv sind, brauchen Sie hierfür ein Gewerbe.

So wie für ein neugeborenes Baby müssen Sie sich auch für Ihr Gewerbe bzw. Unternehmen einen Namen überlegen. Ich empfehle Ihnen etwas Allgemeines und Unspezifisches wie z.B. *Jemika International* oder *Barracuda Enterprises*. Sie können auch einen Unternehmensnamen erfinden, indem Sie zwei Wörter kombinieren. Suchen Sie sich einen Namen aus, der nichts darüber verrät, was Sie tun, verkaufen oder promoten. Auf diese Weise verfügen Sie über Optionen, wenn Sie sich noch nicht ganz sicher sind, welche unternehmerischen Aktivitäten Sie entfalten wollen, und Sie halten die Tür für neue Gelegenheiten offen.

Sobald Sie sich für einen Unternehmensnamen entschieden haben, können Sie Ihre genaue Geschäftstätigkeit bei Ihrer County-Verwaltung als *DBA* bzw. *doing business as* („geschäftlich tätig als") registrieren lassen. Sie können jeden gewünschten deskriptiven Geschäftsnamen hinzufügen, der dann unter Ihrem Hauptunternehmensnamen registriert wird. Ihr allgemein gehaltener

Firmenname könnte beispielsweise *Power House International* lauten, was so ziemlich alles bedeuten kann, und als Ihren enger gefassten *DBA*-Namen könnten Sie dann *Seaside Residential Solar Energy* oder *Tiger Warriors School of Martial Arts* wählen, denn beide Namen passen recht gut zu *Power House.*

Häufig werde ich gefragt, ob es sinnvoll ist, ein Unternehmen in Nevada zu gründen, da dort die Jahresgebühren viel geringer ausfallen als zum Beispiel die 800 Dollar Mindest-Jahresgebühr in Kalifornien oder in anderen Gebieten der USA. Meine Antwort lautet: Um alle Rechtsvorschriften einzuhalten, muss Ihr Unternehmen in dem Bundesstaat registriert sein, in welchem Sie hauptsächlich geschäftlich aktiv sind. Sollten die Beamten aus Nevada herausfinden, dass Ihr Unternehmen zwar in diesem Bundesstaat registriert ist, Sie aber Ihr Geschäft von Ihrem Apartment in Miami aus betreiben, kann man Sie wegen Verstoßes gegen die Handelsvorschriften zwischen den Bundesstaaten belangen. Sorgen Sie deshalb dafür, dass Sie bei allen Ihren Aktivitäten die rechtlichen Vorschriften einhalten.

Eine perfekte Mischung aus aggressivem und passivem Einkommen

Es gibt eigentlich nur wenige Dinge, die Ihnen den Start in Ihr neues Leben der finanziellen Freiheit ermöglichen: die Tätigkeit als Unternehmer oder als Investor. Idealerweise sollten Sie beides tun, sobald Sie in einem der Bereiche gut vorankommen.

Sie könnten zum Beispiel mit einem E-Commerce-Geschäft von zu Hause aus beginnen, das schon bald sehr erfolgreich wird, und dann einige Ihrer Gewinne für den Erwerb kleiner Wohngebäude verwenden, die Sie als langfristige Geldanlage behalten.

Womit sollten Sie beginnen? Zunächst einmal bedenken Sie bitte, dass Sie nicht dem Weg eines anderen zum Geldverdienen folgen sollten, weil die Wahrscheinlichkeit recht gering ist, dass dieser Weg perfekt zu Ihnen passt. Sie sind nicht erst dann Ihr eigener Boss, wenn Ihr Unternehmen registriert ist und gut läuft, sondern Sie sind es bereits jetzt, in diesem Moment – mit einer vertrauensvollen Begleitung durch *mich.* Wenn Sie selbständig unternehmerisch tätig sein wollen, bin ich die Frau, die Sie dabei unterstützen kann! Es gibt zwei Hauptstrategien für das Geldverdienen:

1. **Aggressive Einkommensstrategien:** Diese sind kurzfristig ausgerichtet und Sie haben die Kontrolle darüber, wie viel oder wie wenig Sie verdienen – zum Beispiel durch ein Online-Geschäft, Daytrading oder das rasche An- und Weiterverkaufen von Immobilien. Aggressive Einkommensstrategien verlangen meist von Ihnen, dass Sie sich täglich aktiv um Marketing, Verkauf und Ihr gesamtes Unternehmen kümmern, vergleichbar mit einem normalen Job.

2. **Passive Einkommensstrategien:** Diese sind langfristig ausgerichtet und hier bestimmt der Markt darüber, wie viel Sie verdienen – und nicht Sie selbst. Die einzige langfristige Strategie, die ich mit gutem Gewissen empfehlen kann, ist das Investieren in Immobilien mit der Absicht, aus den Mietzahlungen ein passives Einkommen zu generieren. Sie haben keine Kontrolle über dieses Einkommen, weil der Markt darüber bestimmt, in welche Richtung sich die Mieten entwickeln. „Passiv" bedeutet auch, dass Sie hierfür wenig Arbeitskraft einsetzen müssen. Idealerweise kümmert sich ein perfekter Eigentumsverwalter um alles, damit Sie es nicht zu tun brauchen.

Entwickeln Sie ein „Gefühl" für Ihre Nische

In Bezug auf Einkommensstrategien bedeutet „aggressiv", dass Sie selbst bestimmen, wie viel oder wie wenig Sie verdienen wollen, je nachdem, wie viel Zeit, Energie und Anstrengung Sie zu investieren bereit sind. In meiner über zwanzigjährigen Erfahrung als Unternehmerin habe ich herausgefunden, dass nur wenige Ideen gut zu dieser Strategie passen:

- Der Vertrieb über Ihre eigene Webseite bzw. per Direct-Mail-Marketing. Das können Verbrauchsprodukte sein wie Hautpflege oder Nahrungsergänzung oder auch Informationsdienste wie z. B. Investment-Newsletter.
- Der Verkauf über eine große Internet-Plattform wie amazon oder eBay.
- Das Daytrading.
- Der zügige An- und Weiterverkauf von Immobilien.
- Die Mitarbeit in einem profitablen Network-Marketing-Unternehmen.

Welche Geschäftsidee Sie auch immer am meisten anspricht, Sie sollten sie auf jeden Fall so angehen, dass Sie *den maximalen Nutzen aus Ihren Ressourcen ziehen*. Das heißt, Sie sollten Ihre Fähigkeiten, Talente und Zeitkontingente so klug einsetzen, dass Sie auch ohne einen riesigen Stab von Mitarbeitern ans große Geld kommen, denn ansonsten manövrieren Sie sich in einen Albtraum aus Personalsorgen und Kapazitätsengpässen.

Gehen Sie die obenstehende Liste langsam durch und vertrauen Sie auf Ihr Bauchgefühl. Nehmen Sie Stift und Papier zur Hand und notieren Sie, was Sie bei jedem Punkt *fühlen*. Wenn sich ein Punkt besonders spannend und aufregend für Sie anfühlt, dann lohnt es sich auf jeden Fall, sich intensiver damit zu beschäftigen und einen präzisen Plan auszuarbeiten. Wenn sich Ihr Magen verknotet, dann ist dies definitiv nicht die richtige Option für Sie, unabhängig davon, wie viel Sie damit verdienen könnten. Denken Sie daher nicht weiter daran.

Sprechen wir nun über die Strategien für passives Einkommen. Da diese geschäftlichen Aktivitäten für Sie wahrscheinlich erst später interessant werden, können Sie diesen Aspekt überspringen. Wenn Sie allerdings schon einen Vorsprung haben wollen, halten

Sie Ihre Gefühle in Bezug auf die Möglichkeiten zum Geldverdienen aus der folgenden kurzen Liste fest, um zu sehen, mit welchen davon Sie harmonieren:

- Der Erwerb und das Halten von Wohnimmobilien; dazu zählen z. B. vermietete Eigentumswohnungen, Mietshäuser und Mietwohnanlagen.
- Der Erwerb und das Halten von Geschäftsimmobilien; dazu zählen z. B. Büroräume, Industrie- und Lagergebäude, Ladengeschäfte usw.
- Der Erwerb und das Halten von Aktien, Anleihen und anderen Investments.

Für mich gibt es in diesen beiden Listen nur eine Handvoll von Optionen, die mich wirklich begeistern: der Produktverkauf über meine eigene Webseite, das Direct-Mail-Marketing und der Umgang mit Immobilien. Aber nur weil ich mich zu bestimmten Strategien zum Reichtumsaufbau besonders hingezogen fühle, heißt das nicht, dass diese auch zu Ihnen passen. *Vertrauen Sie auf Ihr Bauchgefühl.*

Für mich gibt es noch eine weitere inoffizielle Kategorie, über die ich noch nie öffentlich gesprochen habe. Ich nenne sie meine geheimen „Hybrid-aggressiv-passiv-Strategien“:

- Das Investieren in Selbstlager-Einheiten. Hier verschmelzen eine Geschäftsidee und Immobilienbesitz miteinander. Hierfür benötigen Sie Mitarbeiter, die die Lagerkapazitäten aggressiv vermarkten, Miet-LKWs, Luftpolsterfolie, Klebeband, Kisten und vieles mehr, aber Sie erzielen auch passive monatliche Mieteinnahmen. Dieses Hybrid-Geschäft ist auch sehr profitabel.
- Das Investieren in virtuelle Büroräume. Auch dies ist eine Kombination aus Geschäftsidee und Immobilienbesitz. Seit Kurzem beschäftige ich mich damit, Bürogebäude in virtuelle Büros für Start-Ups

und Kleinunternehmer umzuwandeln, und auch in hochspezialisierte gemeinschaftlich genutzte Räumlichkeiten für Anwälte, Wirtschaftsprüfer, Psychologen und so weiter.

- Das Investieren in gemeinschaftlich genutzte Flächen in Schönheitssalons. Bei diesem Geschäft arbeiten Schönheitsprofis wie Haarstylistinnen, Nagelkünstlerinnen, Massagetherapeuten und Kosmetikerinnen in ihrem eigenen „Mikro"-Geschäft innerhalb eines „Makro"-Salons oder -Spas. Sie mieten ca. 15 bis 40 Quadratmeter für eine Monatsmiete zwischen 800 und 1.500 Dollar, *oder sogar noch mehr,* je nachdem, wie groß der Kundenzustrom ist.
- Das Investieren in Pflegeheime für Senioren. Die Nachfrage nach diesem Immobilientyp ist heute stärker denn je zuvor, da die Bevölkerung immer mehr altert. Er verlangt jedoch das Einhalten von umfassenden Rechtsvorschriften, die nichts für zartbesaitete Gemüter sind. Der finanzielle Profit kann allerdings verblüffend hoch ausfallen.
- Das Investieren in Sport-Bars oder -Restaurants. Wenn es richtig betrieben wird, kann sich dieses Hybrid-Investment zu einer hochprofitablen Unternehmung entwickeln, insbesondere wenn Sie auch noch das Gebäude besitzen. Ja, die Anfangsinvestitionen und Betriebskosten sind recht hoch. Und ja, man braucht hierfür eine gewisse Erfahrung im Restaurant- oder Bar-Management. Aber es stimmt auch, dass hier gewaltige Gewinnmargen winken: Hier ist es ein Leichtes, als Besitzer mindestens eine Million pro Jahr einzustreichen.

Sie stehen ja noch am Anfang und brauchen sich deshalb nicht sofort zu entscheiden. Lassen Sie sich diese Idee durch den

Kopf gehen, im Vertrauen, dass ich mit meiner über zwanzigjährigen Erfahrung in der Geschäftswelt weiß, was funktioniert, um Millionäre zu machen… und ich weiß auch, was komplette Zeitverschwendung ist.

Meine Haupteinnahmequelle war schon immer die Vermarktung von Informationsprodukten, d. h. Kurse und Systeme, die den Menschen helfen, ihr Leben signifikant zu verbessern, während sie gleichzeitig zu investieren beginnen. Das Verlagswesen hat mir im Lauf der Jahre den meisten Erfolg und Reichtum gebracht.

Idealerweise sollten Sie sich auf das einstimmen (oder sich eher *hineinfühlen*), was Sie am meisten begeistert. Anschließend machen Sie sich auf Ihren eigenen Weg, mit dem Wissen und dem sicheren Gefühl, dass Sie mit Zielgerichtetheit und Disziplin zu Ihrer finanziellen Freiheit geleitet werden.

Der Weg, der Sie anspricht, hat vielleicht nichts mit den Vorschlägen zu tun, die ich Ihnen in diesem Kapitel unterbreitet habe, und das ist völlig in Ordnung. Wichtig bei alledem ist nur, dass Sie sich auf das fokussieren, zu dem Sie sich berufen fühlen und mit dem Sie Ihren Mitmenschen einen bedeutungsvollen Dienst erweisen können. Was ist Ihre *große Idee*? Was ist Ihr *großer Traum*? Halten Sie beides schriftlich fest. Sie wissen dann, dass es der richtige Weg für Sie ist, wenn Sie der Gedanke an das Erreichen Ihres brennenden Verlangens mit absoluter Ekstase erfüllt. Worin Ihr brennendes Verlangen auch immer besteht, Sie werden fast allen anderen weit voraus sein, weil Viele sich einfach nur durchs Leben schlängeln, ohne zu wissen, was sie eigentlich wollen. Sobald Sie *exakt* festgelegt haben, was Sie wollen, besteht der nächste Schritt darin, es sich zu *holen*!

Kapitel 6

DER FÜNFTE SCHRITT ZUM REICHTUM: ES LIEGT IN IHRER VORSTELLUNGSKRAFT

Vorstellungskraft ist die Vorschau auf die kommenden Attraktionen des Lebens.

–Albert Einstein

Wenn ein Unternehmer, Musiker, Autor, Künstler oder sonst irgendjemand plötzlich eine Eingebung erhält, woher kommt diese eigentlich? Gibt es einen Trick, wie man diese scheinbar unvorhersehbare Form der Kreativität und Weisheit dazu bringen kann, sich uns öfter zu offenbaren? Ja, es gibt da einen Trick, der damit beginnt, dass wir die Natur verstehen. So formuliert es Napoleon Hill in *Denke nach und werde reich*:

> Fantasie ist buchstäblich die Werkstatt, in der alles Gestalt annimmt, was der Mensch plant. Den Impulsen, den VERLANGEN, wird Gestalt und Form verliehen – und sie werden mithilfe der menschlichen Vorstellungskraft in die TAT umgesetzt. Der Mensch kann alles vollbringen, was er sich vorstellen kann, heißt es.
>
> Durch seine Vorstellungskraft konnte der Mensch in den vergangenen 50 Jahren mehr Kräfte der Natur entdecken und nutzen als in der gesamten Menschheitsgeschichte. Er hat sich den Luftraum so vollständig erobert, dass er den Vögeln beim

Fliegen etwas vormacht. Er nutzt den Äther zur verzögerungsfreien Kommunikation mit aller Welt. Er hat die Sonne aus Millionen von Kilometern Entfernung untersucht und gewogen und mithilfe seiner VORSTELLUNGSKRAFT festgestellt, aus welchen Bestandteilen sie sich zusammensetzt. Er hat entdeckt, dass sein eigenes Gehirn gleichzeitig Sender und Empfänger für die Schwingungen der Gedanken ist, und jetzt lernt er gerade, wie er diese Erkenntnis praktisch nutzen kann.

Ich sprach ja über mein brennendes Verlangen, die *High School* vorzeitig zu verlassen. Damals suchte ich unbewusst nach „einer" Lösung. Es ergab sich einfach so, dass ich nach der Sportstunde an den beiden Mädchen vorbeiging, die sich gerade einfach so über „die" Lösung unterhielten.

War das reiner Zufall? Zum englischen Wort für Zufall, *coincidence,* gehört das Verb *to coincide,* und dieses bedeutet „übereinstimmen, zusammentreffen, zeitlich zusammenfallen". Da ist es doch merkwürdig, dass wir die Bedeutung so verändert haben, dass wir heute damit eine bemerkenswerte Gleichzeitigkeit von Ereignissen oder Umständen meinen, die in keiner erkennbaren Verbindung zueinander stehen.

Führung und Lösungen – wenn Sie aufmerksam hinhören und Ihre Augen weit öffnen – erhalten Sie als Eingebungen in Form von logischen Gedanken, blitzartigen Inspirationen, Träumen, scheinbarer Zufälligkeit und auf anderen Wegen, die Sie nicht einmal bemerken.

Ich glaube nicht an blinde Zufälle. Ich glaube viel eher, dass unser Leben, so chaotisch es manchmal auch aussehen mag, in einer sorgfältig geplanten Aufführung wunderbar dirigiert wird, an der wir als spirituelle Wesen alle teilnehmen, von der wir alle lernen und an der wir alle wachsen dürfen.

So können Sie sich mithilfe der Akasha-Chronik Ihre Zukunft „erschließen"

Neulich sah ich eine unglaublich interessante Dokumentation, die mich total verblüffte und mir die Augen öffnete. Es ging um das *kosmische Bewusstsein* und um das Ergründen unserer Akasha-Chronik. Es ist ein wenig kompliziert, genau zu erklären, was damit gemeint ist, aber ich fand die einfache Geschichte einer vom Balkan stammenden Frau namens Baba Wanga unglaublich spannend. Man nennt sie auch „Nostradamus des Balkans".

Baba Wanga wurde im Alter von zwölf Jahren von einem wilden Sturm hinweggefegt, der aus dem Nichts erschienen war. Der Sturm wirbelte ihren kleinen Körper umher und peitschte Sand in ihre Augen, was sie für immer erblinden ließ. Man fand sie zwei Tage später, halbtot auf dem Boden liegend, aber auf mysteriöse Weise erhielt sie zu diesem Zeitpunkt ihre erste Zukunftsvision.

Ihre spirituelle Essenz ist nach wie vor präsent. Von ihr stammen einige unglaubliche Prophezeiungen, zum Beispiel dass das World Trade Center am 9. November 2001 zusammenstürzen, dass der 44. US-Präsident von afro-amerikanischer Abstammung sein und China zur nächsten Supermacht aufsteigen würde. Sie kann sehen, unter welchen Umständen ein Mensch geboren wurde, was in seinem Leben geschehen und wie er sterben wird. Man sagt, dass Baba Wanga und andere Propheten die Zukunft vorhersagen können, weil Vergangenheit, Gegenwart und Zukunft bereits geschehen sind und dass das Wissen darüber sich in der Akasha-Chronik wiederfindet.

Als ich selbst Visionen hatte, war ich richtig verwirrt – bis ich die Akasha-Chronik entdeckte. Vor ein paar Monaten hatte ich zum Beispiel einen erstaunlichen Traum über ein Hotel und Restaurant unter Wasser. Ich weiß noch, wie ich mich mit einer Freundin darüber unterhielt, wie erfrischend der Sauerstoff in dieser Unterwasserkuppel war und dass dieses Erlebnis das Coolste war, was wir je erlebt hatten! Dann begann ich zu überlegen: Mit dem Klimawandel und der Zerstörung der Ozonschicht erscheint es ziemlich unwahrscheinlich, dass wir eines den Tag den Mars kolonisieren werden, weil wir in seiner Atmosphäre nicht überleben können. Hier auf der Erde verfügen wir dagegen bereits über die für unser Überleben erforderliche Infrastruktur und Technik, und deshalb denke ich, dass es absolut sinnvoll ist, Unterwasserkuppeln zu errichten, die unser zukünftiges Überleben als menschliche Rasse garantieren.

Und dann fand ich heraus, dass Baba Wanga für das Jahr 2130 eine Zivilisation unter Wasser prophezeit hat. Das ließ mich lächeln und auf einmal machte alles für mich viel mehr Sinn: Unsere Träume, Ideen, Gedanken und Voraussagen stammen aus einer Quelle, die wir uns alle erschließen können. Wie sonst ließe sich erklären, dass mehrere Menschen zur selben Zeit dieselbe Idee erhielten und dabei noch einen oder zwei Kontinente voneinander entfernt waren – und das lange bevor es das Telefon, das Internet oder andere Arten der unmittelbaren Kommunikation gab?

Zum Beispiel erfanden Guglielmo Marconi und Nikola Tesla das Radio im Jahr 1895 zur selben Zeit, wenn auch Tesla hierfür die Anerkennung in Form von Patenten erhielt. Sowohl Alexander Graham Bell als auch Antonio Meucci erfanden 1876 gleichzeitig das Telefon, allerdings schrieb man dies ausschließlich Bell zu. Einsteins Erkenntnisse waren nicht allein sein Werk, sondern wurden 1905 ebenfalls völlig unabhängig von William Sutherland verkündet, und zwar *zur exakt gleichen Zeit*, aber Einstein erhielt das ganze Lob. Dies sind nur einige wenige von Abertausenden von „Zufällen".

Man könnte meinen, dass praktisch nichts mehr unserer Kontrolle unterliegt, wenn alles bereits vorbestimmt ist. Aber heißt das wirklich, dass es keinen „freien Willen" mehr gibt? Gibt es einen festgelegten Weg für alles, mit wenig oder sogar gar keinem Spielraum für Veränderungen?

Nein, das glaube ich nicht. Ich vergleiche das Leben mit einem Malen-nach-Zahlen-Bild. Sie haben einen Haufen Linien vor sich und haben die Wahl, welche Farben Sie aufbringen wollen, und nichts kann Sie davon abhalten, auch über die Linien hinaus zu malen. Oder Sie können auch ganz von vorn beginnen und Ihr eigenes einzigartiges Gemälde gestalten. Also ja, Sie haben sehr wohl Wahlmöglichkeiten – sehr viele sogar. Sie können wählen, auf dem Weg zu bleiben oder sich über alle Wegbegrenzungen hinwegzusetzen!

Um sich eine größere Vision für Ihr Leben oder für die Welt als Ganzes zu erschließen, müssen Sie sich an den Ort begeben, an welchem diese Gedanken und Inspirationen existieren. Sie können unmöglich erwarten, diese magischen Lösungen zu finden, indem Sie sich immer nur mit denselben alten müden Gedanken beschäftigen, auf die Sie sich schon viel zu lange verlassen haben.

Sie kennen doch sicher das berühmte Zitat von Albert Einstein: „Probleme kann man niemals mit derselben Denkweise lösen, durch die sie entstanden sind." Dies gilt ganz besonders, wenn wir uns deprimiert, an ein bestimmtes Schicksal „gekettet" oder ohne sinnvolle Optionen in die Ecke getrieben fühlen. Das ist allerdings knifflig. Sie können unmöglich an Befreiungslösungen „denken", wenn Sie sich gleichzeitig mit einschränkenden Gedanken beschäftigen, die in Ihnen ein Gefühl der Hoffnungslosigkeit erzeugen und die nur dazu gut sind, noch mehr niedrig schwingende Energiefallen anzuziehen. Der einzige Weg aus der Niedergeschlagenheit besteht darin, sich mit höher schwingenden Gedanken nach *oben* zu strecken.

Ich sehe das so: Um auf die Großartigkeit und Genialität der Quellenergie zugreifen zu können, müssen Sie sich Ihrer schöpferischen Vorstellungskraft öffnen, anstatt immer nur das nachzubeten, was schon seit Jahren in Ihrem Gehirn herumrattert. Selbst wenn Sie im Lauf der Zeit ein paar produktive Ideen zusammengetragen haben, so erhalten Sie Ihre besten Gedanken doch aus einer neuen und höheren Quelle, die Sie sich nur erschließen können, wenn Sie Ihren Schwingungslevel erhöhen und sich in die Zone begeben.

Ohne Zugang zu dieser höheren Ebene werden Sie mit Ihren Anstrengungen nie über das Mittelmaß hinauskommen. Ihr Bemühen wird sich nur um das drehen, was schon in Ihrem Geist vorhanden ist, beschränkt durch das, was Sie persönlich gesehen, erfahren und behalten haben. Für außergewöhnlichen Erfolg brauchen Sie Zugang zu dynamischen, schöpferischen Funken, die von weit jenseits unserer physischen, emotionalen und mentalen Grenzen stammen.

Mein Geheimnis, um in die Zone zu gelangen

Fast jeder von steckt mal irgendwann in einem Talkessel fest, mit dem Gefühl, dass wir uns verwirrt und unentschlossen um uns selbst drehen und keine Ahnung haben, wie die nächsten Schritte in unserem Leben aussehen sollen – vom Gehen dieser Schritte ganz zu schweigen.

Ich kenne da aber einen Weg, aus alledem herauszukommen und in die Zone zu gelangen. Er beginnt mit der Erkenntnis, dass *das Feststecken ein Symptom dafür ist, dass wir von der Quellenergie abgeschnitten sind.* Wenn wir uns in den hoch schwingenden universellen Energiefluss einklinken, dann wissen wir auch automatisch völlig klar, in welche Richtung wir uns bewegen sollen.

Hier habe ich eine wunderbare Übung für Sie, die Sie direkt in die Zone befördert. Sie besteht aus einer fünfzehnminütigen Meditation mit tiefen Atemzügen. Ich muss zugeben, dass es mir schon immer schwergefallen ist, so zu meditieren, wie es allgemein beschrieben wird – das heißt, meinen Geist zu leeren und einfach nur zu „sein". Dies ist mir nie gelungen, denn ich besitze eine sehr rege Phantasie. Es ist geradezu so, als ob mein „Gedankenzug" niemals aufhört, durch meinen Kopf zu rattern. Glauben Sie mir, ich habe es unzählige Male versucht und hatte am Ende immer das Gefühl, dass Meditation nichts für mich ist.

Aber dann lernte ich das Meditieren in Verbindung mit der Tiefatmung kennen, und alles veränderte sich. Es fiel mir von Anfang an leicht, die Augen zu schließen und mich auf meinen Atem zu konzentrieren. Ja, die Gedanken strömen herein wie gewohnt, aber mit dem Fokus auf meinen Atem geht es ganz leicht, diese Gedanken an ihren Ursprungsort zurückzuschicken, meistens indem ich lang ausatme.

Ich beginne mit einer sehr einfachen Atemtechnik, die man den „Erdatem" nennt. Dabei atmet man durch die Nase ein und aus, sehr langsam, tief und bewusst. Sie können auch den Luftatem wählen; hierbei atmen Sie durch den Mund ein und aus. Fokussieren Sie sich mit geschlossenen Augen auf eine dieser beiden Atemtechniken und Sie spüren, wie Ihr Geist und Körper allmählich leichter werden. Nach einer Viertelstunde bewussten Atmens empfinden Sie das natürliche Hochgefühl, in der Zone zu sein.

Ein anderer Ansatz, den ich verwende, ist die Emotionale Freiheitstechnik (EFT). Vor Jahren war ich einmal bei einem Event, auf dem Nick Ortner, Verfasser des Buchs *Tapping: Leben ohne Stress*, einen Vortrag hielt. Während seines Vortrags gab er allen Teilnehmern einen Crashkurs über die *„Tapping“* genannte Klopftechnik. Davon hörte ich dort zum allerersten Mal und hielt es zunächst für komisch, in einem Raum mit Hunderten von Menschen an mir herumzuklopfen. Aber gleich nach der ersten kurzen Übung fühlte ich mich unbeschreiblich wohl. Ich hatte mich in meinem ganzen Leben noch nie so rasch so begeistert gefühlt! Und die aufbauende Wirkung dieser kurzen Klopfübung hielt bei mir noch zwei Tage an.

Seitdem nutze ich das *Tapping* als zusätzliche Methode, um in die Zone zu gelangen, besonders wenn ich schwermütig oder ängstlich bin. Das *Tapping* ist auch hilfreich, um tiefen emotionalen und sogar körperlichen Schmerz zu lindern.

Sobald Sie sich in der Zone befinden, können kreative Ideen in Ihren Kopf strömen; aber manchmal erscheinen sie auch später, wenn man sie am wenigsten erwartet. Es kommt auch vor, dass manche Ideen uns erst nach langer Zeit erreichen – diese Goldnuggets kommen gern erst dann, wenn wir losgelassen und damit aufgehört haben, uns zu sehr anzustrengen, und stattdessen in ein phänomenales Gefühl eintauchen.

Hier ist ein weiterer Ansatz, der ebenfalls sehr gut funktioniert. Bevor Sie sich in die Zone begeben, notieren Sie sich eine kurze Liste mit Dingen, die Sie gern vorantreiben möchten. Vielleicht sind Sie sich nicht sicher, welche Richtung Sie in Bezug auf eine potentielle Geschäftsmöglichkeit einschlagen wollen, oder Sie wissen nicht, welche von mehreren Optionen Sie wählen sollen. Wenn Ihre Liste fertig ist, bringen Sie sich in die Zone; diese hohe Schwingungsebene wird Sie sofort wissen lassen, welche Option die beste für sie ist – oder auch gar keine. Vielleicht empfangen Sie auch eine völlig neue großartige Idee!

Wenn Sie sich in der Zone befinden, können Sie auch jeden Bereich Ihres Lebens betrachten, einen nach dem anderen, und sich in die unterschiedlichen Schwingungsebenen hineinfühlen. Wenn Sie sich intensiv auf jeden Bereich fokussieren, wissen Sie sofort, wie Sie ihn verbessern können. Falls Sie bei einer Idee ein schlechtes Gefühl in der Magengegend haben, sollten Sie diese Richtung meiden, auch wenn sie auf dem Papier noch so toll aussieht.

Eine Idee wiederum, die Sie voller Begeisterung hoch oben schweben lässt, sollten Sie unbedingt weiterverfolgen, selbst wenn Sie noch Zweifel haben. Napoleon Hill erläutert dies in *Denke nach und werde reich* so:

> Diese Welt und jede der Milliarden von Zellen Ihres Körpers, ja, jedes Materieatom, *war irgendwann eine flüchtige Form von Energie.*
>
> Durch die Kombination von Energie und Materie ist alles für den Menschen Wahrnehmbare entstanden, vom größten Stern am Himmel bis hinunter zum Menschen selbst, Sie und mich eingeschlossen.
>
> So eigenartig und paradox es klingt – im Grunde ist das „Geheimnis" gar keins. Die Natur selbst präsentiert es auf der Welt, in der wir leben, in den Sternen und Planeten, die wir sehen können, in den Elementen über und um uns herum, in jedem Grashalm und jeder Lebensform in unserem Blickfeld.
>
> Die Natur präsentiert dieses „Geheimnis" auch in der Biologie, in der Verwandlung einer winzigen Zelle, so klein, dass sie auf einem Stecknadelkopf verloren gehen könnte, in einen MENSCHEN wie den, der jetzt gerade diese Zeilen liest. Die Umwandlung eines Verlangens in seine materielle Entsprechung ist sicher kein größeres Wunder!

Wenn Sie in der Zone sind, *wird alles augenblicklich möglich*, unabhängig davon, wie sehr Ihr niedriger schwingendes Wesen auch versucht, Sie davon zu überzeugen, was in Ihrem Leben geht und was nicht. Das Universum wird alles zu Ihren Gunsten in Bewegung setzen, um durch „mikroskopische Materieteilchen", die „in geordneter Form organisiert und arrangiert" werden, Ihre Träume zu verwirklichen. Jegliche Negativität, die wir hereinlassen, wird dieses Vereinigungskunstwerk unterbrechen und die mikroskopisch kleinen Teilchen stören, die sich bereits für die Manifestierung Ihres größten Verlangens zusammenfinden.

An der Stanford University wurden entsprechende Experimente durchgeführt, die beweisen, dass zielgerichtete Gedanken einen physikalisch messbaren Energiestrom erzeugen (mit einer Frequenz zwischen 2 und 30 Hertz). Diese Energie lässt sich auf kurze Entfernungen wie auch über Tausende von Kilometern übertragen, durch die Luft oder auch durch Stahlmauern. Sie kann auch die Molekularstruktur der Materie beeinflussen. Es wurde wissenschaftlich nachgewiesen, dass Gedanken sowohl aus elektrostatischer Energie als auch aus Magnetenergie bestehen, und das erklärt, warum man buchstäblich andere hoch schwingende Dinge, Menschen und Umstände anziehen kann, wenn man sich selbst in einer hohen Schwingung befindet.

Der allerbeste Moment, um Ihr brennendes Verlangen zu visualisieren und *voller Gewissheit* zu spüren, dass es sich verwirklicht, ist dann, wenn Sie in die Zone gelangen und sich dort aufhalten. Sie denken vielleicht, dass Sie nur dasitzen und von Ihren Zielen träumen, aber Ihre Gedanken besitzen eine enorme Durchschlagskraft, derer Sie sich vielleicht nicht bewusst sind. Aus diesem Grund wirkt es tatsächlich lebensverkürzend, wenn Sie andauernd an negative Dinge denken, schleichende Zweifel an sich selbst hegen und sich voller Verzweiflung fragen, was nur aus Ihrem Leben geworden ist. Diese Macht kann Ihnen nur mehr von dem bringen, was Sie denken und fühlen, und das bedeutet, das einzige Heilmittel für ein miserables Leben besteht darin, diese Macht zielgerichtet einzusetzen und ein phantastisches Leben anzuziehen.

Es ist eine ziemlich einfache Gleichung: Sie haben eine Idee und schicken sie „hinaus“. Dann horchen Sie aufmerksam, um Ideen, inspirierende Gedanken und Kreativitätsfunken zu spüren, damit Ihre Ideen sich materialisieren können. Wenn diese erscheinen, müssen Sie rasch zielgerichtet handeln, damit sie ein Vakuum erzeugen können, das noch mehr Inspiration zu Ihnen heranzieht und Sie zu ihrer Manifestation hinführt.

Weiter auf die nächste Ebene

Wenn Sie eine Million verdienen wollen, dann existiert dieses Geld bereits irgendwo. Es geht nur darum, es auch auf Ihr Konto zu bringen. Da Geld eine Energieform ist, brauchen Sie nur Ihre Schwingung anzuheben und Ihre Visualisierung fein abzustimmen, damit es Ihnen zufließen kann. Diese Verbindung ist sehr real und es kommt dabei vor allem darauf an, das zu visualisieren, was Sie brauchen, um diese hoch schwingende Energieverbindung aufrechtzuerhalten. Wenn Sie dafür die Visualisierung benötigen, dass ein Strom aus Millionen von Banknoten Ihr Konto überflutet, dann bitteschön.

Das entspricht dann wahrscheinlich nicht genau der Art und Weise, wie das Geld schließlich auf Ihr Konto gelangen wird, aber Ihre Visualisierung braucht auch nicht realistisch zu sein. Das Geld wird Sie viel eher durch Überweisungen, Schecks, PayPal-Zahlungen usw. erreichen, aber Ihre Visualisierung muss unbedingt die für Sie optimale Vorstellung von dem enthalten, was geschehen soll, damit Sie für die Quellenergie offenbleiben. Ich für mich habe festgestellt, dass meine Visualisierungen besser funktionieren, wenn ich sie eher vage und sehr bildhaft gestalte, als wenn ich versuche, ganz spezifisch zu sein.

Und ich habe auch bemerkt, dass zu realistische Visualisierungen nach hinten losgehen können. Sie könnten zum Beispiel den Geldeingang von einer Million Euro so visualisieren, dass Sie einen Scheck über diesen Betrag erhalten und ihn zu Ihrer Bank bringen. Das Problem mit dieser Visualisierung besteht darin, dass sich in Ihnen ein innerer Widerstand gegen alle unrealistisch erscheinenden Details regen kann. Ihr Unterbewusstsein könnte einwerfen: „Niemand händigt heutzutage noch einen Scheck über eine Million aus. Das macht man heute per Überweisung." Und schon ziehen Sie Mauern hoch, koppeln sich von der Quellenergie ab und verlieren die Anbindung, um das ersehnte Geld anzuziehen.

Viel besser ist es, sich so etwas wie einen Fluss oder einen Regenguss vorzustellen, der direkt in Ihr Konto strömt, und sich auszumalen, wie es ist, wenn Sie Ihren Kontostand prüfen und den Eingang von einer Million sehen. Konzentrieren Sie sich dann voll und ganz darauf, wie Sie sich *fühlen* werden, wenn diese Situation eintritt. Halten Sie an diesem Gefühl fest, denn *darin* liegt die Kraft, nicht in der Mechanik.

Spüren Sie, wie sich in Ihnen eine warme Lichtkugel zwischen Herz und Bauch ausdehnt. Und dann stellen Sie sich das Gefühl vor, wie sie über Ihren Körper hinaus bis ins Universum hinausreicht. Spüren Sie die *Gewissheit*, dass das Ersehnte bereits geschehen ist. Sagen Sie am Ende jeder Visualisierungs-Session zu sich: „Ich lasse los und überlasse es Gott, im Vertrauen, dass sich das Gewünschte für mich auf die höchste und beste Weise und zum Wohl aller Beteiligten manifestiert". Und das ist schon alles. Tun Sie dies jeden Abend, bis Sie erhalten, was Sie sich wünschen.

Ehrlich gesagt sind Kinder häufig viel kraftvollere und schnellere Manifestierer als Erwachsene, denn sie haben noch weniger emotionale Hürden und vorgefertigte Vorstellungen und Meinungen, die den ganzen Prozess beträchtlich verlangsamen können. Häufig ist es tatsächlich so, dass die inneren Widerstände eines Erwachsenen den Manifestationsprozess völlig zum Erliegen bringen können. Und schlimmer noch, viele Menschen sind sich einfach nicht im Klaren darüber, was sie eigentlich wollen. Als ich als Kind nach Kalifornien übersiedeln wollte, war das mein klares Ziel. Ein sehr präzises. Ein sehr spezifisches. Ein sehr fokussiertes. Ich glaube, ich war mir seitdem nie mehr so sehr über ein Ziel im Klaren wie damals.

Als Erwachsene bilden wir uns manchmal ein, dass unsere Wünsche „anspruchsvoller" sind. Vielleicht trifft das ja auch auf

Sie zu, aber das Problem mit anspruchsvollen Wünschen ist häufig, dass dadurch vielerlei Komplikationen entstehen, die einer *einfachen, zielgerichteten Klarheit* fehlen. Die Lektion lautet daher: *Werden Sie sich absolut klar über Ihre Wünsche und fokussieren Sie sich darauf, einen nach dem anderen zu manifestieren.* Zersplitterte Wünsche und Visualisierungen bringen Sie höchstwahrscheinlich nirgendwohin.

Wenn Sie die Augen schließen und feststellen, dass Sie einfach keine Bilder visualisieren können, dann zeichnen Sie auf ein Blatt Papier, wie Sie sich Ihren Traum vorstellen. Fokussieren Sie sich auf den *Gefühlszustand*, wie es ist, das Gewünschte bereits zu besitzen, und halten Sie gleichzeitig Ihre hoch schwingende Anbindung an die Quellenergie aufrecht.

Und am Ende Ihrer Visualisierungs-Session *lassen Sie alles los*, in der Gewissheit, dass die Manifestation zur richtigen Zeit geschehen wird. Lassen Sie los und überlassen Sie es Gott. Denken Sie dann bis zu Ihrer nächsten Visualisierungs-Session am nächsten Abend nicht weiter daran.

Achten Sie auf alle negativen Gedanken, die Ihnen eventuell kommen, wie: *Wer bin ich eigentlich, mir einzubilden, dass ich so etwas haben kann?* Oder: *In diesem Job halte ich es keinen weiteren Tag aus.* Oder auch: *Wo ist das erfolgreiche Geschäft, das ich mir immer gewünscht habe?*

Jedes Mal, wenn Sie in eine solche niedrig schwingende Energie eintauchen, negieren Sie im Grunde die gesamte Hochschwingungsenergie, die Sie am Vorabend in Ihre schöpferische Visualisierung gelegt haben. Solange sich Negativität in Ihnen breit macht, müssen Sie nochmals von vorn beginnen, bis Sie alle schädlichen Gedanken weggespült haben. Wenn Sie ihr Eindringen spüren, sagen Sie zu sich: *Ich weiß, dass sie kommen, ich entspanne mich also erstmal!* Lassen Sie sie dann sofort los, noch bevor die niedrige Energie sich an der positiven Anziehungskraft festbeißen kann, die Sie bereits erzeugt haben.

Die zehn Schritte für kraftvolles schöpferisches Visualisieren:

Hier erfahren Sie, welche präzisen Schritte Sie brauchen, um durch das schöpferische Visualisieren *alles* zu erhalten, *was Sie sich wünschen*:

1. Schritt: Legen Sie vor dem Schlafengehen alle elektronischen Geräte beiseite, schalten Sie das Licht aus, stoppen Sie alle Lärmquellen und legen Sie sich in Ihrem Bett bequem auf den Rücken. Idealerweise sind Sie jetzt schon ein wenig schläfrig, aber trotzdem noch bereit für eine zehn- bis fünfzehnminütige kreative Visualisierung.

2. Schritt: Schließen Sie die Augen und beginnen Sie, durch die Nase tief ein- und auszuatmen. Dies ist der *Erdatem*, der perfekt geeignet ist, um sich zu erden. Sollte Ihnen das Mundatmen besser liegen, dann gehen Sie dazu über – dies ist der *Luftatem* und er eignet sich optimal für das Visualisieren und Manifestieren. Werfen Sie alle Gedanken aus Ihrem Kopf und spüren Sie Körperteil für Körperteil, wie sich Ihre Muskeln entspannen. Ich beginne gern mit den Füßen und arbeite mich dann über Beine, Unterkörper, Oberkörper und Schultern nach oben bis zum Scheitel. Hierfür gibt es kein richtig oder falsch. Achten Sie einfach nur darauf, Ihren ganzen Körper zu entspannen.

3. Schritt: Denken Sie nun an das, was Sie anziehen wollen. Spüren Sie, wie sich Herz und Bauch ausdehnen, voller Freude und Begeisterung über das brennende Verlangen, das Sie manifestieren wollen. Tauchen Sie in das Hochgefühl Ihres Verlangens ein und fühlen Sie, wie Ihre Energie auf einem höheren Level pulsiert und es dem Universum ermöglicht, das Wie und Warum zu arrangieren. Bei diesem Schritt geht es nur darum, die Begeisterung und Ekstase Ihres Verlangens als „Hilfsmittel" zu verwenden, um Ihre Schwingung auf eine höhere Ebene zu bringen.

4. Schritt: Beginnen Sie nun zu visualisieren, wie es sein wird, wenn sich Ihr brennendes Verlangen erfolgreich manifestiert. Wie sieht das Endergebnis aus? Wie fühlt es sich an? Was genau tun

Sie in dieser Momentaufnahme? Tauchen Sie tief in den Gefühlszustand dieser Erfahrung ein, denn er muss aus reiner Freude, Begeisterung, Euphorie und Lebenslust bestehen!

5. Schritt: Visualisieren Sie, wie sich Ihr Herz- und Bauchbereich mit einer immer größer und wärmer werdenden Lichtkugel ausfüllt, die Ihre Freude, Begeisterung und Glückseligkeit widerspiegelt. Spüren Sie, wie dieses Licht immer größer wird und sich über Ihren Körper hinaus ausdehnt.

6. Schritt: Wenn Sie mögen, können Sie diese Lichtkugel durch die Kraft Ihres Geistes ins Universum hinaussenden und sich dann laut oder in Gedanken sagen: „Ich lasse los und überlasse es Gott, dieses Verlangen zu erfüllen, im Vertrauen darauf, dass es zum höchsten und besten Wohl aller Beteiligten geschieht." Nehmen Sie das Gefühl intensiv wahr, Ihr Verlangen in höhere Hände zu geben.

7. Schritt: Machen Sie noch einige Atemzüge und drücken Sie Ihre Dankbarkeit über die Großartigkeit des Universums aus. Lassen Sie dann alles los.

8. Schritt: Halten Sie Ihre Gedanken bis zum folgenden Abend von Ihrem brennenden Verlangen fern. Wiederholen Sie diese schöpferische Visualisierung jeden Abend so lange, bis sich Ihr Verlangen manifestiert. Wenn Sie beharrlich sind, wird es sich viel früher erfüllen, als Sie denken.

9. Schritt: Halten Sie Ausschau nach inspirierenden Gedanken und Zeichen der Führung und spüren Sie deren Kraft, sobald Sie sie erkennen.

10. Schritt: Wenn Sie sich inspiriert fühlen, jemanden anzurufen, etwas zu posten, einen bestimmten Ort aufzusuchen, eine Zeitschrift in die Hand zu nehmen, jemanden zu besuchen oder wenn Sie irgendeinen anderen intuitiven Impuls bekommen: *Tun Sie's.* Folgen Sie Ihren Instinkten und werden Sie aktiv!

Und, liebe Freunde, so einfach ist es, das zu erhalten, was Sie sich wünschen.

Das Geheimnis liegt im Fühlen

Neville Goddard, ein Vordenker der New Age-Bewegung, verfasste ein sehr kurzes Buch mit dem Titel *Feeling is the Secret* (dt. Titel: „Erfüllung"). Der Titel sagt im Grunde bereits alles über das Buch aus. Sie müssen unbedingt den hoch schwingenden *Gefühlszustand* der Wunscherfüllung erreichen, bis hin zu dem Punkt, an welchem Sie das Gefühl haben, dass Sie zu dem *werden*, was Sie sich wünschen, noch bevor es erscheint, und letztendlich spüren, dass Sie das Ersehnte sind. In Ihrem Geist, Ihrem Körper und Ihrer Seele gibt es keine Trennung mehr von Zeit und Raum; Sie sind *eins* mit Ihrem brennenden Verlangen.

Nun, ich will Sie nicht belügen: Wenn Sie momentan noch in einem Fast Food-Restaurant zum Mindestlohn den Boden wischen, wird es Ihnen schwerfallen, darüber hinauszudenken, es sei denn, Sie verwenden Ihre Brückenaffirmationen, bevor Sie visualisieren, dass Sie ein erfolgreiches Geschäft besitzen oder was auch immer.

Es gibt da noch ein anderes Geheimnis, um mit einer zu großen Diskrepanz zwischen Ihrer aktuellen Lebensrealität und Ihren positiven Affirmationen über Ihr zukünftiges *Wunschleben* umzugehen. Ich brauchte viele Jahre, um die Lösung für dieses Rätsel zu finden, und hier ist sie: *Steigern Sie Ihren Energielevel durch ein großes Gefühl der Begeisterung für Ihr brennendes Verlangen.*

Nehmen wir als Beispiel Ihren Wunsch, sich erfolgreich selbständig zu machen. Denken Sie darüber nach, wie aufregend und begeisternd es ist, ein eigenes Geschäft zu besitzen und zu führen. Denken Sie daran, wie unglaublich interessant sich Ihr Leben gestaltet, wenn Sie Ihre Arbeitszeit selbst wählen, sich alle Spielzeuge leisten und darüber bestimmen können, wo es langgeht. Richten Sie Ihren Fokus *ausschließlich auf die Begeisterung.* Erlauben Sie es diesem Gefühl, *Ihren Energielevel anzuheben.* Am besten kreieren Sie keine spezifischen Vorstellungsbilder davon, wie Ihr neues Geschäft aussehen soll. Denken Sie nicht an das „Wie" oder „Wann". Überlassen Sie es dem Universum, Sie zu führen und alles zu arrangieren. Konzentrieren Sie sich allein darauf,

Ihre Schwingung mit purer Begeisterung zu erhöhen. Und das ist alles. Lassen Sie los und *lassen Sie es geschehen*!

Wenn es mir einmal schwerfällt, meine Schwingung mit meiner üblichen fünfzehnminütigen Meditations- und Atemtechnik auf einen höheren Level zu bringen, schalte ich um und denke an etwas Kommendes in meinem Terminkalender, das mich mit starker Begeisterung erfüllt. Wenn ich zum Beispiel einen Event eingeplant habe, denke ich an die ganzen Leute, die ich dort treffe, das neue Wissen, das ich dort erhalte und die Schwergewichte aus der Branche, die ich in mein Netzwerk aufnehmen will. Ich fokussiere mich auf den Event und als Ergebnis schießt mein Energielevel fast augenblicklich steil in die Höhe.

Dann richte ich die durch den Event entfachte Begeisterung auf mein brennendes Verlangen. Das Umorientieren dieser hochfrequenten Energie sorgt dafür, dass ich in der Zone bleibe, und dadurch kann ich mein brennendes Verlangen mit demselben Hochschwingungszustand manifestieren. Ich spüre keine Selbstzweifel mehr, keine Selbstkritik, keine Selbstironie oder sonst irgendetwas, womit ich mich in meinen negativen Selbstgesprächen bewerfen könnte… weil solche Emotionen, Gefühle und Gedanken nicht mit einem ultrahoch schwingenden Energielevel koexistieren können. Das Geheimnis liegt daher darin, dass wir uns in diesen hoch schwingenden Gefühlszustand bringen, *bevor* wir an das denken, was wir kreieren wollen. So wird es fast unmöglich, dass niedrig schwingende Gedanken und Gefühle mit unserem Ziel kollidieren, unser brennendes Verlangen Realität werden zu lassen.

Stellen Sie sich nur einmal vor, wie unglaublich viel Kraft darin liegt, wenn wir diesen Hochenergiezustand so lange wie möglich aufrechterhalten, selbst wenn wir uns gerade nicht auf ein spezielles Verlangen fokussieren, das wir gern manifestieren wollen. Dieser Daseinszustand versetzt Sie in die Lage, sich für die grenzenlose Führung des Universums zu öffnen, und er lässt inspirierende Gedanken ganz leicht und schnell zu Ihnen fließen.

Erschließen Sie sich die Manifestationskraft Ihres Geistes

Gestalten wir das Ganze noch ein wenig einfacher und sprechen wir darüber, wie wir die Wunschverwirklichung tatsächlich *herbeidenken* können – und zwar fast augenblicklich. Dies wird möglich, sobald es uns gelingt, unsere Macht willentlich einzusetzen; und wenn Sie dieses Buch zu Ende gelesen haben, werden Sie über die Tools hierfür verfügen.

Vor Kurzem habe ich drei einfache Dinge allein mit meiner Gedankenkraft in mein Leben manifestiert. Das erste war eine Lampe für mein Büro. Die Neonbeleuchtung war vor ein paar Wochen kaputtgegangen und ich behalf mich mit einer kleinen batteriebetriebenen Leuchte neben meinem Desktop-Computer. Das Neonlicht hatte immer zu viele Reflexionen produziert, sodass ich richtig erleichtert war, als es seinen Dienst quittierte, aber ich wusste nicht, womit ich es ersetzen sollte. Ich überlegte mir ganz unspezifisch: *Wäre es nicht super, eine sanftere Arbeitsatmosphäre zu kreieren?* Dann ließ ich diesen Gedanken sofort los, mit der Vorstellung, dass ich bei Gelegenheit eine neue Lampe online bestellen oder in einem Laden kaufen würde. Eine Woche später bekam ich eine neue Lampe an meine Bürotür geliefert. Es war das perfekte Geschenk eines Geschäftskollegen!

Als nächstes manifestierte ich einen besonders großen Trinkbecher. Seit einer Weile trinke ich viel heißen Tee und wünschte mir einen größeren Becher. Ich dachte mir: *Wäre es nicht großartig, einen richtig großen Teebecher zu haben?* Ich überlegte, mir bei meiner nächsten Shopppingtour einen hübschen großen Becher zuzulegen. Noch nicht mal eine Woche später schenkte mir jemand einen schönen, großen Becher mit einem himmlischen weiß-goldenen Dekor.

Und schließlich dachte ich daran, wie gerne ich mal wieder *Alpha Bits*-Frühstücksflocken essen würde. Ich hatte sie schon lange nicht mehr zum Frühstück gehabt und aus irgendeinem Grund sehnte ich mich nach diesem Lieblingsessen aus meiner Kindheit. Ich überlegte mir: *Das nächste Mal, wenn ich online bin, bestelle ich die Flocken, weil ich sie in den Lebensmittelgeschäften in meiner Gegend nicht bekomme.* Und dann ließ ich den Gedanken los. Ein paar Tage später wurden zwei Packungen *Alpha Bits* an meine Haustür geliefert. Ohne dass ich sie bestellt hatte! Ein Freund hatte sie mir aus Spaß geschickt, weil er das witzig fand, ohne zu ahnen, dass ich mir genau das wünschte.

In meiner Welt sind solche Manifestationen nichts Besonderes. Ich bemerke, dass meine Gedanken meine Wünsche auf diese Weise manifestieren, wenn ich mich in einen höher schwingenden Daseinszustand versetze. Wenn ich allerdings einen Anfall von Schwäche und Niedergeschlagenheit erlebe, durchtrenne ich die Verbindung zu diesem magischen Flow – der mir geschäftliche Profite, glückliche Menschen auf meinem Weg oder einfach nur einen Parkplatz vor dem Einkaufszentrum beschert. Das heißt, Vieles von dem, was ich brauche und wünsche, wird von mir *abgetrennt,* wenn ich es zulasse, dass meine Schwingungsenergie in den Keller geht. Ich bin mir hundertprozentig sicher, dass dies auch auf Sie zutrifft. Falls Sie nicht das bekommen, was Sie wollen – von den einfachsten bis zu den komplexesten Wünschen – dann liegt dies daran, dass Ihr Schwingungszustand zu niedrig ist, um erstens sich für den Strom der guten Dinge zu öffnen, die in Ihr Leben kommen wollen, und zweitens um brillante Ideen und inspirierende Gedanken für die nächsten Schritte zu erhalten, die Sie tun müssen, um noch mehr des Gewünschten zu manifestieren.

Wenn Sie Ihren Energielevel so hoch wie möglich halten, werden Sie erleben, dass Manifestation und Schöpfung ständig in Anbindung an die Quellenergie geschehen. Sie können sofort darauf zugreifen, genau in diesem Moment, während Sie diese Zeilen lesen. Sie brauchen nur alle niedrig schwingende Energie in höher schwingende zu verwandeln – diese ist *immer* da und verschwindet nie.

Mit den Jahren geht es Vielen von uns so, dass das Leben uns niederzwingt. Die vielen Herausforderungen, die uns im Lauf der Zeit persönlich belasten, können uns zynisch, abgestumpft, wütend, angsterfüllt und depressiv werden lassen, ganz zu schweigen von den vielen Problemen in der Welt, die uns indirekt beeinflussen. Das ist genug, damit auch der Gesündeste ab und an ein wenig durchdreht. Es ist diese negative Wahrnehmung der Realität, die uns von der Quellenergie abtrennt. *Aber wir brauchen uns einfach nur wieder mit ihr zu verbinden.*

So etwas Simples wie einen Teebecher zu manifestieren ist das eine. Mit einer komplexen Schöpfung wird es schon etwas komplizierter, denn diese benötigt meistens einen jahrelangen Zeit-, Kraft- und Energieeinsatz, damit das Endresultat mit Ihrem brennenden Verlangen übereinstimmt.

Sie müssen verstehen, dass wir uns hier auf der Erde auf einer sich nur langsam voran bewegenden Ebene der Existenz befinden. Es braucht ein wenig Zeit, um den Schwung aufzubauen, der für Ihre großen Ideen und Träume ganze Berge versetzt. Damit dies geschieht, können Sie sich an die Quellenergie anschließen, um erstens die Geschäftsidee zu erhalten, die Ihnen Millionen einbringt, um zweitens auf neue Gedanken und Inspirationen zu kommen, wie Ihre ersten Schritte für den Aufbau dieses neuen Geschäfts aussehen sollen, und damit Sie drittens den Anstoß erhalten, aktiv zu werden.

Wenn Sie die Wahl treffen, mit den Ideen, Gedanken und Inspirationen nichts anzufangen, die Ihnen aus dieser höheren Quelle eingegeben werden, dann werden diese Ihren Kanal trockenlegen und vor allem verstopfen, so dass keine mehr zu Ihnen gelangen. Die Quellenergie sieht schließlich keinen Sinn darin, Ihnen diese ganzen guten Ideen zu senden, wenn sie bei anderen besser aufgehoben sind, die bereits bewiesen haben, dass sie etwas bewegen wollen und können.

Die Erfüllung Ihrer Wünsche durch Ihr Buch der Magie

Am Abend nach meinem Master-Abschluss schenkte mir mein damaliger Lebensgefährte ein geheimnisvoll aussehendes, in Leder gebundenes Buch mit lauter leeren Seiten. Die Szene schien direkt aus einem Harry-Potter-Film entsprungen zu sein. Ich warf das Buch auf ein Regal, wo es dann zwei Jahre lang lag, bevor ich mich entschloss, es herunterzunehmen, abzustauben und in mein *Buch der Magie* zu verwandeln, geradeso als ob ich tatsächlich Dumbledore wäre.

Ich begann mit meinen morgendlichen Meditationen und Tiefatemübungen, um in die Zone zu gelangen. Mein *Buch der Magie* lag an meiner Seite und ich notierte darin alle Träume und Ziele, die ich in meinem Leben manifestieren wollte. Ich zeichnete Zauberstäbe und verfasste kurze Zaubersprüche, gefolgt von Ausrufen wie *Padam!* und anderen Wortschöpfungen. Ich glaubte daran, dass alles, was ich in mein *Buch der Magie* hineinschrieb, sich bereits verwirklicht hatte. Daran bestand für mich *kein Zweifel.*

Und schon nach kurzer Zeit bemerkte ich, dass das, was ich in mein *Buch der Magie* eintrug, nach und nach wahr wurde! Einfach nur zum Spaß notierte ich, dass ich innerhalb eines Monats 100.000 Dollar manifestieren wollte. Zehn Tage später war das Geld da! Ich schrieb hinein, dass sich mein Einkommen durch eine völlig neue Produktreihe verdreifachen würde. Weniger als zwei Monate später wurde dies zur Realität. Nach diesen ganzen Erfolgen war mir absolut bewusst, dass ich alles erhalten würde, was ich in mein *Buch der Magie* schrieb, wenn ich mit hundertprozentiger Absicht dahinterstand.

Und so begann ich, Bilder auszuschneiden und mein *Buch der Magie* mit einer Visionstafel zu vereinen. Heute kann ich Ihnen sagen, dass dieser Prozess mein Leben absolut verändert hat. Er zwang mich dazu, mir über meine Wünsche völlig klarzuwerden. Und es macht mir einen Riesenspaß, dumme Bilder von Zauberern zu zeichnen und sich reimende Zaubersprüche in mein Buch einzutragen.

Vielleicht ist es ja an der Zeit, dass Sie sich Ihr eigenes *Buch der Magie* gestalten. Sie werden sich dadurch nicht nur über Ihre Wünsche völlig klar werden, sondern es versetzt Sie auch in die Lage, diese goldenen Inspirations-Nuggets noch weiterzuentwickeln. Ich empfehle Ihnen, mit einem Tagebuch zu beginnen, das ein „magisches" Äußeres hat und aus leeren Seiten besteht. Behandeln Sie es als ein „bewusstes Buch", in der Gewissheit, dass alles, was Sie dort hineinschreiben, -zeichnen oder -kleben, wahr werden kann.

Krawumm!

Kapitel 7

DER SECHSTE SCHRITT ZUM REICHTUM: IHREN GROSSEN PLAN ENTWERFEN

Erfolg passiert nicht einfach. Er braucht Planung.

–ANONYM

„Eine Reise von tausend Meilen beginnt mit dem ersten Schritt", so lautet die übliche Übersetzung eines bekannten chinesischen Sprichworts. Die wörtliche Übertragung lautet aber: „Eine Reise von tausend Meilen beginnt unter deinen Füßen".

Ihre Reise zu Ihrem Zielort beginnt dort, *wo Sie sich jetzt gerade befinden.* Sie haben alles, was Sie brauchen, um den ersten Schritt zu machen, und dazu gehört das Anheben Ihrer Schwingung, darüber haben wir ja schon gesprochen, während Sie dafür offenbleiben, dass Ihnen der nächste Schritt offenbart wird. Bei jedem der Ihnen eingegebenen Schritte ist es entscheidend, dass Sie rasch und mit großem Enthusiasmus handeln.

Manchmal müssen Sie einen Plan entwerfen, wie der beste Weg zur Zielerreichung in Ihrer *Vorstellung* aussehen soll, indem Sie sich von Ihrer Endvision zu Ihrem jetzigen Ausgangspunkt zurückarbeiten. Auf diese Weise können Sie Ihre Reise beginnen und gleichzeitig flexibel und offen für eventuell bessere Wege und Ideen bleiben, die Sie unterwegs empfangen. Vertrauen Sie mir, wenn ich sage, dass Ihnen neue Ideen und Inspirationen eingegeben werden, sobald Sie *etwas tun* und *sich auf den Weg machen*. Es kommt allerdings auch vor, dass Sie recherchieren und aufgrund einer gut fundierten Vermutung handeln müssen. Napoleon Hill meinte in *Denke nach und werde reich* zum Thema „niemals aufgeben“:

> Bringt Ihr erster Plan nicht den gewünschten Erfolg, überlegen Sie sich einen neuen. Scheitert auch dieser, erarbeiten Sie den nächsten – so lange, bis Sie einen Plan haben, der WIRKLICH FUNKTIONIERT. Das ist der Punkt, an dem die meisten Menschen versagen, weil sie nicht BEHARRLICH genug fehlgeschlagene Pläne durch neue ersetzen. Selbst der intelligenteste Mensch kann nur erfolgreich ein Vermögen aufbauen – oder ein anderes Unterfangen verwirklichen –, wenn er praxistaugliche Pläne hat, mit denen er arbeiten kann. Halten Sie sich das ständig vor Augen, und wenn Ihre Pläne scheitern, dann denken Sie daran: Ein Rückschlag ist kein endgültiger Misserfolg. Er bedeutet lediglich, dass Sie nicht solide geplant haben. Ändern Sie Ihre Pläne. Beginnen Sie noch einmal von vorne.

Napoleon Hills Idee einer „organisierten Planung“ beschränkt sich in seinem Buch darauf, dass er ausführlich darüber spricht, wie man einen Job in einem Unternehmen finden kann. Ich denke, er tat dies in der Absicht, den Lesern der damaligen Zeit zu helfen, die im Jahr 1937 nach der großen Wirtschaftskrise um ihr Überleben kämpften. Sie dagegen haben über mehr nachzudenken. Heute ist es weitgehend eine Phantasievorstellung, für ein Unternehmen zu arbeiten, die Karriereleiter emporzuklettern, eine gute Rente zu erhalten und dann für immer ein glückliches Pensionärsdasein zu führen. Der letzte Beinahe-Zusammenbruch unserer Wirtschaft im Jahr 2008 hat zu dieser Transformation entscheidend beigetragen.

Um in der heutigen Wirtschaftslage erfolgreich zu sein, brauchen Sie selbst im Angestelltenstatus einen relativ unabhängigen, auf unternehmerischem Denken basierenden Plan. Vielleicht wollen Sie in einem Forschungslabor wissenschaftlich arbeiten, an einer Schule unterrichten, in der öffentlichen Verwaltung als Anwalt oder Anwältin tätig sein, als Sozialarbeiter/in gemeinnützige Arbeit leisten oder sich bei der Polizei oder Feuerwehr engagieren. Wie auch immer, ich möchte Ihnen dennoch empfehlen, dass Sie sich eine nebenberufliche Selbständigkeit überlegen, die zu Ihrer finanziellen Freiheit beiträgt. Diese nebenberufliche Selbständigkeit kann in allem Möglichen bestehen, wie zum Beispiel dem Investieren in Immobilien oder einer Tätigkeit als freie/r Mitarbeiter/in oder als Berater/in.

Sie haben sicherlich bereits bemerkt, dass mir das Unternehmertum sehr am Herzen liegt, daher werde ich Sie nicht zu überreden versuchen, sich in ein abhängiges Beschäftigungsverhältnis zu begeben. Dies ist einfach kein Gebiet, das mich interessiert oder in welchem ich mich auskenne. Und da Sie dieses Buch lesen, geht es Ihnen wahrscheinlich ähnlich.

Seit dem Jahr 2001 bin ich Reichtumstrainerin und in dieser Zeit habe ich Tausende von Menschen erlebt, die nur einen Vorwand hatten, um reich werden zu wollen, aber kein brennendes Verlangen. Nur sehr wenige haben beschlossen, dass es das ist, was sie wirklich wollen, und noch weniger sind bereit, die für den Reichtum erforderlichen Schritte zu unternehmen. Dies lässt Jahr für Jahr viele Unentschlossenen zurück, die keine Entscheidung treffen und nichts tun, um ihr Vermögen zu vermehren. Meistens geben sie die Schuld, warum sie nicht reich geworden sind, jemand anderem oder den Umständen, anstatt in den Spiegel zu blicken und zu erkennen, dass sie selbst die Schöpfer und Meister ihres eigenen Schicksals sind. Das würde ja bedeuten, dass sie die Verantwortung für ihr eigenes Leben übernehmen müssen, und, nun ja, viele Leute wollen mit *diesem* Blödsinn nichts zu tun haben.

Die Magie des Manifestierens beginnt mit der *Entscheidung*, etwas zu tun. Keine Entscheidung in Bezug auf Ihr brennendes Verlangen zu treffen, bedeutet, dass es sich nicht manifestieren wird. Falls Sie noch kein brennendes Verlangen haben, das Sie verfolgen wollen, ist es nun an der Zeit, dass Sie eins finden.

In den vorhergehenden Kapiteln sprachen wir über Techniken, wie Sie Ihre Energieschwingung erhöhen können, damit neue Ideen und mehr Fülle in Ihr Leben fließen können – wie beispielsweise die Schritte zu Ihrer ersten Million. Wenn Sie noch keine Millionen-Idee erhalten haben, müssen Sie Ihren Energielevel immer weiter *anheben* – und das sollten Sie sowieso täglich tun – indem Sie jeden Morgen mit einer kurzen fünfzehnminütigen Meditation und Tiefatmung beginnen. Bitten Sie dabei die unendliche Intelligenz um die perfekte Inspiration, die zu Ihren Bedürfnissen, Ihrer Persönlichkeit und Ihren Vorlieben passt. Und dann lassen Sie los. Vielleicht hören Sie dann in einem Café zufällig das Gespräch zweier älterer Damen mit, das Ihnen Ihre perfekte Geschäftsidee enthüllt. *Achten Sie daher ständig aufmerksam auf alle Zeichen um Sie herum!*

Ihre Inspiration sollte *in Ihrem Herzen und in Ihrer Seele brennen.* Sobald Sie diese Idee empfangen haben, müssen Sie *entscheiden,* dass Sie für sie durch Himmel und Hölle gehen werden. *Decide,* das englische Wort für „entscheiden", kommt vom lateinischen *decidere,* was wörtlich „abschneiden" bedeutet. Wenn Sie sich auf eine Sache festlegen, schneiden Sie sich von allen anderen Optionen ab. Im Akt einer festen Entscheidung liegt eine große Macht. Darin steckt etwas Magisches, so als ob Sie das Meer teilen würden, um es sicher durchqueren zu können.

Folgen Sie dem „Ruf"

Vor Kurzem traf ich mich mit meiner Freundin Mia, die ich schon seit vielen Jahren kenne. Seit mehr als zehn Jahren ist sie Filialleiterin für eine bekannte Ladenkette. Diese Position ließ ihr fast keine Freizeit und sie hatte einen strikten, fast nicht einzuhaltenden Zeitplan. Sie erzählte mir von ihrem Entschluss, ihr Unternehmen und ihr ansehnliches sechsstelliges Jahreseinkommen hinter sich zu lassen, und dass sie sich noch nie in ihrem Leben so beschwingt fühlte. Allein schon der Akt der Entscheidung schenkte ihr ein augenblickliches Glücksgefühl, weil sie sich dafür von ihrem derzeitigen Daseinszustand „abschnitt", in welchem sie sich wie gefangen gefühlt hatte. Der Ausdruck von Freiheit und Freude in ihrem Gesicht hatte etwas Aufbauendes. Sie strahlte vor Glückseligkeit und berichtete weiter: „Ich konnte mich schon immer gut um mich selbst kümmern und weiß einfach, dass ich zu Größerem bestimmt bin. Deshalb mache ich mir keine Sorgen. Ich weiß, dass ich etwas finden werde, das viel besser für mich ist."

Ich stellte ihr einige Fragen, um zwei Punkte herauszuarbeiten: 1. Wann und warum beschloss sie, ihre sichere, gut bezahlte Position aufzugeben, wenn die Alternative aus wortwörtlich unbekanntem Land bestand? Und 2. woher wusste sie, dass da draußen etwas Besseres auf sie wartet? Für keine der beiden Fragen existierte eine vorgefertigte Antwort. Sie antwortete mir so: 1. Als sie an fast nichts anderes mehr denken konnte; und 2. als ihr Verlangen nach Veränderung so stark wurde, dass sie spürte, dass es ihre Bestimmung war.

Auch Sie erleben so etwas, aber Sie schenken dem vielleicht keine Beachtung. So wie bei meiner Freundin wird der Ruf immer lauter, bis Sie sich getrieben fühlen, etwas zu unternehmen. Oder, wenn Sie nichts tun, dann wird wahrscheinlich ein umwälzendes Ereignis eintreten und Sie zu diesem Wandel zwingen, wie ein Jobverlust, eine Krankheit, das Zerbrechen einer Beziehung oder Ähnliches. Natürlich ist es besser, von sich aus aktiv zu werden, wenn man ein Kribbeln in der Bauchgegend spürt, statt darauf zu warten, dass man zu einer Veränderung gezwungen wird.

Jetzt werfen Sie vielleicht ein: „Nun, ich kann mir nicht den Luxus erlauben, meinen Job zu kündigen, damit ich meiner Leidenschaft nachgehen kann. Ich habe eine Familie zu ernähren, Rechnungen zu bezahlen – Tag für Tag und Monat für Monat."

Das kann ich gut verstehen. Niemand behauptet, dass Ihre Schritte gleich drastisch sein müssen. Meine Freundin Mia hatte sich durch Sparen seit Jahren unbewusst auf diese Veränderung in ihrem Leben vorbereitet und verfügte so über ein Finanzkissen. Man könnte auch argumentieren, dass sie alles bereits geplant hatte, wenn auch nicht auf völlig bewusster Ebene: Eine kleine innere Stimme flüsterte ihr zu, dass es da draußen noch sehr viel mehr gibt, und das lange bevor sie den bewussten Entschluss fasste, etwas Neues zu wagen. Schließlich hatte sie mir schon öfter von ihrem Gefühl erzählt, zu etwas Größerem bestimmt zu sein, das sie in ihrem tiefsten Wesenskern spürte. Dieser Ruf verstummte nie, sondern wurde mit den Jahren immer lauter, bis sie an nichts anderes mehr denken konnte.

Für Sie wird es die erste Aufgabe sein, zu beschließen, dass Sie Ihren Job oder Beruf aufgeben und mit etwas Sinnvollerem beginnen. Und hier ist Ihr erster Schritt: Treffen Sie eine *Entscheidung.* Das soll nicht bedeuten, dass Sie gleich heute zu Ihrem Chef gehen und ihm mitteilen sollten, dass Sie kündigen. Es bedeutet einfach nur, innerlich zu beschließen, dass Sie sich auf zu neuen Ufern machen, selbst wenn Sie noch nicht wissen, wie Ihr neues Ufer aussehen wird. In diesem Moment beginnt Ihre *Verwandlung.* Sie werden überrascht sein, wie viele Ideen, Gedankeninspirationen und Pläne zu Ihnen „heruntergebeamt“ werden, sobald Sie beschließen, sich etwas Größerem zu widmen. Entscheiden Sie, sich zu verbessern. Treffen Sie einfach *irgendeine* Entscheidung. Mehr brauchen Sie im Moment nicht zu tun. Der Rest wird sich dann in den folgenden Tagen und Wochen von selbst ergeben.

Organisierte Planung mit einem einfachen Brainstorming-Chart

Sobald sich die Ideen und Gedankeninspirationen aus einer höheren Quelle einstellen, sollten Sie sie aufschreiben. Das heißt, Sie sollten stets einen kleinen Notizblock und einen Stift parat haben, und zwar insbesondere nachts, wenn plötzliche Eingebungen in Ihrem Kopf auftauchen oder sich in Ihre Träume weben. Man kann einfach nicht wissen, wann und wo diese Inspirations-Nuggets in Ihren Geist einströmen. Wenn Sie es vorziehen, können Sie sie auch mit Ihrem Smartphone oder einem anderen Gerät aufzeichnen, statt sie sich zu notieren. Bisweilen erhalten Sie diese Botschaften auch durch Gespräche oder einfach, wenn Sie an der Supermarktkasse warten und Ihr Blick auf die Titelzeile einer Zeitschrift fällt. Oder Sie treffen eine alte Bekanntschaft, mit der Sie sich schon seit Jahren nicht mehr unterhalten haben und die Sie an eine schon fast vergessene Leidenschaft erinnert.

Und dann schreiten Sie zur Tat, sobald diese phantastische Idee auftaucht! Tun Sie sofort irgendetwas, das damit zusammenhängt. Sie sollten nicht herumsitzen und monatelang darüber nachsinnen. Handeln Sie *jetzt,* selbst wenn die Idee im Moment noch bruchstückhaft ist. Der Rest wird erscheinen, sobald Sie aktiv geworden sind – vertrauen Sie mit Ihrer ganzen Seele darauf, dass Sie auf diese Weise stets Führung erhalten werden.

Wenn Sie eine kraftvolle Idee erhalten und nicht rasch entsprechend handeln (oder auch gar nicht), dann wird eben diese Idee einer anderen Person eingegeben, und diese legt dann vielleicht sofort los und lässt Sie im Staub zurück. Wie oft haben Sie sich schon in Bezug auf eine Idee oder Erfindung sagen hören: „Daran hab' ich schon vor Jahren gedacht!", oder „Das war *meine* Idee!"

Stellen Sie sich folgende Szene vor: Eine phantastische Hammeridee ploppt in Ihrem Kopf auf, Sie sind absolut begeistert und *wissen genau,* das ist die Superidee, auf die Sie schon lange gewartet haben. Und doch fühlen Sie sich wie gelähmt: *Oh mein Gott, was soll ich jetzt bloß tun?*

Nehmen Sie ein großes Blatt Papier und machen Sie sich ans Brainstorming. Zeichnen Sie in die Mitte der Seite einen kleinen Kreis und schreiben Sie die Hauptidee hinein. Sagen wir zum Beispiel, Ihre Millionen-Idee besteht darin, eine neue Bekleidungskollektion mit einer ganz speziellen Note herauszubringen. Sie lieben die Karibik, die Menschen dort, die Farben, die Kleidung, und deshalb soll Ihre einzigartige Leistung darin bestehen, Bekleidung und Handtaschen aus Jamaika zu importieren und in den USA und weltweit zu verkaufen. Nach weiterem Nachdenken über Ihre Idee beschließen Sie, einen Teil Ihres Gewinns an eine jamaikanische Hilfsorganisation zu spenden, die bedürftige Schulkinder mit Büchern, Materialien und Computern versorgt. Also schreiben Sie in den Kreis: IMPORT VON KLEIDUNG UND TASCHEN AUS JAMAIKA

Wenn Sie sich auf ein zentrales Thema konzentrieren, werden zusehends immer mehr Ideen in Ihrem Kopf auftauchen. Vom Kreis ausgehend zeichnen Sie nun eine Linie nach rechts. Diese ist für Ihren ersten Brainstorming-Zweig. Sagen wir, Sie wollen sich Ihrer WEITERBILDUNG widmen. Zeichnen Sie einen Kreis um dieses Wort und lassen Sie ihm einige neue Zweige entwachsen, mit Ideen, wie Sie sich in Bezug auf Ihr neues Bekleidungsunternehmen weiterbilden können. Sie könnten beschließen, eine Woche lang auf Geschäftsreise nach Jamaika zu fliegen, um in die Kultur einzutauchen, Kontakte mit kleinen Familienbetrieben zu knüpfen, um diese als Lieferanten zu gewinnen, und um sich weitere Informationen zu besorgen. In die erste Verzweigung unter WEITERBILDUNG schreiben Sie also REISE NACH JAMAIKA und malen wieder einen Kreis herum.

Eine andere Idee wäre, im Internet nach Kursen Ausschau zu halten, die von Modedesignern und -unternehmern wie beispielsweise Marc Jacobs und Diane von Fürstenberg gestaltet werden, um Ideen zu erhalten, wie man eine erfolgreiche Modekollektion vermarktet. Zeichnen Sie unter WEITERBILDUNG einen weiteren Zweig mit dem Titel ONLINE-KURSE. Umkringeln Sie auch dieses Wort.

Plötzlich kommt Ihnen eine weitere Idee, die auf eine nach links führende Linie kommt. Sie haben einen Inspirations-Flash und schreiben E-COMMERCE. Darunter zeichnen Sie weitere sich verzweigende Linien: AMAZON. ETSY. EBAY. MEINE EIGENE WEBSEITE. Jede Idee bekommt ihren eigenen Kreis.

Zeichnen Sie eine weitere Linie von Ihrem Hauptkreis senkrecht nach unten. Jetzt fällt Ihnen vielleicht Folgendes ein: FIRMENSTRUKTUR. Machen Sie einen Kreis darum. Von diesem neuen Kreis zeichnen Sie einen neuen Zweig: UNTERNEHMENSGRÜNDUNG. Und noch einen: FIRMENNAME, und dann wieder einen: INTERNETDOMAIN. Und dann vielleicht: HOME OFFICE, GESCHÄFTSKONTO, VISITENKARTEN.

Sie brauchen auch einen Zweig für Ihre PRODUKTE. Umkringeln Sie das Wort. Von hier ziehen Sie Linien für weitere Verzweigungen: LIEFERANTEN/HERSTELLER IN JAMAIKA SUCHEN,

PRODUKTE AUF DER GESCHÄFTSREISE FINDEN, PRODUKTE FÜR E-COMMERCE FOTOGRAFIEREN.

Und so könnte Ihr Chart dann aussehen:

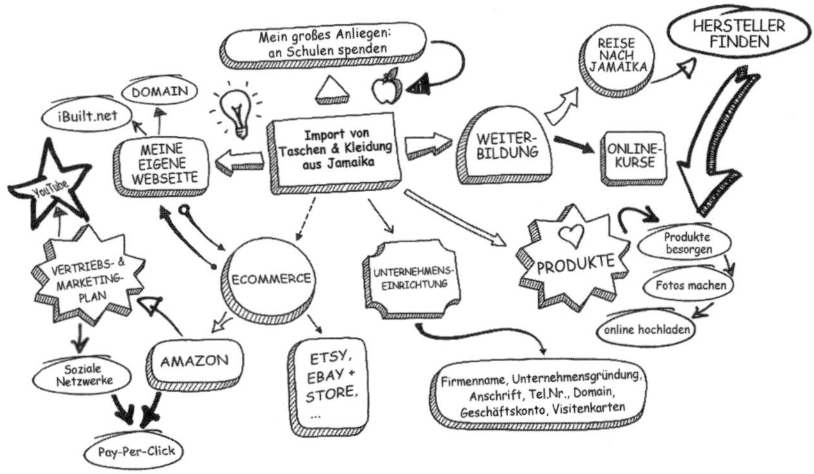

Es gibt verschiedene Möglichkeiten, einen Brainstorming-Chart zu kreieren. Vielleicht gefallen Ihnen Quadrate besser als Kreise, Pfeile besser als Linien, oder Sie wollen die Punkte mit einem Marker hervorheben. Es gibt hierbei kein richtig oder falsch, solange es Ihre Kreativität mit frischem Futter versorgt.

Halten Sie die ursprünglichen Ideen so schnell fest, wie sie erscheinen, und lassen Sie alle Gedanken ohne jede Zensur frei fließen. Während des Brainstormings werden Sie bemerken, dass Ihnen auf einmal wie aus dem Nichts brillante und phantastische Ideen kommen. Dies ist die echteste Verbindung mit der Quellenergie, weil Sie auf diese Weise direkt mit ihr *verbunden* sind, ohne Hindernisse, Unterbrechungen oder Widerstände. Bleiben Sie so lange wie möglich in dieser Anbindung. Ernten Sie so viele goldene Gedanken- und Inspirations-Nuggets, wie es nur geht, solange der Zugang offenbleibt.

Brechen Sie Ihr Brainstorming-Chart auf umsetzbare Trippelschritte herunter

Mir gefällt die Idee der Trippelschritte. Lässt dieses Wort nicht auch die gewaltigsten und einschüchterndsten Aufgaben lösbar und sogar Freude bringend erscheinen? In Wahrheit kann man fast alles ohne Druck oder Stress erledigen, wenn man es in mundgerechte Stücke herunterbricht und diese dann nacheinander von der Aufgabenliste streichen kann.

Um auf Ihren Brainstorming-Chart zurückzukommen: Das übergeordnete „Thema" Ihrer großen Idee könnte enorm und einschüchternd wirken, wenn man es in seiner Gesamtheit betrachtet. Jede der Verzweigungen können Sie aber als kleinere, leichter verdauliche Stücke betrachten und die Unterverzweigungen als sogar noch kleinere. Sie können auch noch mehr Abzweige hinzufügen, um die Einzelpunkte noch einfacher zu gestalten. Diese Mikroschritte tauchen vielleicht nicht alle während Ihrer Brainstorming-Session auf; fügen Sie sie einfach dann hinzu, wenn Sie Ihren Chart in einen echten Aktionsplan umwandeln.

Wenn Sie Ihre großen Aufgaben nicht in handhabbare Mikroschritte unterteilen, rufen Sie selbst Ihr Scheitern hervor, weil 1. die große Idee als solche oft überwältigend erscheint und 2. *organisieren* per Definition bedeutet, verschiedene Teile zu einem Ganzen zusammenzufügen. Deshalb ist es nicht einfach nur ein gängiger Selbsthilfetipp, sich handhabbare Mikroschritte zu überlegen, sondern dieser Prozess ist erforderlich, damit Sie vorankommen können.

Nehmen wir einmal an, Sie wollen den nächsten großen Erfolgsroman verfassen. Sie sind inspiriert. Sie haben eine phantastische Idee für den Handlungsverlauf. Die einzelnen Charaktere nehmen in Ihrem Kopf Gestalt an. Sie notieren sich einige Handlungspunkte. Sie entwerfen ein Grundgerüst. Und dann geschieht etwas. Sie stoppen auf einmal. In Ihrer Begeisterung beginnen Sie zu phantasieren, dass Sie den Nachfolger von *Krieg und Frieden* schreiben werden. Und schon reden Sie es sich selbst aus: „Ich kann doch kein absolutes Meisterwerk hervorbringen!

Die Wahrscheinlichkeit, dass der Erstroman eines neuen Autors veröffentlicht wird, ist ziemlich gering." Gefolgt von: „Eigentlich hab' ich ja gar keine Zeit dafür. Ich sollte das Buch lieber erst schreiben, wenn die Kinder groß und aus dem Haus sind." Sie legen Ihr Projekt auf Eis, und dabei bleibt es dann auch.

Sich das große Bild anzusehen ist bei einer schöpferischen Visualisierung perfekt, aber wenn es darum geht, den Job zu erledigen, müssen Sie in kleinen umsetzbaren Einheiten denken. Wenn Sie zum Beispiel täglich eine Viertelstunde an Ihrem Roman schreiben, können Sie pro Tag ungefähr eine Seite fertigstellen. Nach einem Jahr haben Sie 365 Seiten geschrieben. Das ist ein ganzer Roman! Nach zwölf Monaten steht somit der erste Entwurf.

Wenn Sie es sich angewöhnt haben, jeden Tag fünfzehn Minuten lang an Ihrem Roman zu schreiben, wird eines von diesen beiden Dingen passieren: 1. Sie werden Ihr tägliches Schreibpensum erweitern, vielleicht auf 20 oder 30 Minuten (oder sogar auf eine Stunde), oder 2. Sie lernen zumindest, schneller zu schreiben, damit Sie in Ihrer täglichen Viertelstunde mehr Text produzieren können. In jedem der beiden Fälle steht Ihr erster Entwurf wahrscheinlich nach sechs bis zwölf Monaten, mit dem Ziel, ihn einem Agenten oder Verleger zu präsentieren.

Sie lernen, Ihre Aufgaben in fünfzehnminütige Abschnitte herunterzubrechen, indem Sie mit einem Plan beginnen. So lassen sich alle Schritte und Teilschritte in mundgerechte Stücke aufteilen. Je mehr Sie sich vorbereiten, umso leichter wird Ihnen der Prozess fallen. Für Ihren Roman sollten Sie so viel wie möglich von der Handlungsstruktur festlegen, bevor Sie mit dem Schreiben beginnen. Für Ihr Geschäft sollten Sie von anderen Experten lernen, bevor Sie Ihren Businessplan umsetzen. Und für eine neue gesunde Ernährungsweise sollten Sie alles Junkfood aus Ihrem Heim verbannen und durch gesündere Alternativen ersetzen. Zuerst kommt die Vorbereitung und dann die Ausführung.

Aber dennoch ein mahnendes Wort: Bleiben Sie nicht in der Vorbereitungshölle stecken. Manche meinen, mit ihrem Projekt weiterzukommen, aber in Wirklichkeit sind sie in einer Endlosschleife gefangen aus Überprüfen, Bestätigen, Nachforschen und

Kontrollieren und fangen immer wieder ganz von vorne an. Lernen Sie so viel, wie Sie können, und planen Sie so viel möglich vor. Wenn Sie allerdings dafür länger als zwei oder drei Monate brauchen, stecken Sie wahrscheinlich im Vorbereitungsstrudel fest. Sie müssen mit täglich 15 Minuten beginnen, selbst wenn noch nicht alle Einzelteile zusammenpassen.

Wenn Sie sich zu dieser Viertelstunde verpflichten, werden Sie angenehm überrascht sein, wie schnell Sie Ihr Geschäftsimperium auf die Beine stellen oder Ihren großen Erfolgsroman schreiben können, oder worin Ihr brennendes Verlangen auch immer besteht.

Kapitel 8

DER SIEBTE SCHRITT ZUM REICHTUM: DIE MACHT DER ENTSCHEIDUNG

Das Handeln ist der grundlegende Schlüssel zu allem Erfolg.

–Pablo Picasso

Viele Jahre lang kämpfte ich bei meinen Versuchen abzunehmen mit dem Jojo-Effekt. Ich machte sogar den Fehler und nahm ärztlich verordnetes Phentermin ein, was meinen Stoffwechsel völlig durcheinanderbrachte, ganz zu schweigen von den chaotischen Gefühlsschwankungen, die es hervorrief. Ich versuchte verzweifelt abzunehmen, insbesondere weil sich nach meinem vierzigsten Geburtstag die Pfunde ansammelten, obwohl ich kaum noch etwas aß.

Dann schickte ich eine Schwingung ins Universum hinaus, um den für mich gesündesten Ernährungs- und Fitnessplan zu finden, den ich leicht einhalten kann und der mir ein großartiges Gefühl gibt. Es war mir nicht mehr wichtig, mich in einen Bikini zu zwängen; ich wollte einfach nur mich besser fühlen, klarer denken und mehr Energie zur Verfügung haben.

Kurz darauf stimmte auch meine Tochter mit ein: „Mom, wir müssen uns besser ernähren". *Okay,* dachte ich, *das ist ein interessantes „Signal" vom Universum: Vielleicht ist es an der Zeit, dass wir beide unsere Ernährung umstellen.* Aber ich steckte immer noch fest.

Ganz gleich, wie viele Bücher über gesunde Ernährung ich auch las, je mehr Wissen ich ansammelte, umso verwirrter wurde ich.

Aus dem Nichts traf mich da der damit in keinerlei Zusammenhang stehende Inspirationsblitz, ich solle ein Tattoo auf meinem unteren Rücken mit etwas überdecken, das angemessener für eine Göttin ist. Während meiner letzten Ehe hatte ich mir den Buchstaben „D" tätowieren lassen, weil mein damaliger Mann aus Detroit stammte. Jetzt erkannte ich, dass dieses Tattoo zu überdecken einen finalen Schlusspunkt setzen würde.

Ich ging zu Ray, einem wunderbar talentierten Tattoo-Künstler, der mir auch meine anderen Tattoos gestochen hatte, als ich Mitte dreißig war. Als ich sein Studio betrat, war ich schockiert, wie viel er seit unserer letzten Begegnung abgenommen hatte. Während der schmerzhaften, zwei Stunden dauernden Arbeit an meinem Rücken erzählte mir Roy, was er alles an seiner Ernährungsweise umgestellt hatte, um heute schlanker zu sein als jemals zuvor.

„Monica, ich kann dir sagen, das Abnehmen ist gar nicht so schwer. Du musst nur deine Einstellung dazu ändern. Wenn du zum Beispiel im Supermarkt einkaufst, dann gehst du direkt in die Obst- und Gemüseabteilung. Bediene dich hier reichlich und dann kauf' dir noch gutes Fleisch. Lass' alle verarbeiteten Lebensmittel links liegen, mit ein paar Ausnahmen wie Thunfisch und Bohnen. Aber halte dich von allem anderen verarbeiteten Zeug fern."

Dann erklärte er mir genau, womit er sich jetzt ernährt und wie er es zubereitet. Er erwähnte aber auch, dass er trotz seines Verzichts auf Fastfood und Junkfood sich ab und zu eine kleine „Sünde" erlaubte.

„Und das ist im Prinzip schon alles," meinte er.

Das ist alles?, dachte ich bei mir. Wer hätte gedacht, dass mein Tattoo-Künstler mich für meine Ernährungsumstellung anleiten würde, um nicht nur abzunehmen, sondern auch um mich gesünder, energiegeladener und einfach nur großartig zu fühlen? Ach, und übrigens, ich liebe mein neues Tattoo!

Als ich nach Hause kam, beschloss ich, Rays Ratschläge zu befolgen. Ich durchstöberte Kühlschrank, Tiefkühler und Vorratsschränke, füllte mehrere große Müllbeutel mit Junkfood und schleppte alles zum Müllcontainer. Eine Woche zuvor hätte mich der Gedanke wahrscheinlich erschaudern lassen, Lebensmittel im Wert von mehreren Hundert Dollar einfach wegzuwerfen, aber jetzt war mein Verstand bereit für einen Wandel und ich überlegte nicht lang, in der Gewissheit, dass ein besseres und gesünderes Leben millionenfach wertvoller ist als ein paar Beutel mit Essen. Wenige Tage später war mein Heißhunger auf das ganze Junkfood verschwunden. Sobald ich geistig bereit war, folgte mein Körper. In mir fand eine *Verwandlung* statt und ich fühlte mich danach als ein neuer Mensch. Mein Fokus, meine Energie und meine persönliche Kraft, alles verwandelte sich. Heute verfüge ich über mehr Kondition und Konzentration als je zuvor, und das ist einer der Gründe für mein boomendes Geschäft.

Diese Ergebnisse veranlassten mich, noch mehr über das Thema Gesundheit nachzuforschen. Ich entdeckte einige ziemlich erstaunliche Informationen – dass zum Beispiel künstliche Süßstoffe, genmanipulierte oder verarbeitete Lebensmittel, Drogen, Alkohol sowie frei verkäufliche Schmerzmittel unsere Schwingungsfrequenz dramatisch absinken lassen und sich der Manifestation unserer Wünsche in den Weg stellen.

Wenn wir beschließen, uns „sauber" zu ernähren, wird in unserem Gehirn ein Schalter umgelegt. Es ist, als ob wir eine Brücke überqueren und nicht mehr zurück wollen. Wenn wir die konkrete Entscheidung treffen, unser Leben zu verbessern, werden wir in einem gewissen Sinn zu anderen Menschen.

Das lässt sich mit einer schlechten Beziehung vergleichen, die wir retten wollen; wir leiden, doch mit den Jahren wird sie nicht besser. Tatsächlich wird sie sogar schlechter. Und dann treten Sie eines Tages einen Schritt zurück und sagen sich: *Das muss jetzt ein Ende haben, ich muss weiter.* Sobald Sie beschließen, etwas zu tun, werden Sie zu diesem anderen Menschen. Sie sind nicht länger das Opfer einer Situation, sondern Sie übernehmen jetzt die Verantwortung. Sie wechseln von einer Perspektive zu einer völlig anderen – *und zwar augenblicklich*! In Ihrem Geist sind Sie bereits einen Schritt weiter, selbst wenn Sie das alte Leben noch fortführen. Sobald Sie im Geist eine Entscheidung treffen, wird das Universum Ihnen folgen.

Eine Entscheidung zu fällen bedeutet, eine große Macht auszuüben. Noch bevor Sie aktiv werden, können Sie bereits spüren, wie allein durch den Akt der Entscheidung Ihre Kraft anwächst. Wenn Sie etwas Wichtiges beschließen und wissen, dass es die richtige Entscheidung ist, spüren Sie, wie Ihre Schwingungsenergie zunimmt – Sie fühlen sich einfach unbeschreiblich phantastisch! Wenn Sie aber andererseits eine Entscheidung treffen und sich danach geschwächt fühlen, dann war es wahrscheinlich die falsche Wahl. Napoleon Hill schenkte uns in *Denke nach und werde reich* noch weitere Erkenntnisse zum Thema Entscheidungsfindung:

> Eine Studie mit mehreren Hundert Personen, denen es gelungen ist, weit über eine Million Dollar zu erwirtschaften, zeigte, dass jeder einzelne von ihnen in der Regel PROMPT ENTSCHEIDUNGEN TRAF, und diese, wenn überhaupt, dann nur LANGSAM änderte. Menschen, die nicht zu Geld kommen, sind *ausnahmslos* wenig entscheidungsfreudig. WENN ÜBERHAUPT, dann treffen sie Entscheidungen sehr *zögernd* und ändern ihre Entschlüsse schnell und oft.

Unsere Probleme in Sachen Entscheidungsfreude lassen sich in unserer heutigen Umwelt teilweise darauf zurückführen, dass es viel zu viel toxische und negative Falschinformationen gibt, die uns ständig beeinflussen. Werbung, Nachrichten, soziale Netzwerke, Freunde, Verwandte – wohin wir auch blicken, wir werden ständig mit Meinungen bombardiert, was man tun, wohin man gehen und wie man leben sollte. Napoleon Hill beobachtete dasselbe zu seiner Zeit, und das führte ihn zu einem faszinierenden Vergleich, den er für uns in *Denke nach und werde reich* beschreibt:

> Menschen, die nicht genug verdienen, um ihre Bedürfnisse zu befriedigen, lassen sich meist von den „Meinungen" anderer beeinflussen. Sie überlassen das Denken den Zeitungen und den „tratschenden" Nachbarn. „Meinungen" sind das

billigste Gut auf Erden. Meinungen hat jeder, und ist nur allzu gern bereit, sie anderen aufzuoktroyieren, die sich das gefallen lassen. Lassen Sie sich in Ihren ENTSCHEIDUNGEN von „Meinungen" beeinflussen, ist der Misserfolg programmiert – vor allem bei der Verwirklichung IHRES VERLANGENS, zu Geld zu kommen. Solange Sie sich von den Meinungen anderer steuern lassen, haben Sie nämlich kein eigenes VERLANGEN.... Sie haben einen Kopf zum Denken. NUTZEN SIE IHN und treffen Sie eigene Entscheidungen. Benötigen Sie für den Entscheidungsprozess Fakten oder Informationen von anderen, was häufig vorkommt, sollten Sie sich diese Fakten oder Informationen beschaffen, ohne zu sagen, wofür Sie sie brauchen.

So treffen Sie jedes Mal die richtige Entscheidung

Einer der Hauptgründe, warum die Menschen keine unumstößlichen Entscheidungen treffen, liegt an ihren Zweifeln, ob sie sich richtig entschließen oder nicht. Irgendwie gelangen sie zu dem Glauben, dass *keine* Entscheidung besser als *irgendeine* Entscheidung ist, und verfangen sich schließlich im Selbstzweifel. Hierfür gibt es zwei Hauptursachen: 1. Die Unfähigkeit sich selbst genug zu vertrauen, um lebensverändernde Beschlüsse fassen zu können, was zu einer inneren Dissonanz führt, und 2. die Unfähigkeit voranzukommen, weil sie ihre persönliche Kraft entwertet haben, und daher haben sie das Gefühl festzustecken.

Lassen Sie uns zunächst definieren, was es bedeutet, eine *richtige Entscheidung* zu fällen. Grundsätzlich ist dies eine Entscheidung, die ein gutes Ergebnis nach sich zieht. Wenn Ihnen zum Beispiel zwei Jobs angeboten werden, wäre es „richtig", sich für den zu entscheiden, der Ihnen die meisten Vorteile bietet, also Bezahlung, Lebensstil, allgemeines Glücksgefühl und weitere Faktoren.

Und was sind diese anderen Faktoren? Vielleicht hat die eine Stelle eine schlechtere Bezahlung, aber Sie können dort Ihre Kreativität besser entfalten. Oder die andere wird zwar besser entlohnt, aber sie besteht aus einer langweiligen Tätigkeit in einem engen Gemeinschaftsbüro. Wenn Sie ein Roboter wären und Geld das einzige Entscheidungskriterium ist, dann gibt es hier kein Problem: Sie wählen das höhere Gehalt. Aber Sie sind kein Roboter und daher läuft Ihr Entscheidungsfindungsprozess wesentlich komplizierter ab. Eine Studie des Gallup-Instituts aus dem Jahr 2017 weist nach, dass 85 Prozent der Menschen auf der ganzen Welt ihren Job hassen. In den Vereinigten Staaten sind es zwar nur 70 Prozent, die mit ihrem Arbeitsplatz unzufrieden sind – aber es ist dennoch eine düstere Statistik.

Wir sprachen bereits darüber, wie Sie den Level Ihrer Schwingungsenergie anheben können, um in die Zone zu gelangen. Nun, zufälligerweise folgt die Entscheidungsfindung genau demselben Prozess. Ja, so einfach ist das, und doch wenden nur Wenige diesen Prozess an.

In unserem Beispiel mit den zwei Jobangeboten sollten Sie fünfzehn oder zwanzig Minuten lang meditieren und tief atmen, um Ihre Schwingung anzuheben. Wenn Sie in der Zone sind, fokussieren Sie sich nacheinander auf jedes der beiden Angebote und achten dabei aufmerksam auf Ihre Gefühle. Wenn eines der beiden Ihren Energielevel absacken lässt, besonders wenn Sie Übelkeit oder eine Spannung in der Magengegend – dem Gefühlszentrum Ihres Körpers – verspüren, dann ist dieses ganz bestimmt nicht die richtige Wahl! Aber wenn eines der beiden Ihnen ein Gefühl von Hochstimmung und Begeisterung vermittelt, dann ist es im Moment für Sie definitiv richtig.

Wahrscheinlich empfinden Sie mehr Begeisterung für den Job, in welchem Sie Ihre Kreativität entfalten können, auch wenn er schlechter bezahlt ist. Wenn Sie sich ängstlich wegen dem Geld fühlen, schieben Sie diese Sorgen beiseite und fokussieren Sie sich auf das Verbleiben in der Zone. Sie werden sehen, dass weitere Ideen auf Sie einströmen, wie Sie diese Stelle trotzdem annehmen können. Zum Beispiel werden Sie vielleicht rasch befördert, weil

Ihr kreatives Talent so hell strahlt. Oder es wäre möglich, dass Sie einige freiberufliche Aufträge bekommen, die Sie am Wochenende abarbeiten können. Bleiben Sie mit offenem Geist in der Zone, um einen Weg zu finden, wie die interessantere Position für Sie funktionieren kann. Manchmal kommen einem diese Ideen sofort und manchmal brauchen sie eine Weile. Üben Sie sich einfach in Geduld, während die Quellenergie alles für Sie in der perfekten Reihenfolge einfädelt – aber sorgen Sie aktiv dafür, dass Ihr Energielevel so hoch wie nur möglich bleibt. Verbleiben Sie in der sicheren *Gewissheit*, dass für alle Beteiligten alles auf die schnellste, höchste und beste Weise geschieht.

Schützen Sie Ihre Energie, als ob Ihr Leben davon abhängt, denn es hängt tatsächlich davon ab!

Ab und zu fragt man mich: „Funktioniert dieser ‚Energieanziehungskram' wirklich so, wie Sie sagen? Denn wenn das so ist, warum werden dann unschuldige kleine Kinder vergewaltigt oder ermordet, wenn sie doch noch kein Bewusstsein dafür haben, etwas anderes als eine göttliche Energieschwingung anzuziehen?" Nun, ich bin davon überzeugt, dass wir in dieses Leben mit einem Karma eintreten, und Karma ist nichts weiter als eine Schwingungsenergie, die wir in einem, oder auch mehreren, vergangenen Leben erfahren haben. Diese Prägungen nehmen wir dann in unser jetziges Leben mit. Es handelt sich um übrig gebliebene Energie. Wenn Sie in einem vergangenen Leben beispielsweise ein Krieger waren, nehmen Sie ein wenig von dieser Kriegerenergie in Ihre aktuelle Inkarnation mit. Und wenn Sie in einem vergangenen Leben Opfer eines furchtbaren Verbrechens geworden sind, dann tragen Sie noch ein Stück dieser Opferenergie mit sich herum.

Ich glaube auch daran, dass sich die Waage des Karmas stets ausgleicht. Wenn Sie beschließen würden, andere Menschen ungestraft zu verletzen, dann verfolgt Sie die *daraus folgende niedrige Schwingung und Energie* in Ihr nächstes und wahrscheinlich auch noch in viele weitere spätere Leben. Aus diesem Grund müssen Sie

Ihren Fokus darauf ausrichten, Ihre Energie anzuheben. Dies wird Ihnen helfen, die Schmerzen der Vergangenheit zu heilen, und Sie gleichzeitig vor den Klauen niedrig schwingender Menschen schützen, wie Räuber, Vergewaltiger und Mörder. Und es wird auch Ihre Liebsten beschützen: Lebenspartner, Kinder, Freunde, Haustiere und andere. Daher sollten Sie zu Ihrem eigenen Vorteil und zum Nutzen aller um Sie herum sich darin üben, Ihre Schwingung himmelhoch anzuheben!

Nehmen Sie den Ball und laufen Sie damit

Stellen Sie sich einen flauschigweichen, verspielten Hundewelpen vor. Nennen wir ihn „Bündel". Und jetzt stellen Sie sich vor, wie Sie mit Bündel draußen sitzen, aber anstatt mit ihm zu spielen, wollen Sie lieber ein Buch lesen. Er hüpft auf Ihren Schoß, knabbert an Ihrem Arm und versucht alles Mögliche, um Ihre Aufmerksamkeit zu erlangen, weil er spielen will. Aber Sie haben *keine Lust* zu spielen und stecken die Nase weiter in Ihr Buch. Schließlich gibt er auf und setzt sich hin.

Wenn Sie jetzt von Ihrem Buch aufblicken und Bündel einen Ball zuwerfen, wird er ihm sofort hinterherrennen, ihn zurückbringen und das Ganze nochmal machen wollen. Nehmen wir nun aber an, dass Sie ihn nur einziges Mal den Ball holen lassen. Er lässt ihn vor Ihre Füße fallen und wartet aufgeregt darauf, dass Sie ihn erneut werfen, aber Sie tun es nicht. Oder schlimmer noch, Sie stehen auf, gehen ins Haus zurück und ignorieren völlig den Ball und den kleinen Hund. Ohne Ihre Aufmerksamkeit wird Bündel es nicht länger versuchen und er schleicht wahrscheinlich enttäuscht und traurig davon.

Wenn er aber den Ball fängt, ihn zurückbringt, aufgeregt auf die Wiederholung wartet und Sie sich auf dieses Spiel einlassen, dann wird Bündel sehr aktiv. Er flitzt jedes Mal dem Ball hinterher, bringt ihn zurück und ist außer sich vor Freude, weil Sie ihm Ihre Aufmerksamkeit schenken.

Die Quellenergie verhält sich ziemlich genauso. Wenn sie Ihnen Ideen vor die Füße fallen lässt und Sie beschließen, nichts damit anzufangen, hört die Quellenergie auf, es noch länger zu versuchen. Sie nimmt Ihre Nichtbeteiligung als Signal dafür, dass Sie letztendlich doch nicht so sehr daran interessiert sind, das zu erhalten, was Sie sich angeblich wünschen. Oder vielleicht haben Sie sich auch anders entschieden. In jedem Fall wird die Quellenergie nicht versuchen, Sie auf sich aufmerksam zu machen, solange Sie nicht damit beginnen, die Ideen und Gedankeninspirationen umzusetzen, die Sie bereits von ihr erhalten haben.

Die Quellenergie *liebt* Aktion und Bewegung, denn Energie ist Bewegung und Bewegung ist Energie! Je stärker die Energie, umso schneller ist die Bewegung. Und je rascher Sie sich an die Umsetzung der Ideen und Pläne machen, die Ihnen eingegeben wurden, umso schneller werden Ihnen auch die nächsten Aktionsschritte enthüllt.

Meine Tochter hatte eine Spiele-App auf Ihrem Tablet mit dem Namen *Magic Piano*. Hierbei musste Sie mit den Fingerspitzen farbige Punkte berühren, die dann eine bekannte Melodie spielten. Je schneller die Punkte auftauchten, umso schneller musste sie auch reagieren, um die Musik hörbar zu machen. Immer wieder erschienen neue Punkte. Es war tatsächlich so, je schneller sie wurde, umso schneller erschienen die Punkte in einer endlosen Schleife. Die Quellenergie verhält sich ganz genauso. Die Ideen, empfohlenen Aktionspläne und Ressourcen werden immer weiter erscheinen – das heißt, solange Sie auf das reagieren, was Sie erhalten. Und dies trifft auch zu, wenn Ihnen erst einmal nur der erste Schritt eines Plans geschenkt wird, der noch vervollständigt werden muss.

Behalten Sie alle Ideen und Pläne für sich!

Haben Sie schon mal von den Krebsen in einem Eimer gehört? Sobald es einem von ihnen gelingt, über alle anderen hinweg nach oben zu klettern, ziehen sie ihn wieder runter auf den

Boden. Leider gibt es Leute mit einem niedrigem Bewusstseinsniveau, die sich ganz ähnlich verhalten. In Australien kennt man das Syndrom der hohen Mohnblume: Wenn eine besonders hoch wächst, sorgen die anderen Mohnblumen dafür, dass sie wieder auf das Normalmaß gestutzt wird. Die Australier beziehen diesen Ausdruck auf Berühmtheit, Reichtum oder was auch immer sie als eine „hohe Mohnblume" ansehen.

Es ist unwahrscheinlich, dass Sie von positiven, unternehmerisch denkenden, hilfsbereiten Menschen umgeben sind, wenn Sie nicht glücklicherweise in einem sehr erfolgreichen Unternehmerhaushalt aufgewachsen sind oder jetzt in einem solchen leben. Das bedeutet, es ist höchst risikoreich, wenn Sie Ihrem Umfeld einige Ihrer „grandiosen Visionen" von Ihrem zukünftigen Leben vorstellen, weil die Neinsager es Ihnen sofort ausreden wollen, Ihre Träume zu verfolgen. Um auf der sicheren Seite zu sein und Ihre Energie zu schützen – zumindest für den Moment – sollten Sie alle Ihre brennenden Begehren, Ziele und Träume für sich behalten.

Niemand hat gern mit Leuten zu tun, die uns unsere Energie rauben, unsere Zeit vergeuden oder allein schon durch ihre Anwesenheit dunkle Schatten werfen. Sie wissen, dass Sie das Ziel einer solchen Person sind, wenn Sie spüren, dass die Niedergeschlagenheit Sie runterziehen will oder dass sich Ihre Nackenhaare sträuben. Sie sind vielleicht wütend oder gereizt. Oder Sie fühlen sich von der Gegenwart dieser Person abgestoßen. Wenn Sie damit beginnen, Ihre Schwingung zu erhöhen und sich mit der Quellenergie zu verbinden, wird es Ihnen leichter fallen, niedrig und hoch schwingende Menschen auseinanderzuhalten. Als nächsten Schritt werden Sie erkennen, dass Sie immer wieder routinemäßig Menschen mit einer niedrigen Schwingung aus Ihrem Leben entlassen müssen, um rasch voranzukommen.

Dieser Prozess könnte sich zunächst für Sie als täglicher Kampf herausstellen. Schließlich saugen die Leute mit niedrigem Energielevel nur allzu gern die Energiespeicher hoch schwingender Menschen leer. Dies liegt daran, dass sie ihre Anbindung an die Quellenergie verloren haben, und so versuchen sie, Energie aus einer anderen sofort verfügbaren Quelle zu erhalten – von Ihnen zum Beispiel. Im Grunde sind dies Energievampire.

Verpflichten Sie sich selbst, Ihre Energie *leidenschaftlich zu verteidigen*, als ob Ihr Leben davon abhinge – denn auf vielerlei Weise hängt es tatsächlich davon ab. Schon nach kurzer Zeit verfügen Sie durch die Wellen Ihrer hohen Schwingungsenergie über so viel Power, dass selbst die armseligsten negativen Leute nicht mit Ihrem kraftvollem Energiewirbel umgehen können und sich deswegen an andere heranmachen, um *deren* Energie abzusaugen. Oder, um optimistisch zu sein, Sie können einen solchen Menschen aufrichten, falls es ihm *doch* gelingt, mit Ihrem kraftvollen Energievortex umzugehen. Dann kann er der Traurigkeit und Verwirrung entrinnen und sich für Optimismus und Glücksgefühle öffnen. Sie wissen, dass Sie einen hohen Energielevel erreicht haben, wenn es Ihnen gelingt, jegliche Negativität abzuwehren, selbst wenn Sie sich ihr absichtlich aussetzen, um jemandem weiterzuhelfen.

Lassen Sie sich nicht entmutigen, wenn Sie bemerken, dass Sie diese Neinsager anziehen, denn Sie werden auch hoch schwingende Menschen anziehen, die sich auf derselben Frequenz wie Sie befinden. In einem späteren Kapitel gehe ich ausführlich darauf ein, wie man Menschen anzieht.

Die Trennung von Licht und Dunkel

Vor über zwanzig Jahren veröffentlichte der metaphysische und spirituelle Autor Stuart Wilde sein Buch *The Quickening* („Die Beschleunigung"). In diesem Buch spricht er darüber, wie die Entwicklung aller Dinge immer schneller wird. Das erinnerte mich an die Buchreihe *Der dunkle Turm* von Stephen King, in der er von „Verdünnen" spricht. Die Dinge entwickeln sich nicht nur viel schneller als in früheren Generationen, sondern es gibt auch so etwas wie eine Kollision von Daseinsebenen, was unsere spirituelle Evolution mehr denn je beschleunigt.

Ich betrachte dies als Teil einer weltweiten „Hausputzperiode", in welcher die in Bewegung gekommenen spirituellen Energien uns klare Entscheidungen abverlangen: Wollen wir auf der Seite der Dunkelheit stehen oder auf der Seite des Lichts? Wollen wir uns auf die göttliche Kraft und das Licht ausrichten oder nicht? Wollen wir uns den Aufenthalt auf dieser irdischen Existenzebene angenehmer gestalten oder nicht?

Wenn Sie sich in Harmonie mit der Quellenergie befinden, können Sie eine leichte und beruhigende Entscheidung treffen, in dem Vertrauen, dass sie Sie niemals in die falsche Richtung schicken wird. Ihre Aufgabe – Ihre einzige Aufgabe – besteht darin, Ihr Anliegen hinauszusenden und aufmerksam auf Ideen und Gedankeninspirationen zu achten, und dann diese Geschenke durch sofortiges Handeln umzusetzen. Alles weitere, das Sie für Ihre Reise noch benötigen, wird folgen. Es ist wirklich so einfach, hören Sie also damit auf, es sich schwieriger zu machen als nötig.

Kapitel 9

DER ACHTE SCHRITT ZUM REICHTUM: BEHARRLICHKEIT UND DIE MACHT IHRES WILLENS

Beharrlichkeit kann alle Hindernisse überwinden. Selbst die Naturgesetze können sie nicht aufhalten.

–John D. Rockefeller

Es ist noch nicht lange her, da kam ich einmal mit großer Verspätung zum Flughafen von Los Angeles und wollte unbedingt noch meinen Flug erwischen. Auf dem *Freeway* hatte es einen fürchterlichen Unfall gegeben und so wurde aus einer Fahrt im dichten Berufsverkehr, die normalerweise 90 Minuten dauert, eine zweieinhalbstündige stressige Angelegenheit. Dabei entdeckte ich die Kraft der *reinen Macht des Willens*. Ich wusste, dass ich bildlich gesprochen das Meer teilen musste, um meinen Flug noch zu schaffen, und genau das tat ich. Ich weiß noch, wie ich im Auto laut schrie: „Wie kann ich meinen Flug noch erreichen? Ich brauche Hilfe!"

Plötzlich fiel mir ein, dass ich die Kontaktdaten eines Mitarbeiters bei der Gepäckabfertigung hatte, der mir sicher mit meinen Taschen helfen konnte. Ich rief ihn an und er sicherte mir zu, dass er mich erwarten würde. Unterwegs erhielt ich die Inspiration, eine andere Abfahrt vom *Freeway* zu nehmen als sonst. Und tatsächlich, der Verkehr lief besser, ich erreichte den Flughafen, übergab dem Mann meine Reisetaschen und steuerte dann das am nächsten gelegene Parkhaus an, wofür ich mich durch vier Spuren dichtesten Verkehrs kämpfen musste – und blieb dabei so höflich, wie ich nur konnte.

Als ich das Parkhaus erreichte, schienen alle Plätze besetzt zu sein. Ich war eine von vielen, die nach einem Parkplatz suchten. In einer Mischung aus *eindringlichem Befehl* und *wütendem Willen* rief ich laut: „Helft mir einen Parkplatz zu finden!" Sofort, rein intuitiv, legte ich den Rückwärtsgang ein, wechselte in eine andere Spur und erblickte augenblicklich einen freien Platz neben einer Säule. Und das Treppenhaus zum Terminal war direkt nebenan! Ich parkte meinen Wagen, quetschte mich höflich durch die Schlange der Wartenden – natürlich mit deren Erlaubnis – und kam gerade noch rechtzeitig zur Flugzugtür, als die Flugbegleiter diese gerade schließen wollten. Wenn ich auch nur irgendwo weitere 30 Sekunden verloren hätte, wäre der Flieger ohne mich gestartet. So eng war das Ganze.

Als ich in meinem Sitz saß, schwer atmend und schweißgebadet, gab ich mir selbst das Versprechen, dass mir so etwas nie wieder passieren würde. *Niemals wieder.* Ich hasse es, einen solchen extremen Stress zu erleben. Dann dachte ich mir: *Wie zum Teufel habe ich diesen Flug noch gekriegt? Und wie kann ich diese Magie leicht auf andere Bereiche meines Lebens übertragen?*

Ich erkannte, dass ich mit einigen Teilen meines Lebens unzufrieden war, weil ich mir die Schüchternheit erlaubte, meine Wünsche nicht einzufordern, während ich es gleichzeitig zuließ, dass eine nervige Berieselung aus Zweifeln mich glauben machte, dass meine Wünsche unerfüllbar waren. Ich *forderte* meine Wünsche nicht ein, ich strahlte keine reine, unerschütterliche und hoch fokussierte *reine Macht des Willens* aus. Die Quellenergie kann mir (und Ihnen) nicht helfen, wenn es uns an Selbstvertrauen mangelt, unser Ziel klar zu benennen.

Wenn es in Ordnung für mich war, beim Versuch, einen Flug zu erwischen, meiner *ungezügelten Macht des Willens* Ausdruck zu verleihen, dann, so erkannte ich, ist es auch okay für mich, dasselbe für wichtigere Dinge in meinem Leben zu tun. Es macht einfach keinen Sinn, anders zu denken. Ich hatte keine Zeit, tagelang, wochenlang, monatelang oder sogar jahrelang herumzusitzen und mir eine Liste mit Möglichkeiten auszudenken, wie ich den Flug noch schaffen könnte; in jenem Moment *gebrauchte ich meinen Willen,* ohne nach Ausflüchten zu suchen oder einen Rückzieher zu machen.

Seitdem habe ich mich für eine völlig neue Welt von Möglichkeiten eröffnet, die ich zuvor beiseitegeschoben hatte, weil ich meinte, sie wären nicht machbar oder realistisch. Realistisch für wen? Für mich? Für Sie? Für jemand anderen?

Wenn wir mutig und beharrlich sind und unsere Macht des Willens einsetzen, unterscheiden wir uns von der Menge. Eine Energie der Unentschlossenheit auszusenden, ohne echte Leistungsbereitschaft, bedeutet in Wirklichkeit, dass wir beschließen, die Unterstützung durch die Quellenergie zu blockieren.

Unsere reine Macht des Willens einzusetzen ist übrigens etwas ganz anderes als Willenskraft aufzubringen. Willenskraft aufzubringen bedeutet, dass wir uns zu etwas zwingen, das uns keinen Spaß macht, wie sich den ganzen Tag lang mit einer Diät aus Karotten und Sellerie zu begnügen, obwohl wir doch Heißhunger auf ein Sandwich haben.

Die reine Macht des Willens einzusetzen bedeutet, ein hoch fokussiertes und machtvoll ausgerichtetes Energiefeld mit einer absolut klaren Absicht in Richtung Ihres brennenden Verlangens auszustrahlen und alle anderen Optionen abzulehnen. Sie verlangen, dass dies auf die eine andere Weise geschieht, und machen klar, dass Sie nicht weniger akzeptieren werden. Aber Sie bleiben gleichzeitig auch flexibel, um zu erleben, wie sich die Quellenergie entfaltet, um Sie zu unterstützen. Einen offenen Geist im Hinblick auf die vielfältigen Optionen zu bewahren, wie sich Ihr Ziel erreichen lässt, ist unabdingbar, damit Sie das Gewünschte auf die schnellste und einfachste Art und Weise erhalten können. Sie halten Ihren eigenen Plan vielleicht für den höchsten und besten, aber das ist eventuell nicht unbedingt die Art und Weise, wie die Quellenergie auf einer höheren Schwingungsebene die Dinge manifestiert.

Hier ist ein Experiment, das Ihnen helfen kann, Ihre Macht des Willens zu schulen. Das nächste Mal, wenn Sie beim Autofahren sehen, dass Ihnen jemand an einer Kreuzung die Vorfahrt nehmen will, rufen Sie „Nein!“ und richten einen lasergleichen Energiestrahl auf diese Person. Sie werden sehen, dass der andere Autofahrer sofort von seinem Vorhaben ablässt. Es scheint fast so, dass er oder sie Sie hören kann. Natürlich ist das nicht der Fall, aber Ihre Macht des Willens wandert durch den Äther. Solange Sie wissen, dass der andere Fahrer in dem Moment stoppen wird, in welchem Sie Ihren Befehl aussprechen, wird dies auch exakt so geschehen. Bei mir funktioniert es jedes Mal.

Dringen Sie zuerst zum Kern von dem vor, was Sie fertigmacht!

Mehrmals pro Jahr veranstalte ich Seminare, Workshops und spezielle Retreats. Ein besonderer Event ist dem Themenkreis innerer Erfolg, persönliche Transformation und Reichtumsanziehung gewidmet, und er beginnt mit einer zentralen Absicht: Die Teilnehmer sollen zum Kern dessen vordringen, was sie davon abhält, exakt das in ihrem Leben zu tun und zu haben, was sie sich wünschen. Für manche bedeutet es, so reich zu werden, dass es ihre kühnsten Träume übersteigt. Für andere ist es das Verlangen, den perfekten Partner zu finden.

Das Haupthindernis in jedem der vier Hauptquadranten des Lebens – Geld, Liebe, Gesundheit und Familie – besteht meist in einer oder mehreren prägenden Erfahrungen während der Kindheit. Dieses Schlüsselerlebnis freizulegen ist unabdingbar, um den Prozess zu seiner Überwindung zu beginnen. Ohne das Wissen, welcher Aspekt Ihrer Kindheit Ihnen beim Dirigieren Ihres Erwachsenen-Selbsts in die Quere kommt, werden Sie diesen auch weiterhin für Ihre Selbstsabotage einsetzen.

Für die nachfolgende Übung brauchen Sie Stift und Papier. Nehmen Sie sich ein wenig Zeit für sich selbst, am besten irgendwo in der Natur, zum Beispiel im Wald oder am Meer, und schürfen Sie tief nach diesen schmerzhaften Erlebnissen in Ihrem jungen Leben, welchen Sie Ihre Gefühle der Unsicherheit, der Wertlosigkeit oder der Unfähigkeit zum Erfolg verdanken.

Sagen Sie zu sich: „Welches Ereignis aus meiner Vergangenheit hält mich von dem Erfolg und Reichtum ab, den ich mir im Leben wünsche? Ich bin bereit, mich der Wahrheit zu stellen, damit ich es für meine neue, strahlende Zukunft hinter mir lassen kann."

Und dann sitzen Sie still da. Genießen Sie den Lufthauch im Gesicht. Hören Sie den Vögeln zu. Achten Sie auf die Blumen und Bäume. Spüren Sie Dankbarkeit für die Natur. *Lassen* Sie alle Ihre Gedanken vollständig *los*. Sehr bald wird Ihnen eine ganz bestimmte Erfahrung ins Bewusstsein kommen, die Sie in der Gegenwart am meisten ausbremst. Vielleicht waren es bei Ihnen mehrere Schlüsselereignisse, aber meistens ist es nur ein bestimmtes Erlebnis, das dann einen Dominoeffekt auslöste.

Sobald Sie Ihr Schlüsselereignis herausgefunden haben, schreiben Sie es sich auf. Aber formulieren Sie es aus Ihrer Kindheitsperspektive und beschreiben Sie, wie es anfangs war, als Sie sich verraten, unzulänglich, traumatisiert oder verletzt fühlten. Das sieht dann beispielsweise so aus: „Als ich sechs Jahre alt war, . . ." Jetzt beschreiben Sie Ihr Schlüsselerlebnis. Fahren Sie dann so fort: „Das erzeugte in mir ein Gefühl von . . ." Beschreiben Sie nun Ihre Gefühle. Zum Schluss schreiben Sie als Ihr heutiges Erwachsenen-Selbst: „Ich glaube, dass zwischen diesem Schlüsselereignis aus meiner Kindheit und dem Gefühl, dass mich heute in meinem Erwachsenenleben irgendetwas zurückhält, eine Verbindung besteht, weil . . ." Erläutern Sie jetzt, was Sie erkannt haben.

Machen Sie nun ein paar tiefe Atemzüge. Es ist gut möglich, dass noch weitere Erinnerungen in Ihnen hochkommen, die sich auf diese Periode Ihrer Kindheit beziehen. Denken Sie daran, dass wir dazu neigen, Erinnerungen zu „sammeln", die unsere Erfahrung aus diesem Schlüsselerlebnis stützen, und alle entgegengesetzten abzuweisen, selbst wenn diese mehr Sinn ergeben. Wenn

Ihr Schlüsselerlebnis zum Beispiel darin bestand, dass Ihre Mutter Ihr Sparschwein erleichterte und es dann ableugnete, dann ist das hinter dieser Erfahrung stehende Gefühl wahrscheinlich das des Betrogenwerdens. Und daher haben Sie dann jeden Vorfall, bei dem es um Betrug ging, als Beweis für Ihre Schlüsselerfahrung angesehen und alle positiven, entgegengesetzten Erfahrungen von sich gewiesen.

Das heißt, wenn Ihre Mutter ihren Fehler erkannte und Ihnen erklärte, dass sie nicht mehr klar denken konnte, weil Ihr Vater gerade seinen Job verloren hatte, dann haben Sie ihr vielleicht trotzdem noch nicht vergeben, obwohl es eigentlich Sinn gemacht hätte. Und wenn sie Ihnen später das Geld zurückgegeben hat, mit einem großzügigen Aufschlag, um ihren Fehler gutzumachen, dass sie Sie nicht vorher nicht gefragt hatte, dann haben Sie Ihr möglicherweise trotzdem nicht wieder vertraut, selbst wenn es eigentlich sinnvoll gewesen wäre. Auch wenn Ihre Mutter dann noch viele Jahre lang Sie immer wieder gelobt hat, weil Sie der Familie in einer schwierigen Zeit „geholfen" haben, neigen Sie unbewusst dazu, dies von sich zu weisen, während Sie alles „ansammeln", was Ihrem Gefühl des Betrogenseins entspricht.

Alles beginnt mit einem Schlüsselerlebnis und anschließend speichern Sie in Ihrer emotionalen und mentalen Datenbank alles ab, was Ihre Überzeugung stützt, dass jeder Sie nur betrügen will. Sie lassen es zu, dass Ihre eingeschränkte Selbstwahrnehmung aus der Kindheit darüber bestimmt, wie Sie heute Ihr Erwachsenenleben führen.

Holen Sie den rosa Radierer raus und radieren Sie die Vergangenheit aus

Ich durchlitt eine schmerzhafte Trennung von einem Mann, mit dem ich eine glückliche Beziehung bis zum Ende meiner Tage führen wollte. Ich hatte wirklich damit zu kämpfen, weil ich wusste, dass ich mir zu schnell erlaubt hatte, meine Verletzlichkeit zu zeigen. Ich wusste aber auch, dass ich diese Situation schnell überwinden musste, denn sonst hätte sie mein Gefühlsleben auf Monate hinaus ruinieren und sogar meine Wahrnehmung meiner künftigen Beziehungen beschädigen können. Und so sagte ich mir: „Wenn ich ihn nie kennengelernt hätte, würde es mir jetzt gut gehen“. Und dann überlegte ich: „Was wäre, wenn ich diese Erfahrung einfach ausradiere?“

Eine ziemlich lächerliche Idee, stimmt's? Und doch dachte ich morgens, abends und zu jeder anderen Zeit, wenn die schmerzhaften Erinnerungen in mir aufwallten, die ich gern vergessen wollte, an einen großen pinkfarbenen Radiergummi. Ich begann in meiner Vorstellung damit, alles auszuradieren, was ich mit ihm erlebt hatte, und auch wie ich mich fühlte. Ich radierte so lange, bis das Papier wieder sauber war, übersät mit Radierkrümeln. Manchmal radierte ich so kräftig, dass das Papier ganz zerknittert und zerrissen aussah.

Ich änderte die Art und Weise, wie ich diese Beziehung gefühlsmäßig sah und wahrnahm. Schon nach kurzer Zeit begannen sich meine Gefühle in Bezug auf diesen Mann zu verändern und bald brauchte ich nicht länger die Vorstellung eines großen Radierers. Stattdessen sagte ich mir mit lauter Stimme, wenn schmerzhafte Erinnerungen oder Gefühle hochkommen wollten: „Ausradieren, ausradieren, ausradieren!“ Und schon bald waren alle quälenden Gefühle verschwunden.

Natürlich sind die Erinnerungen nach wie vor vorhanden, aber wenn ich an diesen Mann und meine Erlebnisse mit ihm denke, habe ich keine gefühlsmäßige Bindung mehr an diese Beziehung. Meine Erinnerungen existieren, aber ohne den Schmerz, der vorher damit verbunden war.

Ich bitte Sie dringend, durch Probieren herauszufinden, auf welche Weise diese Technik bei *Ihnen* funktioniert, um dauerhaft loszulassen, nach vorne zu blicken und Ihre Wünsche im Leben zu erfüllen.

Ihre Beharrlichkeit und Ihr Traum

In *Denke nach und werde reich* spricht Napoleon Hill unverblümt über die Bedeutung der Beharrlichkeit. Er vermittelt diese Botschaft in seiner Geschichte über die Sängerin Kate Smith und ihr tiefes Verlangen, am Broadway erfolgreich zu werden:

> Sie hat jahrelang für billiges Geld in jedes Mikrofon gesungen, das sie in die Finger kriegen konnte. Der Broadway sagte zu ihr: „Du schaffst es, wenn du lange genug durchhältst". Und sie hielt durch – bis zu dem glücklichen Tag, an dem der Broadway nachgab und sagte: „Ach, was soll's. Ein Nein kapierst du offenbar nicht, also sag, was du willst, und wir kommen ins Geschäft." Und Kate Smith nannte ihren Preis! Der war so hoch, dass die meisten Menschen in einem ganzen Jahr nicht verdienen, was sie in der Woche verlangte.

Sie sehen: Es zahlt sich wirklich aus DURCHZUHALTEN!

> Folgende ermutigende Aussage enthält einen ausgesprochen bedeutsamen Hinweis: AM BROADWAY WARTEN TAUSENDE SÄNGERINNEN AUF IHREN „DURCHBRUCH", DIE BESSER SIND ALS KATE SMITH – VERGEBLICH. Zahllose andere sind gekommen und wieder gegangen, von denen viele gut genug singen konnten, aber den Sprung nicht schafften, weil ihnen der Mut fehlte, weiterzumachen, bis der Broadway müde wurde, sie immer wieder abzuweisen.
>
> Durchhaltevermögen ist eine Einstellung, die man sich aneignen kann. Wie alle Einstellungen gründet sich auch die Ausdauer auf bestimmte Faktoren wie:
>
> a) **EIN KLARES ZIEL.** Der erste und vielleicht wichtigste Schritt zur Entwicklung von Ausdauer ist, zu wissen, was man will. Wer ein starkes Motiv hat, kann viele Schwierigkeiten überwinden.
> b) **EIN VERLANGEN.** Wer ein intensives Verlangen hat, dem fällt es leichter, sich Durchhaltevermögen anzueignen und beizubehalten.
> c) **SELBSTVERTRAUEN.** Wer daran glaubt, dass er einen Plan umsetzen kann, kann mit größerer Ausdauer daran festhalten. (Selbstvertrauen lässt sich durch das

im Kapitel über Autosuggestion beschriebene Prinzip aufbauen.)

d) **KONKRETE PLANUNG.** Systematische Pläne, so wenig überzeugend oder unrealistisch sie auch sein mögen, steigern die Ausdauer.

e) **SICHERES WISSEN.** Wer aus Erfahrung oder Beobachtung weiß, dass die eigenen Pläne tragfähig sind, hält besser durch. Wer „spekuliert" statt zu „wissen", untergräbt sein Durchhaltevermögen.

f) **TEAMGEIST.** Einfühlungsvermögen, Verständnis und harmonische Zusammenarbeit mit anderen tragen zur Entwicklung von Ausdauer bei.

g) **WILLENSKRAFT.** Die Angewohnheit, die eigenen Gedanken auf die Entwicklung von Plänen zum Erreichen eines bestimmten Ziels auszurichten, führt zu Durchhaltevermögen.

h) **GEWOHNHEIT.** Ausdauer ist die direkte Folge von Gewohnheit. Der menschliche Geist nimmt die täglichen Erfahrungen, von denen er lebt, in sich auf und wird Teil davon. Gegen Angst, den größten Feind, lässt sich effektiv Abhilfe schaffen, indem man sich zwingt, immer wieder couragiert vorzugehen. Das weiß jeder, der schon aktiven Kriegsdienst geleistet hat.

Der einzige Weg, Widerstände zu „durchtrennen", besteht in der Einstellung, dass Sie kein anderes Ergebnis akzeptieren werden als die Manifestierung Ihres brennenden Verlangens. Ihre reine Macht des Willens kann jeglichen Leichtsinn, alle Schwächen und alles Umwesentliche beiseiteschieben und mit Laserfokus eine *konkrete Entscheidung* herbeiführen, was Sie tun und wer Sie sein wollen. *Und dann legen Sie los* – trotz aller Ängste, trotz der Möglichkeit des Scheiterns und trotz Ihres mangelnden Wissens, wie Sie Ihr gewünschtes Ziel erreichen werden!

In *Denke nach und werde reich* spricht Napoleon Hill genau über dieses Thema, wie man sich über alles erheben kann:

Die meisten Menschen gestatten Angehörigen, Freunden und der breiten Öffentlichkeit, sie so zu beeinflussen, dass sie aus lauter Angst vor Kritik nicht selbstbestimmt leben können.

Enorm viele Menschen heiraten den falschen Partner, halten aber an der Ehe fest und gehen elend und unglücklich durchs Leben, weil sie Angst vor der Kritik haben, die sie auf sich ziehen könnten, wenn sie den Fehler korrigieren.

Millionen von Menschen verzichten darauf, Bildung nachzuholen, wenn sie die Schule verlassen haben, weil sie Kritik befürchten.

Zahllose Männer und Frauen jeden Alters lassen zu, dass ihre Familie im Namen des PFLICHTBEWUSSTSEINS ihr Leben zerstört, weil sie Angst vor Kritik haben. Pflichtbewusstsein verlangt von niemandem, zuzulassen, dass seine persönlichen Ambitionen zerstört werden, und auf das Recht zu verzichten, sein Leben selbstbestimmt zu leben.

Menschen lassen geschäftliche Chancen ungenutzt, weil sie Kritik fürchten, falls sie scheitern. *Die Angst vor Kritik ist in solchen Fällen stärker als das VERLANGEN nach Erfolg.*

Verfolgen Sie deshalb nicht Ihr tiefstes Verlangen, weil Sie Angst vor der Meinung anderer haben? Ist der Grund, warum Sie Ihr Buch nicht schreiben, dass es möglicherweise Ein-Stern-Rezensionen geben wird? Löschen Sie deswegen nicht Ihre Konten bei den sozialen Netzwerken, weil die Leute sonst meinen, Sie hätten sich unter einem Felsen vergraben? Und ist das die Begründung, warum Sie sich nicht selbständig machen, dass Sie Angst haben, Ihr Umfeld könnte Sie auslachen, wenn es schiefgeht?

Für die meisten von uns ist ein Scheitern wirklich nichts weiter als ein unerwartetes oder unerwünschtes Resultat. Das ist, wie wenn wir in ein Bekleidungsgeschäft gehen, um einen roten Pullover zu kaufen, aber wir finden keinen. Und so nehmen wir eben einen weißen. Rein technisch gesehen könnte man das als „Scheitern" hinstellen, weil wir die Absicht hatten, einen roten Pullover zu finden, und dann ein anderes Ergebnis erhielten. In

Wirklichkeit ist es aber letztendlich gar nicht so schlimm, wenn wir eine alternative Lösung finden.

Viele Menschen fürchten die Kritik, die auf sie zukommen könnte, wenn sie ein anderes Resultat als das eigentlich geplante erhalten. Sich selbständig zu machen und am Ende doch zu scheitern ist an und für sich keine Katastrophe. Was uns am meisten schmerzt, ist dieser Wirbelsturm aus negativen Kommentaren unserer Freunde und Verwandten.

Oder nehmen wir mal an, ein junger Mann will Jazzmusiker werden und kann keinen Club finden, der ihn engagieren will. Er macht vielleicht bei der nächsten Familienfeier die Erfahrung, dass Mitleid und Verurteilung ihm am meisten wehtun. Er fürchtet nicht das Versagen; am verheerendsten ist für ihn die ganze Kritik, die sein Scheitern *umgibt*.

Vielleicht ist das der Grund, warum ich in meinen zahlreichen geschäftlichen Unternehmungen so erfolgreich bin. Eigentlich gibt es hierfür zwei Gründe: Erstens habe ich in meinem Leben nicht viele Familienmitglieder oder enge Freunde, die in einer Position wären, mich wegen irgendetwas zu kritisieren, und zweitens ist es mir gleichgültig, was die Leute denken. Das hat es mir erlaubt, eine erstaunliche Persönlichkeitskraft zu entwickeln.

Wenn Sie sich dieselbe Power wünschen, dann empfehle ich Ihnen, dass Sie sich von der Meinung anderer völlig freimachen und beginnen, *angstfrei zu leben*. Ja, genau: Starten Sie in Ihr angstfreies Leben! Keine Angst vor niemand. Keine Angst vor irgendeiner Situation. Keine Angst vor irgendwelchen Umständen. Keine Angst vor *nichts*. Bereits dies allein wird für Sie neue Türen öffnen, und das auf Wegen, die Sie nie für möglich hielten.

Kapitel 10

DER NEUNTE SCHRITT ZUM REICHTUM: DAS FREISETZEN IHRER PERSÖNLICHEN KRAFT

Das Mastermind-Prinzip: Zwei oder mehr Personen, die sich mit einer positiven Geisteshaltung aktiv für die Erreichung eines konkreten Ziels engagieren, bilden eine unschlagbare Macht.

–Napoleon Hill

Als meine dritte Ehe nicht funktionierte, wusste ich, dass ich eine Entscheidung zu treffen hatte. Es dauerte ungefähr fünf Jahre mit endlosem Geschwafel, bis ich beschloss, dass mein Mann und ich zum Ende kommen mussten. In diesem Entscheidungsmoment überkam mich ein augenblickliches Gefühl von Erleichterung und Freiheit. Ich hatte das Gefühl, als habe man mir ein tonnenschweres Gewicht von den Schultern genommen, damit ich endlich wieder frei atmen konnte. In diesem Moment nahm ich meine persönliche Kraft wieder in Besitz und beschloss, mich nie wieder als Opfer der Umstände zu fühlen.

Viele Menschen, die missbraucht wurden oder die ein anderes katastrophales Ereignis erlebten, haben oft das Gefühl, dass sie im Leben nicht vorankommen und in einer Opferrolle feststecken. Sie gebrauchen ein Ereignis aus der Vergangenheit – ob es lange her oder erst vor kurzem geschehen ist – als Ihre Opfer-Visitenkarte und erzählen nur allzu gern davon. Mit ihrer Geschichte untermauern sie ihr Gefühl der Hilflosigkeit und der Unfähigkeit, im Leben etwas zu erreichen. Aber ihre Geschichte ist einfach nur das: eine Geschichte.

Ganz gleich, wie traumatisch eine Situation oder ein Umstand in Ihrer Vergangenheit war, Sie befinden sich jetzt hier, in einem völlig neuen Augenblick. Sie können sich entscheiden, diesen neuen Moment zu nutzen und Ihre persönliche Kraft zu ergreifen, die Zügel Ihres Lebens in die Hand zu nehmen und sich selbst in die richtige Richtung zu dirigieren. Damit treffen Sie eine sehr bewusste Wahl und haben es nur sich selbst zuzuschreiben, wenn Sie lieber auch weiterhin diese alte Mitleidsleier aus Verletztsein, Seelenqual und Verzweiflung abspielen.

Sie brauchen eine robuste Kraft oder Macht, um Ihr Ziel zu erreichen, was immer es auch sein mag. Diese Macht können Sie finden, indem Sie sich auf die hohe Schwingung der Quellenergie einstimmen, definitiv festlegen, was Sie wollen, und dann konsequent und zielgerichtet handeln. Es ist auch sehr hilfreich, sich mit einem Netzwerk aus Menschen und anderen Ressourcen zu umgeben, die Sie bei der Erfüllung Ihrer Wünsche unterstützen können. Aber wie auch immer, Sie müssen wissen, dass Ihr brennendes Verlangen sich bereits manifestiert hat und sich Ihnen zum richtigen Zeitpunkt zeigen wird, während sich Ihre neue Bestimmung entfaltet.

In *Denke nach und werde reich* beschreibt Napoleon Hill den Wert und die Vorteile der Persönlichkeitskraft:

> PLÄNE sind müßig und nutzlos, wenn man nicht die MACHT hat, sie auch in die TAT umzusetzen. Das vorliegende Kapitel beschreibt, wie man MACHT erlangt und wie man sie anwenden kann … MACHT IST DIE VORAUSSETZUNG, UM REICH ZU WERDEN! UND MACHT IST NOTWENDIG, UM EINMAL ERWORBENEN REICHTUM ZU WAHREN!

Leider ist es gut möglich, dass Ihre persönliche Macht schon in einem sehr jungen Alter zertrümmert wurde. Man hat Ihnen vielleicht allzu häufig gesagt: „Nein", „das kannst du nicht", „das sollst du nicht", „lass das", „du täuschst dich" oder sogar Schlimmeres. Irgendwann haben sich diese Botschaften tief in Ihr Unterbewusstsein eingeprägt und sind dort bis heute immer noch sehr lebendig. Sie zeigen sich in der Form, dass Sie sich mit Ach und Krach durchs Leben winden, in der Erwartung, man möge Ihnen sagen oder zeigen, wo die für Sie erreichbaren Grenzen liegen, und dass Sie für sich weniger als das Beste akzeptieren.

Positiv betrachtet können Sie aus Ihrer einengenden Schale ausbrechen und Ihre Flügel entfalten, hin zu endlosen Möglichkeiten, indem Sie einfach Ihre persönliche Kraft wieder in Besitz nehmen. Sie können sich über die Reste Ihrer Eierschalen erheben und *Ihre Macht für sich reklamieren*. Die Macher und Leistungsträger, die es aus eigener Kraft geschafft haben, sind mächtige Menschen, und das eben nicht, weil man ihnen ihren Platz im Leben geschenkt hat. Viele dieser Millionäre, Milliardäre, Rockstars und Berühmtheiten umgibt eine ganz spezielle Aura. Ihre Kraft strahlt mit Macht aus ihnen heraus, und aus diesem Grund fühlen sich so Viele zu ihnen hingezogen.

Sie können diesen Menschen nacheifern, indem auch Sie sich in den Flow begeben. Verbinden Sie sich mit der Quellenergie. Steigern Sie den Level Ihrer Schwingungsenergie und halten Sie ihn so lange wie möglich hoch. Wenn Sie dies tun, werden auch Sie eine leuchtende Energie in die Welt hinausstrahlen. Andere mit einem ähnlichen Energielevel fühlen sich von Ihnen angezogen und Sie sollten viele davon in Ihr Netzwerk integrieren, damit sie Ihnen bei der Verwirklichung Ihres brennenden Verlangens und Ihrer Bestimmung helfen können.

Bitte erkennen Sie, dass in Zahlen *sehr wohl* eine Macht steckt, und je rascher Sie Gleichgesinnte in Ihre Schöpfungssphäre integrieren, umso schneller können Sie das kreieren, was Sie sich wünschen. Zum Beispiel begann ich vor ungefähr einem Jahr mit ziemlich ungeheuerlichen Veränderungen in meinem Leben. Ich fing an, jeden Morgen drei Seiten lang in mein Tagebuch zu schreiben, und das öffnete sozusagen eine Büchse der Pandora. Es half mir, mich auf das zu fokussieren, was aus meinem Leben *verschwinden* sollte, und auch auf das, was ich in vielleicht ein wenig abgewandelter Form gern *behalten* wollte. Durch mein tägliches Schreibpensum von drei Tagebuchseiten eröffnete ich mir auch sofort die Gelegenheit, meinen Energielevel regelmäßig anzuheben. Manchmal erreiche ich dies durch eine Morgenmeditation. Andere Male höre ich mir Audios mit positiven Inhalten auf YouTube an, während ich meine Gedanken in mein Tagebuch eintrage. Mein Ziel dabei ist, meine Energie für den ganzen Tag zu steigern, ohne damit ein bestimmtes Verlangen anzustreben. Ich erhöhe einfach nur meine Schwingung in der alleinigen Absicht, mich besser zu fühlen.

Innerhalb weniger Monate, nachdem ich mit dieser Routine begonnen hatte, verließen alle Menschen, die mir nicht guttaten, aus dem ein oder anderen Grund mein Leben – einschließlich meines kompletten Büroteams. Es war ein wirklich merkwürdiges Phänomen. Erst einmal war ich beunruhigt, da ich nicht verstand, was hier vor sich ging. Aber nachdem diese Personen wie von einem schnell dahinströmenden Fluss aus meinem Leben weggeschwemmt worden waren, fand ich augenblicklich Trost durch eine neue Gruppe von Menschen, die sehr viel besser zu mir passten. Ich erkannte, dass sich niemand aus meinem alten Büroteam auf dem erforderlichen Level befunden hatte, um mit meinem sich wandelnden Geschäft Schritt zu halten. Mein neues Team aber hat sich sofort auf die Ausrichtung meines Unternehmens eingestimmt. Das wirklich Erstaunliche daran war, dass sie alle einfach auf der Bildfläche erschienen, ohne dass ich Stellenanzeigen schaltete, sie mir aussuchte oder auch nur ein einziges Bewerbergespräch führte! Wenn wir zur Veränderung bereit sind und *es geschehen lassen*, dann geschieht es auch!

Dies ist ein perfektes Beispiel für Sie, wenn Sie sich nach einer Veränderung sehnen, aber noch nicht wissen, wie sie aussehen soll. Einfach indem Sie sich in einem hoch schwingenden Wesenszustand in die Zone begeben, wird das Schlechte hinweggefegt und das Gute strömt herein. Die Quellenergie kümmert sich für

Sie dabei um alle Details. Dies umfasst das Hinwegfegen einer schlechten Beziehung und das In-Ihr-Leben-Fegen Ihres Traumpartners, das Hinwegfegen eines schlecht bezahlten Jobs und das In-Ihr-Leben-Fegen der perfekten Stelle mit guter Bezahlung, vielen Vorteilen und einem sagenhaften Entwicklungspotential innerhalb des Unternehmens oder auch das Hinwegfegen Ihrer alten Klapperkiste und das In-Ihr-Leben-Fegen eines glänzenden Neuwagens. Sie verstehen, worauf ich hinauswill.

Wie schon gesagt, der Schlüssel liegt einfach darin, Ihren Energielevel anzuheben. Und das ist alles! Steigern Sie Ihre Energieschwingung und lassen Sie das Universum etwas Großartiges für Sie zusammenstellen, insbesondere wenn Sie nicht wissen, in welche Richtung die Reise gehen soll. Sie werden sehen, dass fast augenblicklich einige außergewöhnliche Dinge in Ihrem Leben geschehen!

Das Geheimnis hinter dem täglichen Schreiben von drei Tagebuchseiten

Zunächst einmal gebe ich ein Lob gern an diejenigen weiter, denen es zusteht. Ich lernte diese Technik des Drei-Seiten-Schreibens in dem Buch *Der Weg des Künstlers* von Julia Cameron kennen. Dieses Buch ist eine außergewöhnliche Ressource und ich kann es Ihnen nur empfehlen. Im Führen eines Tagebuchs steckt eine große Magie, und das liegt zum Teil daran, dass der menschliche Geist nicht immer unterscheiden kann zwischen dem, was in der Vergangenheit geschah, was wir in der Gegenwart erleben und was wir zukünftig haben wollen. Es hilft Ihnen, klarer zu sehen, wenn Sie alles aufschreiben, und Sie werden beginnen, Ihre Wünsche schneller zu manifestieren, als Sie sich je vorstellen konnten.

Sie werden auch bemerken, dass sich im Lauf der Zeit der Inhalt Ihrer Eintragungen verändert. Sie fokussieren sich weniger aufs Meckern und Beschweren und mehr auf Ihre Absichten, auf positive Gedanken und auf Ihre Dankbarkeit. Wie auch immer, lassen Sie alles raus, was in Ihnen hochkommt. Schimpfen Sie nicht mit sich selbst, wenn Sie negative Gedanken oder Glaubenssätze haben. Lassen Sie diese stattdessen gehen und heben Sie die Frequenz Ihrer Energieausstrahlung an.

Ich schreibe jeden Morgen meine drei Seiten und habe noch nie auch nur einen einzigen Tag ausgelassen. *Niemals.* Manchmal geht es in meinen Eintragungen um das, was ich an einem bestimmten Tag oder in einer bestimmten Woche erreichen will. Dann schreibe ich zum Beispiel: „Ich habe vor, in dieser Woche an jedem Abend ein dreißigminütiges Gewichtstraining zu absolvieren". Gelegentlich schreibe ich über das, was ich manifestieren will, wie ein neues Auto, ein neues Geschäft oder eine neue Beziehung, und das führt dann manchmal zu einem Brainstorming für kreative Ideen. Ich gebe häufig meiner Dankbarkeit Ausdruck für das wunderbare Leben, das ich bereits führe, in der Gewissheit, dass noch mehr Großartiges auf mich zukommt, wenn ich das Großartige anerkenne, das ich bisher schon erschaffen habe.

An anderen Tagen höre ich aufbauende Audios an und integriere deren Inhalte in meine Aufzeichnungen. Ab und zu lasse ich auch Dampf ab, wenn ich mich über etwas ärgere. Häufig schreibe ich auch über ein Projekt, an dem ich gerade arbeite, und das führt dann zu noch mehr Brainstorming. Oder ich gehe meine Absichten durch, was ich an diesem Tag alles erreichen will. Es gibt beim täglichen Tagebuchführen eigentlich kein richtig oder falsch. Tun Sie es einfach, und tun Sie es mit Beständigkeit – drei Seiten jeden Tag, unabhängig davon, was in Ihrem Leben vor sich geht.

Ein positives Ergebnis sticht besonders hervor: Meine Fähigkeit, einschränkende Glaubenssätze frontal anzugehen und durch kraftvolle zu ersetzen, hat sich sehr verbessert. Wenn ich zum Beispiel negative Gedanken bei mir bemerke, schürfe ich ein wenig tiefer, um zu begreifen, warum ich mich so fühle. Dann überlege ich mir, wie ich diesen Glaubenssatz umformulieren kann, um das zu manifestieren, was ich will und nicht länger das zu manifestieren, was ich nicht will.

Und was passiert mit meinen ganzen Tagebucheinträgen? Die allermeisten lese ich niemals wieder. Manchmal, wenn ich ich eine brillante Idee habe, auf die ich vielleicht zurückkommen will, befestige ich einen Klebezettel auf der Seite und male ein Sternchen an den betreffenden Abschnitt. Am wahrscheinlichsten ist es aber, dass ich ein Tagebuch nach dem anderen vollschreibe und immer weiter voran presche. Wenn ein Tagebuch vollgeschrieben ist, notiere ich auf der Vorderseite das Anfangs- und Enddatum und sortiere es dann in mein Bücherregal ein.

Zum Schluss möchte ich noch anmerken, dass einige Menschen einfach nicht gern schreiben und es ihnen daher schwerfällt, ein Tagebuch zu führen. Falls dies auf Sie zutrifft, könnte es für Sie sinnvoller sein, lieber ein Skizzenbuch zu führen. Dort können Sie jeden Tag etwas auf Ihre täglichen drei Seiten zeichnen, anstatt sie zu beschreiben. Oder vielleicht möchten Sie lieber ein Dankbarkeitsbuch führen und dort alles eintragen, wofür Sie am vergangenen Tag dankbar sind und was Sie gern in der nächsten Zukunft erleben wollen. Oder eventuell ist es Ihnen auch lieber, ein kombiniertes Tage- und Skizzenbuch zu führen. Tun Sie einfach das, was Sie tun müssen, um sich diese kraftvolle und heilende tägliche Angewohnheit anzueignen. Das Wichtigste dabei ist, dass das Ganze für Sie angenehm ist, dass es Ihnen Freude bereitet und genau zu *Ihnen* passt.

Ein Tagebuch zu führen verändert das Leben, laufen Sie also los und holen Sie sich Ihr Tagebuch, um gleich anfangen zu können. Auf geht's! Tun Sie's jetzt gleich! Ich warte solange!

Die Kraft des Zusammenkommens von gleichgesinnten Menschen mit ähnlicher Energie

Die ersten Mastermind-Gruppen entstanden in der Absicht, die mächtigsten Menschen der Welt miteinander zu verbinden, damit sie sich geschäftlich und finanziell gegenseitig noch mehr weiterbringen. Sie verstanden die wahre Macht ihrer Allianzen und bauen auch heute noch immer wieder neue auf, um ihren Reichtum zu vermehren. Doch leider sind Alltagsmenschen wie Sie und ich normalerweise nicht eingeladen, und daher sind wir dazu übergegangen, unsere eigenen Gruppen zu bilden und dort unsere Gedanken, Ideen und Inspirationen miteinander zu teilen. In einer gut zusammengestellten Gruppe können Sie und andere gleichgesinnte Menschen beim gemeinsamen Brainstorming von Ideen und Plänen eine magische Atmosphäre kreieren. Napoleon Hill beschrieb dies in *Denke nach und werde reich* als „psychische" Erfahrung:

> Bedenken Sie, dass es im gesamten Universum nur zwei bekannte Elemente gibt: Energie und Materie. Materie lässt sich bekanntlich in Einheiten wie Moleküle, Atome und Elektronen zerlegen. Materieeinheiten können isoliert, abgetrennt und analysiert werden. Ebenso gibt es Energieeinheiten. Der menschliche Geist ist eine Form von Energie, die zum Teil spiritueller Natur ist. Wird der Geist zweier Menschen IN HARMONIE koordiniert, bilden die jeweiligen spirituellen Energieeinheiten eine Affinität aus, die das „psychische" Element des Mastermind-Prinzips darstellt.

Hill sprach über einige seiner „unsichtbaren Freunde", die man als eine imaginäre Mastermind-Gruppe aus geschichtsträchtigen Gestalten wie zum Beispiel Abraham Lincoln beschreiben kann. Zuerst hielt ich das für die dümmste Idee aller Zeiten, in einer Meditation so zu tun, als ob wir uns in einem Raum mit ganz bestimmten Menschen befinden, die besonders qualifiziert sind, um uns in vielerlei Lebensbereichen zu beraten. Doch dann probierte ich es aus – und war von den Resultaten völlig verblüfft. Es waren erstaunliche Ideen, die mir eingegeben wurden, während ich mich mit meinen „Mentoren" so „unterhielt", als ob sie direkt vor mir säßen.

Vor mehreren Jahrzehnten, nach dem Tod meiner Großmutter, hatte ich bemerkt, dass ich die Gabe besitze, mit Menschen auf der „anderen Seite" zu sprechen. Seit dieser Zeit bin ich in der Lage, mit Verstorbenen zu kommunizieren – meist ohne meine direkte Kontrolle – und ich habe so schon alle Arten von Menschen kennengelernt.

Aber erst vor kurzem machte ich mich daran, diese Gabe zu nutzen und mir ganz bestimmte Seelen auszusuchen, die ich

„drüben" treffen will. Und da beschloss ich, in Erfahrung zu bringen, was Napoleon Hill über das Buch denkt, das Sie jetzt gerade lesen – das heißt, ich wollte wissen, ob er meint, dass ich ihm auf seine Gespensterfüße trete, wenn ich ein auf seinem Werk beruhendes Buch veröffentliche, und ob er mit meinem Tun einverstanden ist. Wochen gingen ins Land und ich hatte Hill noch immer nicht „gesehen". Doch dann, wenige Tage bevor ich mich mit Bill Gladstone treffen wollte, dem Agenten, der mir half, dieses Buch in die Welt hinauszutragen, sah ich Napoleon Hill in einem Traum. Und zwar an seinem Geburtstag, dem 26. Oktober, um ganz genau zu sein. Er grinste über beide Ohren und gab mir das Daumen-hoch-Zeichen für mein Buch. Und er sagte: „Denk' dran, ‚ne Menge *Carets* unterzubringen".

Als ich dann morgens erwachte, versuchte ich, aus seinen Worten schlau zu werden. Er hatte von „Carets" gesprochen, was auf Englisch wie „carrots" klingt. Aber ich wusste, was er damit meinte. Im Verlagswesen ist ein Caret ein Einfügezeichen und sieht so aus: ^. Man verwendet es zum Hinweis darauf, an welcher Stelle Worte oder Satzzeichen einzufügen sind. Heute haben wir natürlich Computer, daher lassen sich Einfügungen sofort erledigen, und die Einfügezeichen werden heute nur noch selten benutzt, außer man schreibt und bearbeitet einen Text mit der Hand. Aber damals zu Hills Zeiten zeichnete er ein Einfügezeichen zwischen zwei Wörter und schrieb dann darüber mit der Hand ein zusätzliches Wort oder auch einen ganzen Satz. Ich habe seine alten Manuskripte studiert und herausgefunden, dass er in seinen Entwürfen häufig Carets benutzte.

Es war eine große Erleichterung für mich zu wissen, dass er mir von der anderen Seite sein volles Einverständnis gab und mir sogar Vorschläge machte, wie ich das Buch noch besser gestalten konnte – ganz zu schweigen von der geheimnisvollen Ankunft der verloren gegangenen Kapitel aus *Denke nach und werde reich direkt* an meiner Tür. Ohne Hills Bestätigung würden Sie dieses Buch jetzt nicht in den Händen halten. Ich bin ganz besonders für seine Führung dankbar, um meine Gedanken und Ideen seinem Werk hinzuzufügen, in der Absicht, so zu kommunizieren, dass es für die heutigen Leser leicht verständlich ist. Dazu gehört auch der Bezug auf die moderne Wissenschaft und Technologie, die zu seiner Zeit hier auf der Erde noch nicht existierten. Der gesamte Prozess war für mich eine unglaublich intensive Erfahrung. Ein Großteil dessen, was ich hier schreibe, wurde durch Napoleon Hills Gegenwart inspiriert, im Wissen, dass es sich bei ihm um meinen „Co-Autor“ handelt.

Vielleicht fühlen Sie sich mit der Vorstellung wohl, sich in Gesellschaft mächtiger Menschen zu befinden – *körperlos oder lebend* – und sich für deren Gedankeninspirationen und Führung zu öffnen, vielleicht aber auch nicht. Falls nicht, können Sie trotzdem leichter erkennen, welche praktikablen Schritte Sie zur Erreichung Ihres brennenden Verlangens führen, indem Sie auf sich allein gestellt Ihren Weg durch diesen Prozess „erfühlen“.

Wenn Sie eine echte Mastermind-Gruppe mit realen Menschen zusammenstellen möchten, sollten Sie sicherstellen, dass sich die Gruppe auf eine einzige Vision ausrichtet und dass ihre einzelnen Mitglieder sich auf demselben Hochenergie-Schwingungslevel befinden wie Sie selbst.

Meine Mastermind-Gruppe besteht aus meinem Büroteam. Ich sorge dafür, mich nur mit Menschen zu umgeben, welche zu der Schwingungsebene passen, die ich im Verlauf meines Arbeitstags aufrechterhalten will. Es gibt nichts Schlimmeres, als von negativen Leuten umgeben zu sein, während man versucht, produktiv und handlungsorientiert vorzugehen.

Aber wenn Sie einen Job haben, in welchem Sie nicht viel zu sagen haben und es um Sie herum von negativen, niedrig schwingenden Personen nur so wimmelt, dann sind *Sie* dafür verantwortlich, Ihren Energielevel anzuheben. Die anderen werden entweder ebenfalls ihre eigene Energieschwingung erhöhen, um mit Ihnen mitzuhalten, oder sie werden aus Ihrer direkten Umgebung verschwinden.

Sehen Sie es doch mal so: Wahrscheinlich sind Sie sich bewusst, dass Sie sich anders verhalten, wenn Sie sich in der Gegenwart eines gut angezogenen Menschen befinden, der sich zu benehmen weiß, als wenn Sie mit einer schlampigen und unhöflichen Person zusammen sind. Das ist ein Beispiel dafür, wie Sie die Schwingung Ihres Energielevels nach oben oder unten anpassen.

Bauen Sie andere auf durch Dienst am Mitmenschen

Wenn Sie eine hohe Schwingungsenergie ausstrahlen, verspüren Sie niemals das Bedürfnis, andere zu beurteilen. Falls sich niedrig schwingende Menschen in Ihrem Umfeld befinden, so können Sie trotzdem Ihre hohe Schwingung beibehalten, ohne zu urteilen, was diese tun sollten, um ihr Leben in den Griff zu bekommen. Das geht Sie nichts an. Allein schon diese Erkenntnis wird den Energielevel der Menschen um Sie herum anheben.

Ein anderer Weg, den Energielevel Ihrer Mitmenschen zu steigern, besteht darin, ihnen mit sinnvollen Produkten oder Dienstleistungen zu dienen – wie beispielsweise ihnen zu helfen, in allen Lebensbereichen das zu erreichen, was sie sich wünschen. Es gibt eine gewaltige Nachfrage nach dieser Dienstleistung. Und je mehr Menschen Sie bei der Zielerreichung unterstützen, umso wohlhabender *werden Sie.*

Inspirierte Kunstwerke, Musik, Literatur und Unterhaltung zu kreieren ist ein weiterer Weg, Ihren hohen Schwingungslevel mit anderen zu teilen. Solche Werke existieren in ihrer reinsten Form und manifestieren sich in der Absicht, die Menschen zu erleuchten.

Sie wissen, dass sich Ihre Dienstleistung in Harmonie mit der Quellenergie befindet, wenn Sie sich beim Gedanken daran absolut phantastisch fühlen. Reden Sie es sich nicht aus und sagen Sie nicht zu sich selbst, dass es zu spät oder dass es unmöglich ist. Sie dürfen sich nicht selbst entmutigen oder niedermachen. Beginnen Sie einfach damit, sich an die Quellenergie anzuschließen und Sie werden immer mehr Antworten erhalten, liebe Freunde. Die Antworten erscheinen *immer.*

Worum auch immer es sich handelt, treffen Sie Ihre Entscheidungen aus einem hoch schwingenden Wesenszustand heraus. Treffen Sie sie aus der Liebe heraus. Aus dem Dienst am

Mitmenschen heraus. Wenn Sie Ihr Leben mit dieser reinen Intention von Geist und Seele gestalten, wird sich die Quellenergie *immer* liebevoll Ihrer annehmen.

Denken Sie groß!

Wenn Sie damit beginnen, Ihre Schwingung durch Ihre täglichen Energieübungen zu erhöhen, werden Sie auch zur selben Zeit Ihre Erwartungshaltung gegenüber dem Leben steigern. Die letzten zehn Jahre waren Sie vielleicht mit einer Arbeit im Großraumbüro zufrieden, aber wenn Sie Ihre Schwingung erhöhen, werden Sie bemerken, dass Ihr neues Ich sich gegen das Büro auflehnt und nach einem Ausweg sucht. Das fühlt sich für Sie möglicherweise zunächst beunruhigend oder unangenehm an, aber ich kann Ihnen versichern, damit will das Universum Ihnen nur sagen: „Es ist an der Zeit, von größeren Wünschen zu träumen, die zu deiner höheren Energie passen".

Ich liebe es, wenn ich zu diesem Teil der Reise gelange. Das ist wie als Kind in einem Süßwarenladen, wenn einem plötzlich alle Möglichkeiten offenstehen. Was Sie niemals für möglich hielten – oder noch nicht einmal auf dem Schirm hatten – wird jetzt für Sie zur Gewissheit. Stellen Sie sich vor, wie Sie Ihre alten Träume von Ihrem zukünftigen Ich vom Staub befreien, oder auch Ihren Traum von Ihrem jetzigen Ich, und wie sich diese Träume wie ein geölter Blitz in der Realität manifestieren! Ja, meine lieben Freunde, dies erwartet Sie mit Sicherheit am Horizont, ganz einfach indem Sie ins Erfolgsbewusstsein wechseln und gleichzeitig Ihren Schwingungslevel so weit wie möglich anheben.

Verbannen Sie alle Zweifel. Streben Sie nach Großem! Halten Sie die innere Gewissheit aufrecht, dass sich auf Ihrem Weg alles auf perfekte Art und Weise für Sie entfalten wird. Machen Sie sich bewusst, dass Ihr großer Traum geschehen wird. *Spüren* Sie, dass er sich verwirklichen wird. Aus diesem Grund sind Sie ja überhaupt hier – um Ihren großen Traum wahr werden zu lassen!

„Aber es ist anstrengend, ständig meine Schwingung hochzuhalten!"

Am Anfang brauchen Sie ein wenig Fokus und bewusste Anstrengung, um Ihre Schwingungsenergie auf dem nötigen Level zu halten. Da Sie möglicherweise über viele Jahre eine niedrig oder mittelhoch schwingende Person waren, sind Ihre Gehirnwindungen darauf konditioniert, unbewusst auf diesem Level zu bleiben. Das bedeutet, dass es sich wie eine gewaltige Strapaze anfühlen kann, die Zone zu erreichen und für einen längeren Zeitraum darin zu verbleiben, aber schon nach ungefähr dreißig Tagen beginnt Ihr Gehirn dann sich neu zu „verdrahten". Strengen Sie sich weiter an, Ihren Energielevel auf diese hohe Schwingungsebene zu bringen und dort zu halten, und schon bald fühlt es sich für Sie ganz natürlich an.

Es ist hilfreich, Ihre Ernährung ein wenig umzustellen, während Sie diesen Prozess durchlaufen. Sie könnten Bio-Produkte, und hier insbesondere Obst und Gemüse, in Ihren täglichen Ernährungsplan aufnehmen. Ich habe bemerkt, dass der Verzicht auf Kohlenhydrate und Zucker meine Gemütslage stabilisiert und mir dadurch wiederum hilft, meine Schwingung hochzuhalten. Ich habe auch meinen Alkoholkonsum eingeschränkt und gebe mich absolut nicht mit Drogen ab. Es ist bekannt, dass beides die Schwingungsenergie eines Menschen in den Keller zieht.

Fitnesstraining ist eine großartige Möglichkeit, für einen klaren Geist und eine gesteigerte Endorphinausschüttung zu sorgen – was eine hohe Schwingung nach sich zieht. Sollten Sie sich einmal niedergeschlagen fühlen, dann machen Sie einen Spaziergang in der Sonne – das in Ihrem Körper produzierte Vitamin D wird jede aufkeimende Depression sofort stoppen. Zusätzlich wird nach dreißig bis fünfundvierzig Minuten ein Schub aus Serotonin und Noradrenalin Ihren Körper durchströmen – den natürlichen Erzfeinden der Niedergeschlagenheit. Dies wird Ihnen ein großartiges Gefühl schenken und Sie in einen höher schwingenden Wesenszustand versetzen.

Ich habe bemerkt, dass sich so viele Menschen dem Alkohol und den Drogen zuwenden, weil sie diesen Zustand von Glückseligkeit, Nirwana und einem Hochgefühl des Seins haben wollen. Aber Alkohol und Drogen schwächen Ihr energetisches Schwingungsfeld und rauben Ihrem Körper gleichzeitig wichtige Nährstoffe, die er für seine Ausgeglichenheit braucht. Indem Sie sich in die Zone begeben, werden Sie sich sehr viel mehr „high" fühlen, als es jemals mit Alkohol oder Drogen möglich wäre. Also, wie heißt es so schön… Sagen Sie einfach nein zu Drogen!

Kapitel 11

DER ZEHNTE SCHRITT ZUM REICHTUM: SO ERREICHEN SIE DURCH SEXUELLE TRANSMUTATION IHRE TIEFSTEN WÜNSCHE

Bei allem im Leben geht es um Sex, außer beim Sex.
Beim Sex geht es um Macht.

–Oscar Wilde

Wenn wir unseren Energielevel anheben, um unsere Wünsche anzuziehen, drücken wir häufig die Energie aus unserem Wurzelchakra in unserem Körper nach oben, damit wir in die Zone gelangen. In der Zone können Sie in der reinsten Form von Lebensfreude, Glück, Freude und Harmonie schwelgen und gleichzeitig alles manifestieren, was Sie sich wünschen: Beziehungen, Weltreisen, finanzielle Fülle und vieles mehr. Napoleon Hills *Geheimnis der Transmutation sexueller Energie* besteht darin, die Energie unseres sexuellen Verlangens zur Erfüllung unserer Wünsche einzusetzen. In *Denke nach und werde reich* führt er aus:

> Sexuelle Transmutation ist schnell erklärt. Sie bedeutet, von Gedanken an das physische Ausleben auf Gedanken einer anderen Art umzuschalten.

Das sexuelle Verlangen ist das kraftvollste aller menschlichen Begehren. Davon getrieben, entwickelt der Mensch Fantasie, Mut, Willenskraft, Ausdauer und schöpferische Fähigkeiten in sonst ungekanntem Maße. Das Verlangen nach sexuellen Kontakten ist so stark und überwältigend, dass Menschen dafür bereitwillig ihren Ruf oder sogar ihr Leben aufs Spiel setzen. Wird diese motivierende Kraft gezügelt und in andere Bahnen gelenkt, behält sie all ihre Attribute wie Fantasie, Mut et cetera bei. Diese können in der Literatur, der Kunst oder jedem anderen Beruf oder Betätigungsfeld als gewaltige schöpferische Kräfte genutzt werden – natürlich auch bei dem Vorhaben, reich zu werden.

Das Geheimnis hinter der sexuellen Transmutation, das nie in Denke nach und werde reich enthüllt wurde

Da die meisten Menschen die kraftvolle Energie der Sexualität leicht erfahren können, besteht der wahrscheinlich schnellste Weg unsere Wünsche anzuziehen darin, dass wir diese Energie auf ihrem Höhepunkt auf unser brennendes Verlangen umlenken. Der Akt der Selbstbefriedigung eignet sich hierfür am besten, denn dabei können wir uns auf das Umorientieren dieses kraftvollen und angenehmen *Gefühlszustandes* auf unsere Ziele fokussieren. Dieser Ansatz ist besonders hilfreich, wenn es Ihnen schwerfällt, jeden Tag Meditations- und Visualisierungsübungen zu praktizieren.

Da Gefühle die einzige Sprache sind, die das Universum versteht, kann es nur die Gefühle hinter dem gesprochenen Wort „hören". Damit lässt sich erklären, warum Sie nicht das Gewünschte erhalten, wenn Sie sagen „Das will ich!", aber gleichzeitig tief in Ihrem Inneren daran glauben, dass Sie es nicht wert sind. Und natürlich führt das Universum Ihren Auftrag aus! In diesem Fall lautet er: „Die Lieferung bitte zurückhalten, da ich es nicht wert bin".

Das Kraftvolle an der sexuellen Energie liegt darin, dass wir diesen Gefühlszustand durch ungezügelte Freude erreichen können, während bei einer Meditation unsere Gedanken oft abwandern, obwohl wir versuchen, uns auf unser brennendes Verlangen zu konzentrieren. Oder beim Visualisieren unseres brennenden Verlangens kann es geschehen, dass wir uns Selbstzweifeln hingeben.

Wenn wir beim Orgasmus den Höhepunkt dieser leidenschaftlichen Energie erleben, vibriert die Sexualenergie auf einem solch intensiven Level, dass sie ganz automatisch alle Ablenkungen, Zweifel und anderen Widerstände beiseite fegt und uns die Belohnung schenkt. Sie erlaubt es uns, zu spüren und die absolute Gewissheit auszustrahlen, dass sich unser brennendes Verlangen bereits manifestiert hat und nur darauf wartet, dass wir es in Besitz nehmen. Überlegen Sie mal: Der Spannungsaufbau bis zum Höhepunkt besteht aus einem fokussierten, megakraftvollen Gefühl, und das ist genau das, was Sie brauchen, um Ihr brennendes Verlangen zu manifestieren, worin es auch immer bestehen mag. Sie können dieses Gefühl also ganz leicht zu Ihrem Vorteil ummünzen, indem Sie sich beim Orgasmus auf Ihr brennendes Verlangen fokussieren!

Napoleon Hill hat es zwar nie zugegeben, wahrscheinlich wegen der strikten Moralbegriffe zu seiner Zeit, aber ich bin überzeugt, dass er davon sprach, sich die sexuelle Kraft beim Orgasmus zunutze zu machen. Stattdessen formulierte er es in *Denke nach und werde reich* nuancierter so:

> Die schöpferische Vorstellungskraft funktioniert dann am besten, wenn der Verstand (durch bestimmte Anregungen) besonders aktiv ist – wenn er also mit einer Schwingungsrate arbeitet, die über der des gewöhnlichen, normalen Denkens liegt.
>
> Wird die Gehirntätigkeit durch einen oder mehr der zehn Reize stimuliert, hat das den Effekt, dass sich der Einzelne weit über den Horizont des normalen Denkens hinausbewegt und eine gedankliche Weite, Dimension und Qualität anvisieren

kann, die ihm auf einer niedrigeren Ebene nicht zur Verfügung steht – etwa der, auf der man sich bewegt, wenn man sich mit der Lösung geschäftlicher Probleme oder mit beruflichen Routineaufgaben befasst.

Wenn ein Mensch durch irgendeine Form geistiger Stimulierung diese höhere Ebene des Denkens erreicht, ist das vergleichbar mit dem Aufstieg in einem Flugzeug auf eine Höhe, aus der man über den Horizont hinausblicken kann, der den Blick am Boden begrenzt. Hinzu kommt, dass der Mensch auf dieser höheren Denkebene nicht von den Reizen abgelenkt oder gefesselt wird, die seinen Blick einengen und trüben, wenn er mit dem Problem beschäftigt ist, seine drei Grundbedürfnisse nach Nahrung, Kleidung und Unterkunft zu befriedigen. Er schwebt in einer gedanklichen Sphäre, aus der die GEWÖHNLICHEN Alltagsgedanken so restlos getilgt sind wie die Hügel, Täler und anderen Begrenzungen des physischen Blicks beim Aufstieg in einem Flugzeug.

So nutzen Sie die Macht der Sexualenergie für Ihre Manifestationen

Bei der Selbstbefriedigung liegt der Fokus meist darauf, ein von jeglichem Widerstand losgelöstes Gefühl der Sinnenlust zu erzeugen. Wichtig ist, dass wir unser Paradigma weg von der lustvollen Sexualenergie hin zu reiner, auf unser Ziel ausgerichteter Energie umlenken.

Die Sexualenergie ist sehr kraftvoll. Von allen Energieformen, die wir je erfahren können, ist die sexuelle Energie die kraftvollste, wegen ihrer reinen, fokussierten, leidenschaftlichen Resultate. Wenn Sie beschließen, diese Energie für Ihre Manifestationen einzusetzen, sollten Sie sichergehen, dass Sie auch wirklich das manifestieren wollen, worauf Sie sich fokussieren. Diese Energie wird Ihnen nicht unbedingt das liefern, was für Sie am besten und höchsten ist; sie wird einfach nur liefern. Deshalb müssen Sie sich sehr sicher sein und sehr vorsichtig vorgehen, wenn Sie die sexuelle Energie einsetzen.

Wenn Sie hingegen regelmäßig in einen hohen Schwingungszustand gelangen, indem Sie meditieren, visualisieren, tief atmen und sich dann auf Ihr brennendes Verlangen fokussieren, reagiert das Universum auf sichere Weise und bringt Ihnen immer nur das, was für Sie am besten ist und Ihrem höchsten Wohl entspricht.

Was bedeutet, dass man die Sexualenergie sowohl für das Herbeiwünschen von Weisheit und Schönheit als auch für das Herbeiwünschen von Dämonen benutzen kann. Aus diesem Grund müssen Sie unbedingt extrem vorsichtig sein, wenn Sie sie zur Erfüllung Ihrer Wünsche verwenden.

Ich habe einen einfachen Ratschlag für Sie: Nutzen Sie Ihre direkte Verbindung zur Quellenergie, indem Sie sich auf die herkömmliche Weise in eine hohe Schwingung versetzen – durch eine fünfzehn- bis zwanzigminütige Meditation in Verbindung mit Tiefatmung und gleichzeitiger Fokussierung auf Ihr brennendes Verlangen. Das Universum wird Ihnen dann die nächsten Aktionsschritte aufzeigen und sich auf den restlichen Manifestationspfad einstimmen. Wenn Sie erst einmal Ihre Aktionsschritte kennen, und dazu gehört auch eine sehr klare Vorstellung von Ihrem brennenden Verlangen, dann können Sie Ihre sexuelle Energie mit extremer Vorsicht einsetzen, um auf Ihrem Weg schneller voranzukommen. Auf diese Weise wissen Sie exakt, was Sie anstreben und was Sie zu tun haben, um es zu erreichen. Ihr Weg wird aus unverfälschten Ideen bestehen, die Sie direkt von der Quellenergie erhalten. Sich darauf zu verlassen, dass wir mit unserem beschränkten menschlichen Geist auf das kommen, was für uns am besten ist, erscheint mir viel zu riskant – für mich jedenfalls.

Heute weiß ich um die Macht der zum Zweck der Manifestation und Schöpfung eingesetzten Sexualenergie und habe daher beschlossen, sie nicht dafür zu verwenden. Solange ich mich nicht hundertprozentig und haargenau auf einen präzisen Manifestierungspunkt meines brennenden Verlangens fokussieren kann, ist es gut möglich, dass ich etwas völlig Unerwünschtes erhalte. Oder es kann sich um etwas handeln, von dem ich zwar *meinte,* dass ich es haben will, doch wenn es erscheint, erkenne ich, dass es nicht meinem höchsten oder besten Wohl dient.

Meine Intention richtet sich immer auf das höchste und beste Wohl *aller Menschen*. Das ist der Grund, warum ich bei der traditionellen Methode bleibe, um in die Zone zu gelangen, und auf diese sexuelle Abkürzung verzichte.

Kapitel 12

DER ELFTE SCHRITT ZUM REICHTUM: SICHERN SIE SICH DIE UNTERSTÜTZUNG IHRES UNTERBEWUSSTSEINS

Alles, was wir in unser Unterbewusstsein einpflanzen und durch Wiederholung und Emotion nähren, wird eines Tages zur Realität.

–EARL NIGHTINGALE

Meine Mutter war von mir enttäuscht, als der Zahnarzt sagte, dass mein ganzer Mund voller Karies war. Damals war ich gerade mal sieben Jahre alt, aber mir war schon bewusst, dass ich noch viel enttäuschter von mir selbst war, als sie es jemals sein konnte. Und ich schwor mir, nie wieder schlechte Zähne zu haben. Und ich hatte auch keine – das heißt, bis zum Ende meines dritten Lebensjahrzehnts, denn da hatte ich mir dummerweise gesagt: *Na ja, in diesem Alter muss man schon mit einem oder zwei faulen Zähnen rechnen. Das geht doch jedem so, oder?*

Und tatsächlich stellte sich gleich beim nächsten routinemäßigen Zahnarztbesuch heraus, dass ein Zahn stark und ein anderer leicht von Karies befallen war. Ich war so richtig wütend auf mich. Warum hatte ich mein Drehbuch geändert und bewusst beschlossen, Karies zu bekommen? Ich wusste, dass die Karies eine Kreation meines eigenen Geistes war. Die Lösung? Wieder zum alten

Drehbuch wechseln. Und so befahl ich mir sofort: *Keine Karies mehr für mich.* Und seitdem hatte ich auch keine mehr.

Das ist ein Beispiel für eine sehr bewusste Wahrnehmung meiner Glaubenssätze. Aber was ist mit den ganzen anderen Glaubenssätzen in Ihrem Unterbewusstsein? Wenn ich in der Vergangenheit erkannte, dass ich eine Auszeit von meiner Arbeit brauchte und mir diese aber nicht zugestehen wollte, manifestierte ich stets eine Erkältung oder Grippe, um mich zum Kürzertreten zu zwingen. Heute gönne ich mir so viel Ruhe, wie ich brauche, und werde nur noch selten krank. In der Tat ist es so, wenn alles um mich herum hustet und niest, bestätige ich mir einfach: „Ich habe ein phantastisches Immunsystem und bleibe gesund". Und so ist es dann auch.

In *Denke nach und werde reich* spricht Napoleon Hill über dieselbe Logik:

> DAS UNTERBEWUSSTSEIN ARBEITET RUND UM DIE UHR. Auf eine dem Menschen unbekannte Weise greift das Unterbewusstsein auf die Kräfte der grenzenlosen Intelligenz zurück, um sich die Macht zu verschaffen, mit deren Hilfe es unser Verlangen gezielt in seine physische Entsprechung verwandeln kann. Dabei bedient es sich stets der nächstliegenden Medien, um dieses Ziel zu erreichen.
>
> Das Unterbewusstsein lässt sich zwar nicht komplett steuern, aber Sie können ihm bewusst jedes Vorhaben, Anliegen oder Ziel anvertrauen, das Sie gern verwirklichen möchten.... Jede Menge Indizien weisen darauf hin, dass das Unterbewusstsein das Bindeglied zwischen dem endlichen Verstand des Menschen und der grenzenlosen Intelligenz ist. Es ist die Schaltstelle, über die man nach Belieben auf die Kräfte der grenzenlosen Intelligenz zurückgreifen kann. Das Unterbewusstsein allein beinhaltet den geheimen Prozess, durch den mentale Impulse verändert und in ihre spirituelle Entsprechung umgesetzt werden. Es ist das einzige Medium, über das Gebete dorthin geleitet werden können, wo sie erhört werden können.

Eine einfache Methode, um negative Glaubenssätze zu überlisten

Es macht sehr viel Arbeit, alle im Lauf des Lebens angesammelten negativen und einschränkenden Glaubenssätze freizulegen. Und je älter wir werden, umso mehr Freilegungsarbeit steht an. Aber hier ist die gute Nachricht: Das Anheben unseres Energielevels ist ein besserer Weg, der zu demselben Ergebnis führt, ohne dass wir unsere Vergangenheit entwirren müssen.

Mit dem Anheben Ihrer Schwingungsenergie können Sie sofort erkennen, was sich gut und was sich verfault anfühlt. Wenn Sie sich im Licht einer hohen, reinen Schwingung räkeln, wird alles, was nicht zur Wellenlänge Ihrer Energie passt, Sie runterziehen wollen. Das spüren Sie sofort, weil es sich anfühlt, als wollten Regenwolken Ihren sonnigen Himmel trüben. Dieser Moment der Selbsterkenntnis eröffnet Ihnen die Chance, diese Wolken beiseitezuschieben.

Ich sprach vorher davon, dass hoch und niedrig schwingende Energien nicht in demselben Raum und zu derselben Zeit koexistieren können. Von diesem Gesetz der Quantenphysik gibt es keine Ausnahmen. Das bedeutet im Hinblick auf positive Glaubenssätze, wenn Sie sich unbeschreiblich großartig fühlen und Ihre Schwingung schier abhebt, dann können Sie sich keiner Negativität in Form von kraftraubenden oder abfälligen Selbstgesprächen hingeben. Das ist einfach nicht möglich.

Ich hatte beispielsweise für die meiste Zeit meines Lebens einen Glaubenssatz über meine Unwürdigkeit, der sich in alle Aspekte meines Lebens ausbreitete, und dazu gehörte auch meine Beziehung zu Männern. Mein erster Ehemann begann mich schon bald nach der Hochzeit zu misshandeln. Schon in der Kennenlernphase hatte es Anzeichen dafür gegeben, aber jung und dumm wie ich war, achtete ich nicht weiter darauf. Ich zog diese Art von Mann in mein Leben aufgrund meiner Kernüberzeugung, dass ich es nicht wert bin.

Der zweite Mann, den ich anzog, war kein Schläger, da ich bewusst entschieden hatte, dass ich mich nie mehr misshandeln lassen würde. Meine unmissverständliche Affirmation lautete: „Ich werde absolut *niemals* wieder einen Misshandler in mein Leben lassen". Ich freue mich sagen zu können, dass dieser Beschluss ab jenem Moment bis zum heutigen Tag eine starke Wirkung gezeigt hat. Allerdings wusste ich nicht, dass in meiner Affirmation noch einige Dinge fehlten.

Meine zweite Ehe ging ich mit einem Mann ein, der ein fauler Nichtsnutz war. Ja, ich hatte die Zeichen schon vorher gesehen, aber wollte sie nicht wahrhaben, bis es zu spät war. Für das Wohl meiner zweijährigen Tochter setzte ich der Ehe ein Ende. Ich handelte aus dem Wissen, dass Kinder ihre Glaubenssätze auf dem begründen, was sie sehen, und nicht nur auf dem, was ihre Eltern ihnen sagen. Ich wollte nicht, dass meine Tochter zu der Überzeugung gelangt, dass es in Ordnung ist, wenn ihre Mutter Tag und Nacht arbeitet, während ihr Vater auf der faulen Haut liegt. Aufgrund dieser Erfahrung lautete mein Beschluss künftig dann so: „Ich werde absolut niemals wieder einen Misshandler oder Faulpelz in mein Leben lassen". Damit meinte ich, gut vorgesorgt zu haben, doch anscheinend nicht genug.

Ich heiratete ein drittes Mal. (Ja, ich weiß, meine Verrücktheit nimmt anscheinend kein Ende.) Meine zwei Vorgaben wurden eingehalten: Er misshandelte mich nicht und er war kein Nichtsnutz. Aber aufgrund meiner Erfahrungen mit dysfunktionalen Beziehungen konnte ich diesem Mann nicht wirklich vertrauen. Wir hatten uns bei einem Event kennengelernt und waren uns nähergekommen, und wir beide gingen in die Ehe mit der Vorstellung „Die Liebe ist stärker als alles" und „Wo ein Wille ist, da ist auch ein Weg", aber ohne uns darüber klar zu sein, was das eigentlich bedeutete. Ich hatte zwar die besten Absichten und hätte mit meiner Intention für eine funktionierende Beziehung Berge versetzen können, aber er drückte sich und sein Enthusiasmus für unsere Ehe beschränkte sich auf die finanziellen Vorteile, die er durch sie einheimsen konnte.

Es ist unbedingt erforderlich, dass wir uns auf derselben Schwingungswellenlänge befinden wie die Menschen, die uns in unserem Leben besonders wichtig sind. Wenn Sie mit einer hohen

Schwingung gemeinsam emporschweben, lässt Sie die Quellenergie wissen, welche synchronen Aktionsschritte Ihre Beziehung noch weiter voranbringen. Anderenfalls brechen selbst die besten gemeinsamen oder persönlichen Pläne auseinander.

Die vielleicht wichtigste Lektion aus diesen drei Ehen war für mich, dass es so etwas wie eine „gescheiterte" Beziehung gar nicht gibt. Wenn ein oder beide Partner sich in unterschiedliche Richtungen entwickeln, kann es neue Kräfte verleihen, wenn man allein voranschreitet. Manche haben mich hart verurteilt, weil ich drei Ehen und Scheidungen hinter mir habe. Ich habe mich sogar selbst verurteilt, bis mir klar wurde, dass ich mir selbst nicht gerecht geworden wäre, wenn ich es bei einem dieser drei Männer länger ausgehalten hätte. Ich hätte mein Wachstum als spirituelles Wesen gehemmt, mich in meinem Elend verkrochen und niemals meine Flügel so sehr ausbreiten können, wie ich es heute tue.

Für alle, die sich das Versprechen geben „Bis dass der Tod uns scheidet" und tatsächlich daran glauben, dass sie, ganz gleich, was auch geschieht, ihre Ehe weiterführen müssen, kann der Tod schneller eintreten, als sie es sich vorstellen. In einer lieblosen, seelenlosen Ehe oder Beziehung zu bleiben, kann leicht dazu führen, dass Sie durch die ganzen Gefühle von Stress, Angst und Niedergeschlagenheit Ihren Geist und Körper umbringen. Wenn dann noch Kinder betroffen sind, kann es möglicherweise für alle Beteiligten nur noch schlimmer werden. Vielleicht ist für Sie der Zeitpunkt gekommen, sich zu fragen, ob eine nicht funktionierende Beziehung es wert ist, dafür Ihre Seele und Ihr gesamtes Sein zu opfern. Ich sehe es so: Die schlimme Phase nach dem Beenden einer einengenden Beziehung geht rasch vorüber, wenn man sie mit dem Geschenk und der Begeisterung vergleicht, unser volles Potential ein Leben lang zu verwirklichen.

Durch mein tägliches Tagebuchschreiben sind mir die Verhaltensmuster aller Männer intensiv bewusst geworden, mit denen ich in einer Beziehung war. Das eklatanteste davon ist, dass sie alle nur ein schwaches oder auch gar kein Verhältnis zu ihrem Vater hatten. Der Vater meines ersten Ehemannes ließ seine Familie im Stich. Mein zweiter Mann war gerade mal zwei Jahre alt, als sich sein Vater aus dem Staub machte. Und der Vater meines dritten Ehemannes nahm sich das Leben. Ich hatte diese Männer in mein Leben gezogen, weil ich selbst eine sehr schwache Beziehung zu meinem eigenen Vater hatte.

Und so fasste ich einen neuen Beschluss: „Ich werde niemals eine wie auch immer geartete Beziehung mit einem Mann eingehen, der mich auf irgendeine Weise misshandelt, der ein fauler, mittelloser Nichtsnutz ist, der körperlich, mental oder emotional unnahbar ist oder der eine schwache, schlechte oder gar keine Beziehung zu seinem Vater hat." So! Ich denke, damit habe ich alles abgedeckt! Ich erhöhe jetzt meinen Energielevel in dem Wissen, dass nur noch der richtige Mann erscheinen wird und dass alle anderen, die nicht meinem besten und höchsten Wohl dienen, wegfallen.

Widerstände gegen was auch immer können Ihr Traumschiff ziemlich schnell sinken lassen. Es wird für Sie schwer, neue Glaubenssätze zu entwickeln und die innere Gewissheit aufzubauen, dass sich für Sie nur Gutes manifestieren wird, wenn Sie durch Ihre Erfahrungen im Leben zynisch, pessimistisch und negativ geworden sind.

Um Ihnen ein Beispiel zu geben, da meine Beziehungen zu Männern nicht so toll verlaufen sind, hat sich in mir Widerstand dagegen geregt, dass der perfekte Partner in mein Leben treten soll. Ich erkenne diesen Widerstand als das an, was er ist, und deswegen muss ich mich von dem Versuch *lossagen*, ein tatsächliches Bild einer perfekten Beziehung zu visualisieren und mich stattdessen *auf die Emotion einlassen*, wie sich eine perfekte Partnerschaft für mich anfühlen würde. Manche Frauen erstellen sich eine Liste mit den ganzen perfekten Eigenschaften, die ihr Traummann haben soll, aber bei diesem Weg haben sich in mir große innere Widerstände aufgetan. In dem Moment, in dem ich beginne, meine „Weihnachtswunschliste" für einen perfekten Mann niederzuschreiben, spüre ich eine große Leere in der Magengegend. Das ist der Widerstand, den ich meine.

Der Schlüssel zur Visualisierung und zum Gefühl für das, was Sie sich wünschen, liegt darin, *sämtliche Widerstände* gegen Ihren

Traum *zu verbannen.* Wenn Sie sie nicht verbannen, wird Ihnen Ihr Traum solange vorenthalten, bis Sie diese Blockade ein für allemal lösen.

Inzwischen habe ich nur eine Forderung an einen Mann: Er muss der Wind unter meinen Flügeln sein. Und das ist alles. Ich habe keine Liste. Nur diesen einen Punkt. Doch hier kommt das Allerbeste: Dadurch, dass ich so oft in der Zone bin, habe ich einen so hohen Schwingungsenergielevel erreicht, dass ich bereits den Wind unter meinen Flügeln habe – und zwar *mich selbst*!

Überlegen Sie doch mal, eigentlich besteht doch unser echtes Ziel in dem *Gefühl,* das wir bei der Wunscherfüllung haben, stimmt‘s? Wenn Sie sich einen Haufen Geld wünschen, dann sind Sie hinter dem *Gefühl* her, das Sie haben werden, wenn Sie das Geld besitzen und es ausgeben können, für was immer Sie wollen. Wenn Sie abnehmen wollen, dann streben Sie nach dem *Gefühl* von Selbstvertrauen, Selbstbewusstsein und Energie, das sich in Ihnen einstellt, wenn Sie Ihr Idealgewicht erreicht haben. Und wenn Sie sich eine perfekte Beziehung wünschen, dann geht es Ihnen um das *Gefühl,* mit jemandem zusammen zu sein, der Ihnen Sicherheit, Glück und Zufriedenheit schenkt.

Aber was wäre, wenn Sie dieses Gefühl bereits spüren könnten, noch *bevor* sich alle Ihre Begehren erfüllen? Sind Sie nicht vor allem dahinter her? Das heißt hinter dem *Gefühl* der Wunscherfüllung – und nicht wirklich hinter dem Verlangen selbst? Indem Sie sich in die Zone begeben, fühlen Sie sich in Körper, Geist und Seele so, als ob Sie Ihr Verlangen bereits manifestiert hätten. Das könnte Sie nun schon voll und ganz zufriedenstellen, aber keine Sorge. Sie müssen zuerst diesen Gefühlszustand erreichen, bevor sich Ihr Verlangen manifestieren kann. Aber es ist doch schön zu wissen, dass Sie sich bereits verdammt gut fühlen werden, während Sie auf Ihre Geschenke warten.

Es geht beim Wünschen nicht um das Was, sondern um das Wie

Beim Tagebuchschreiben oder beim Aussprechen meiner Affirmationen stelle ich der Quellenergie gern eine Frage und erhalte auch eine Antwort. Wenn ich zum Beispiel ein Problem habe und sofort eine Lösung brauche, frage ich in der Gewissheit, eine Antwort zu bekommen.

Der Knackpunkt ist, wie Sie Ihre Fragen stellen. Verzagte Fragen führen zu nutzlosen Antworten. Was ist beispielsweise mit der Frage „Warum bin ich dauernd pleite?" Das ist eine ziemlich dumme Frage, wenn man es sich recht überlegt. Sie raubt Ihnen nicht nur Ihre Energie, sondern die Antwort trägt auch nicht zu Ihrem Reichtum bei. Hier ist eine sehr viel bessere Formulierung: „Was kann ich tun, um für mich einen monatlichen Nettogewinn von 20.000 Euro zu generieren?" Diese Frage ist energiegeladen und spezifisch, und sie impliziert auch die *Gewissheit*, dass sich die Lösung bereits manifestiert hat. Dann lassen Sie los, während die Quellenergie eine kraftvolle und spezifische Antwort vorbereitet in Bezug auf Ihre Karriere, Ihr Geschäft oder Ihre Investitionen, die zur richtigen Zeit erscheinen wird.

In *Denke nach und werde reich* beschreibt Napoleon Hill diesen Frage-und-Antwort-Prozess so:

> Der Mensch kann nichts zuwege bringen, was er sich nicht zunächst in GEDANKEN vorgestellt hat. Mithilfe der Vorstellungskraft können gedankliche Impulse zu Plänen zusammengesetzt werden. Kontrolliert kann die Vorstellungskraft eingesetzt werden, um das Erreichen von Zielen zu planen, die Erfolg im gewählten Beruf versprechen.
>
> Ausnahmslos alle Gedankenimpulse, die der Transmutation in ihr physisches Gegenstück dienen sollen und gezielt ins Unterbewusstsein eingebracht werden, müssen zunächst die Vorstellung durchlaufen und mit Glauben verknüpft werden. Die Beimischung des Glaubens in einen Plan oder ein Ziel, das dem Unterbewusstsein anheimgestellt werden soll, kann NUR durch die Vorstellungskraft erfolgen.

> *Positive und negative Emotionen können nicht gleichzeitig im menschlichen Geist präsent sein.* Die einen oder die anderen müssen dominieren. Es liegt in Ihrer Verantwortung, dafür zu sorgen, dass die positiven Emotionen Ihren Geist am meisten beeinflussen. Hier kommt Ihnen das Gesetz der GEWOHNHEIT zu Hilfe. *Machen Sie es sich zur Gewohnheit,* die positiven Emotionen anzuwenden und zu nutzen! Letztendlich werden diese Ihren Geist so vollkommen dominieren, dass negative Gefühle keinen Zutritt mehr haben.
>
> Nur indem Sie diese Anweisungen präzise und kontinuierlich befolgen, können Sie die Kontrolle über Ihr Unterbewusstsein übernehmen. Schon die Anwesenheit einer einzigen negativen Emotion reicht aus, um alle Chancen auf konstruktive Unterstützung durch Ihr Unterbewusstsein *zunichte zu machen.*

Wenn Sie Ihre Affirmationen, Gebete oder Bestellungen sprechen, oder womit auch immer Sie die Quellenergie um Unterstützung bitten, sollten Sie sich immer bewusst sein, dass Ihre Gefühle genau die Dinge anziehen werden, die ihrer Schwingungsfrequenz entsprechen. Ein trotz Ihrer positiven Worte ausgesandtes negatives Gefühl führt dazu, dass Sie das entsprechende negative Gegenstück erhalten. Und wenn Sie ein positives Gefühl ausstrahlen, erhalten Sie dessen positive Entsprechung.

Schenken: Eine Technik für gesteigerten Schwingungs-Input

Immer wenn Sie widerwillig Ihre Geldbörse zücken, um jemandem ein Geldgeschenk zu machen – unabhängig davon, wer der Empfänger ist – sollten Sie sofort innehalten. Schenken Sie nichts, wenn Sie kein Gefühl der Freude dabei empfinden. Warten Sie, bis Ihr Herz mitspielt, damit das Geschenk im Hinblick auf Ihren Schwingungsenergielevel auch zählt. Geld ist Energie. Und wie bei aller Energie kommt es vor allem auf die dahinterstehenden

Absichten und Gefühle an. Wenn Sie beim Schenken spüren, wie Ihr Herz aufgeht und erstrahlt, dann wissen Sie, dass Sie sich im richtigen Gefühlszustand befinden. Eben diese Schwingung sorgt dafür, dass Ihr Geschenk zehn- oder hundertfach und manchmal noch vielfacher zu Ihnen zurückkommt.

Wenn ich Geld verschenke, vertraue ich automatisch darauf, dass das Universum mir noch sehr viel mehr zukommen lassen wird. Und in dieser Hinsicht täusche ich mich nie. Es kommt *immer* noch mehr. Meine Fülle nimmt kein Ende. Es ist tatsächlich so: Je mehr ich gebe, umso mehr erhalte ich zurück – und zwar vielfach!

Dasselbe gilt auch für Sie, auch wenn Sie sich dessen noch nicht bewusst sind. Treffen Sie daher die bewusste Entscheidung, ständig eine hohe Energieschwingung auszustrahlen, die Ihre Verbindung zur Quellenergie immer weit offenhält. Solange Sie sich so verhalten, werden alle Ihre Bedürfnisse befriedigt. Vertrauen Sie darauf, dass dies auf Sie zutrifft… und es wird immer so sein.

Kapitel 13

DER ZWÖLFTE SCHRITT ZUM REICHTUM: WIE DAS GEHIRN IDEEN UND INSPIRATIONEN EMPFÄNGT

Alles, was du dir wünschst, liegt flussabwärts . . . lasse also die Ruder los und die Strömung wird dich tragen.

–Abraham – Hicks

In den frühen Morgenstunden – meistens in der Phase zwischen Tiefschlaf und halbem Erwachen – höre ich Musik in meinem Kopf. Dabei handelt es sich aber nicht um Melodien, die ich vor kurzem mal im Radio gehört habe und die noch in meinem Kopf herumschwirren. Es sind Songs, die ich *noch nie zuvor gehört habe*. Wenn ich Songwriterin oder Musikerin wäre, hätte ich neben meinem Bett ein Aufnahmegerät, um sie aufzuzeichnen. Ich bin mir auch sicher, dass ich sehr produktiv sein könnte – das heißt, wenn das Liederschreiben meine brennende Leidenschaft wäre. Sehen Sie, Taylor Swift, Lady Gaga und ich teilen ein gemeinsames Geheimnis.

Und ich will Sie gern in dieses Geheimnis einweihen: Schöpferische Talente, Ideen und Inspirationen stehen absolut jedem jederzeit zur Verfügung! Alle diejenigen, die fähig sind, sich dafür zu öffnen, während sie sich in der Zone befinden, können sich eine endlose kreative Fülle erschließen. Wer allerdings glaubt, dass er nicht über das nötige Talent verfügt, trennt sich von dieser Anbindung ab, doch dabei braucht er nur einen *Schalter umzulegen* und schon hat er Zugriff auf dieses magische Portal. Napoleon Hill schrieb über diesen Prozess in *Denke nach und werde reich*:

> Durch das Medium des Äthers kann jedes menschliche Gehirn ähnlich dem Funktionsprinzip des Radios geistige Schwingungen aufnehmen, die von anderen Gehirnen freigesetzt werden.
>
> Wird sie angeregt oder auf eine hohe Schwingungsrate „hochgeschaltet", wird der Geist empfänglicher für Gedankenschwingungen aus externen Quellen, die ihn über den Äther erreichen. Dieser Modulationsprozess erfolgt durch positive oder negative Emotionen. Durch Emotionen lässt sich die Schwingungsrate der Gedanken steigern.
>
> Der Äther überträgt nur Schwingungen mit einer äußerst hohen Rate und übermittelt sie von einem Gehirn an ein anderes. Gedanken sind Energie, die mit einer extrem hohen Schwingungsrate übertragen wird. Gedanken, die durch eines der wichtigsten Gefühle modifiziert oder „hochgeschaltet" wurden, schwingen mit einer viel höheren Frequenz als gewöhnliche Gedanken. Solche Gedanken werden durch den Sendeapparat des menschlichen Gehirns von einem Gehirn zum anderen übertragen.

Ihr Geist kann als Empfänger für Kreativität, Ideen und Inspirationen dienen, wenn Sie verstanden haben, wie Sie ihn „einrichten" müssen.

Ich kann mich noch erinnern, dass ich mich mit meinem Bruder in außersinnlichen Wahrnehmungen übte, als ich noch sehr klein war. Ich sandte ihm geistige Botschaften und er sollte mir dann sagen, woran ich gedacht hatte. Wenn er offen und konzentriert war, lag er jedes Mal richtig, und dabei war er damals noch keine drei Jahre alt.

So viel Power kann im menschlichen Geist stecken. Wir können durch die unendliche Intelligenz kommunizieren, ohne unseren Mund zu öffnen. Dieser Kanal überträgt Gedanken im Weltraum über Entfernungen von Millionen von Lichtjahren und hier auf der Erde durch Beton, Stahl, Berge und dichten Dschungel hindurch. So erstaunlich dies auch ist, so ist es doch nicht narrensicher – einfach nur Ihre Wünsche auszusenden reicht nicht aus, um sie *tatsächlich* auch zu erhalten. Sie müssen unbedingt Ihre Wünsche klar visualisieren und tief in sich fühlen. Das Geheimnis liegt darin, nicht so zu tun als ob; es liegt in dem Wissen, dass alles möglich wird, wenn Ihre Schwingungen in der Zone eine große Höhe erreichen.

Die Nova

Zunächst muss ich vorausschicken, dass ich nicht unbedingt ein Fan von Steven Tyler oder Aerosmith bin und dass ich fast überhaupt nichts über die Band und ihre Musik weiß. Aber am 15. Dezember 2018 hatte ich einen absolut unglaublichen Traum:

> *Meine Tochter und ich waren zusammen mit ein paar anderen Leuten im Haus von Steven Tyler, um an einem siebentägigen „Rockstar-Camp" mit Aerosmith teilzunehmen. Ich freute mich, dort zu sein, auch wenn ich wusste, dass Musik zu machen nicht mein Ding war. Ich teilte Steven mit, dass ich mit meiner Tochter lieber auf eine Disney-Kreuzfahrt gehen wollte und dass wir rechtzeitig zurück wären, um an der letzten Session des Camps teilzunehmen. Er antwortete mir mit ungefähr diesen Worten: „Zu schade, dass du dir diese Erfahrung mit den anderen entgehen lassen willst, aber dann will ich dir lieber jetzt gleich mein Erfolgsgeheimnis verraten." Und dann sprach er über seinen Zugang zu einem Ort, den er die Nova nannte.*
>
> *An diesem Ort – dem direkten Zentrum des höchsten und herrlichsten Punkt des Lebens – könne jeder, so erklärte er, eine direkte Anbindung an Kunst, Musik, Wissenschaft, Erfindungen und weitere phantastische und kraftvolle Geschenke erfahren. Er erklärte, dass er dort die Inspiration für seine Musikstücke findet und auch für noch viele weitere Dinge. Aber um an diesen Ort zu gelangen, so führte er aus, „musst du absolut genau wissen, ohne jeden Zweifel,*

was deine Lebensaufgabe ist". Er erklärte weiter, wenn man seine Lebensaufgabe kennt und in ihr schwelgt, dann zieht man keine Inspiration aus der Nova, sondern man richtet sein Schicksal auf sie aus.

Als ich am nächsten Morgen erwachte, kamen mir einige Offenbarungen zu der Nova. Ich begriff, dass damit ein Daseinszustand gemeint ist, in welchem eine fokussierte und eindeutige Anbindung an eine höhere Macht besteht – ohne Zweifel, Angst, Verwirrung oder Ablenkung. Steven Tyler startete nicht mit der Idee „Hey, Mann, dieser Song macht mich reich und berühmt". Er machte Musik wegen der magischen, direkten Verbindung mit dieser höheren Quelle und weil er seiner Bestimmung folgte.

Lange Zeit nach diesem Traum entdeckte ich bei meinen Nachforschungen seine Aussage in einem Interview, dass er nur dann die Nova erreichen konnte, wenn er vollgedröhnt oder betrunken war – oder beides. Zumindest am Anfang. In diesem Interview sprach er darüber, wie er als junger Mann seine erste Band gegründet hatte. Doch dann hatte er auf einmal keine Band mehr und er meinte schon, es wäre vorbei mit seinem Traum, Rockstar zu werden. Aber eine innere Stimme sagte ihm, was er zu tun hatte: „Ich wusste in meinem Herzen, wenn ich in der Band einen Bruder hätte, so wie es bei Mick [Jagger] und Keith [Richards] war, oder wie bei den Kinks mit, du weißt schon, Dave und Ray; so wie bei allen diesen Bands, wo zwei Jungs unzertrennlich waren und voneinander profitierten." Und so fand er Joe Perry, der zum Leadgitarristen und Gründungsmitglied von Aerosmith wurde.

Tylers inneres Wissen führte ihn zu diesem „Bandbruder-Ding" und das Universum lieferte ihm Joe. Über das gemeinsame Songwriting sagte Tyler: „Das Zeug kam aus meinem Kopf raus, wenn ich voll[gedröhnt] war... so wie ‚sweeeeeeet emotion'. Moment mal, scheiße! Gib mir Papier und ‚nen Stift! Und ich schrieb diesen Scheiß auf. Und plötzlich, wumms!, landete der Song im Radio. Weißt du, ich hab' diesen Ort benutzt [die Nova]... und für jeden Song, den du von mir je gehört hast, *'Sweet Emotion'* – jeder einzelne dieser Riffs – *'Walk This Way'*... sind zwanzig andere im Äther verschwunden."

Später in seinem Leben gelang es Tyler, sich auch ohne Alkohol und Drogen mit der Nova zu verbinden. Darüber berichtete er: „Und das Beste daran ist, wenn ich nüchtern war, dann schrieb ich sogar noch besseren Scheiß. Ich ging mit vier Jungs in einen Raum und sagte: ‚Jetzt schreiben wir einen Hit. Wir bleiben in diesem Raum, bis es uns verdammt noch mal gelingt oder bis wir unseren Geruch nicht mehr aushalten können.' Und sieben Stunden später kamen wir wieder mit einem Scheißsong raus. Und es war ein guter. Und zwar einer, der uns alle überleben würde."

Es war eine ideale Mastermind-Gruppe: Die Mitglieder waren zu hundert Prozent auf eine einzige Vision fokussiert und waren in der Lage, sich in diesen magischen Zustand zu begeben, um gemeinsam eine synchrone Anbindung an die Quellenergie herzustellen.

Wenn Sie Ihrer Lebensaufgabe folgen, wenn Sie sich in dieselbe Richtung bewegen, die Ihnen Ihr Herz schon immer vorgegeben hat... wenn Sie eine Bestimmung erfüllen, von der Sie ohne jeden Zweifel wissen, dass Sie hierfür Ihr Leben auf diesem Planeten begonnen haben, dann haben Sie leichten Zugang zur Quellenergie, zur Zone, zum Äther, zur Nova oder wie auch immer Sie es nennen wollen. Aber Sie müssen die bewusste Entscheidung treffen, sich mit diesem Ort zu verbinden.

Das ist der Grund, warum es Viele nicht schaffen, die nur wegen Geld und Ruhm Rockstars werden wollen. Und für Viele, die eine Erfolgsphase erleben, ist diese nur von kurzer Dauer – weil sie ihre Bühnenpräsenz oft durch Drogen und Verschwendungssucht zerstören, oder auch weil es ihnen an der Energie fehlt, um einen langfristigen Erfolg aufrechtzuerhalten. Das liegt daran, dass sich ihr Geist niemals völlig auf ihre falsche Schicksalsvorstellung eingestimmt hat; ihr Verlangen entsprach niemals vollständig dem Erschaffen von Musik, die die Herzen der Menschen berührt.

Dasselbe gilt für Sie, wenn Sie daran denken, 10 Millionen auf dem Konto zu haben. Wenn Sie sich nicht völlig darauf eingestimmt haben, dann werden Sie diese unerwartete Beute wahrscheinlich damit assoziieren, sofort Ihren miserablen Job hinzuwerfen. Sie werden zunächst danach streben, von dem wegzukommen, was

Sie nicht wollen. Wenn Sie dann vom vielen Reisen um die Welt genug haben, wollen Sie sich wahrscheinlich, so hoffe ich, auf Ihre Lebensaufgabe einstimmen. Aber warum warten? Warum wollen Sie sie nicht schon jetzt herausfinden?

Letztes Jahr unterhielt ich mich mit einem Kollegen, der mich aufforderte, mich in eben diese Situation zu versetzen: „Wenn du zehn Millionen auf dem Konto hättest und alles tun könntest, was du willst, was wäre das?"

Ohne mit der Wimper zu zucken entgegnete ich: „Dann wäre ich Schriftstellerin. Dann würde ich nur noch schreiben." Und er erwiderte ohne zu zögern: „Nun, warum machst du das nicht schon jetzt? Selbst wenn es jeden Tag nur ein klein wenig ist."

Und auf diese Weise ist dieses Buch entstanden. Ich beschloss, *jetzt* zu handeln, anstatt zu warten, bis die Sterne perfekt stehen oder bis ich mein Geschäft besser im Griff habe oder bis meine Tochter die *High School* beendet hat (sie ist gerade mal elf) oder bis ich mehr Zeit oder mehr Wissen habe . . . oder bis dieses oder jenes passiert. Und so sorgte ich dafür, dass es geschieht.

Auch Sie können sich mit dem Universum verbinden und sich von ihm durch diesen Prozess leiten lassen. Starten Sie ohne Wertung, Vorurteile oder Negativität, mit der Bereitschaft, jeden einzelnen Plan, der Ihnen eingegeben wird, zu befolgen und umzusetzen. Vertrauen Sie darauf, dass sich der Weg zeigen wird, sobald Sie Ihre Reise beginnen. Greifen Sie nach Ihrer Bestimmung!

Das sollten Sie wissen . . .

Ihr Leben entfaltet sich ständig weiter. Was Ihre Seele anbetrifft, so ist sie grenzenlos, ohne Anfang und ohne Ende. Körper und Seele entwickeln sich auf so vielfältige Weise weiter, wie wir es uns überhaupt nicht vorstellen können. Wenn wir uns allerdings in einen hoch schwingenden Gefühlszustand begeben, können wir eine kleine Vorschau auf unsere weitere Evolution erhaschen. Unabhängig davon, für wie unsicher Sie Ihr momentanes Leben halten, in dem Moment, in dem Sie Ihre Energie anheben, spüren

Sie die innere Gewissheit, dass alles in Ordnung ist und immer sein wird. Wandel ist normal, aber Stagnation ist unnatürlich, insbesondere wenn es um Ihre Seele geht.

Sobald Sie sich in die Zone begeben, schmelzen Ihre Erschöpfung, Ihr Chaos und Ihre Sorgen einfach dahin. Und was noch besser ist, Sie erhalten die Inspiration, Veränderungen in Ihrem Leben vorzunehmen, die Sie begeistern und in den *Flowzustand* bringen. Sie werden geführt, damit Sie nur das tun, was Ihnen die besten Ergebnisse bringt und Ihnen ein Gefühl von Glück, Frieden und Wohlbefinden schenkt.

Es mag Ihnen widersinnig erscheinen, loszulassen und sich dem Flow anzuvertrauen, besonders wenn Sie die Verantwortung für Ihren Lebensweg übernehmen wollen. Aber sobald Sie verstehen, dass das Universum sich nur in die Richtung bewegt, in welche Ihre Schwingung weist, und Sie gleichzeitig den Kern Ihrer Lebensaufgabe kennen, fühlen Sie sich wohl in Ihrer Haut. Und wenn Sie darauf vertrauen, dass Sie Ihr Weg zu Ihrer Bestimmung führt, wird Ihr Bewusstsein gemeinsam mit Ihrem Unterbewusstsein daran arbeiten, Ihre Träume zur Realität werden zu lassen. Das Universum wird seine ganze Macht daransetzen, alles zu verwirklichen, und dann kann Sie tatsächlich nichts und niemand mehr aufhalten.

Kapitel 14

DER DREIZEHNTE SCHRITT ZUM REICHTUM: SO NUTZEN SIE DIE MACHT IHRES SECHSTEN SINNES

Ihre Intuition weiß, was zu tun ist. Der Trick dabei ist, Ihren Kopf zum Schweigen zu bringen, damit Sie hinhören können.

– Louise Smith

Als ich einundzwanzig war, zögerte ich einmal beim Abschließen meiner Wohnungstürtür, als ich nach draußen gehen wollte. Ich hatte das Gefühl, etwas vergessen zu haben. Als ich so dastand, begriff ich, dass da mehr sein musste; es war, als ob jemand nach mir rief. Das Ganze dauerte keine fünf Sekunden, und da ich mir keinen Reim darauf machen konnte, schloss ich ab, stieg in mein Auto und fuhr los. Als ich zur nächsten Kreuzung kam, fuhr ein goldfarbener Mercedes über die rote Ampel. Wenn ich nicht diese fünf Sekunden an meiner Tür gezögert hätte, so viel war mir klar, dann hätte er mich erwischt und ich wäre beim Aufprall vielleicht sogar ums Leben gekommen. Seitdem ist mir klar geworden, dass das Universum mich auffordern will, genau hinzuhören, wenn ich das Gefühl bekomme, dass „jemand nach mir ruft". Eine höhere Kraft hat mir eine wichtige Nachricht geschickt und dafür werde ich ewig dankbar sein. Es ist sicher noch öfter passiert, dass sie mich vor einer Gefahr bewahrt hat.

Ich finde, einer der größten Vorteile dieser Anbindung an etwas Größeres liegt darin, dass ich fast jede Nacht sehr lebhaft träume. Es ist wie in einem Hollywoodfilm – absolut klar, farbenfroh und sehr häufig mit einer vollständigen Handlung.

Ich weiß, dass einige meiner Träume Botschaften aus anderen Existenzebenen sind und manchmal Vorhersagen über meine Zukunft enthalten. Häufig werde ich auf die andere Seite „teleportiert", um dort Verstorbene aus allen Bevölkerungsschichten zu treffen. Ich fühle mich mit dieser Anbindung für einen höheren Zweck sehr geehrt und habe auch persönlich davon profitiert, denn dieser höhere Daseinszustand hat mir phantastische Geschenke beschert.

Eines dieser Geschenke ist die Erkenntnis, dass ich auch im Wachzustand träumen kann. Und Sie können das auch, indem Sie sich mit der Quellenergie verbinden und sich von ihr Botschaften zu allem und jedem senden lassen – insbesondere Antworten zu Fragen, die Sie sich vielleicht in Bezug auf Ihren weiteren Lebensweg stellen, oder wenn Sie Hilfe bei einer monumentalen Lebensentscheidung benötigen. Das, worüber ich hier spreche, nennt Napoleon Hill in *Denke nach und werde reich* den *sechsten Sinn*:

Der SECHSTE SINN ist der Teil des Unterbewusstseins, der zuvor schon als schöpferische Vorstellungskraft bezeichnet wurde oder als „Empfänger", über den Ideen, Pläne und Gedanken in den Kopf gelangen. Solche Geistesblitze werden manchmal als „Eingebungen" oder „Inspirationen" bezeichnet.

> Der sechste Sinn lässt sich schwer beschreiben. Wer die anderen Prinzipien dieser Philosophie nicht beherrscht, dem kann er überhaupt nicht nahegebracht werden, denn so ein Mensch verfügt nicht über Kenntnisse oder Erfahrungen, mit denen sich der sechste Sinn einordnen lässt. Den sechsten Sinn kann man nur über Meditation durch geistige Entwicklung begreifen, die *von innen* kommt. Er stellt wohl das Kontaktmedium zwischen dem begrenzten Verstand des Menschen und der grenzenlosen Intelligenz dar, und aus diesem Grund ist er *eine Mischung aus Mentalem und Spirituellem.*

Er gilt als der Punkt, an dem der Geist des Menschen mit dem universellen Geist Kontakt aufnimmt...

Es gibt eine Macht, eine erste Ursache oder eine Intelligenz, die jedes Materieatom durchdringt und sich in jeder für den Menschen wahrnehmbaren Energieeinheit offenbart. Diese grenzenlose Intelligenz verwandelt Eicheln in Bäume, lässt Wasser nach dem Gesetz der Schwerkraft den Berg hinunterfließen, lässt auf die Nacht den Tag folgen und auf den Sommer den Winter, alles an seiner Stelle und im richtigen Verhältnis zueinander. Diese Intelligenz kann durch die Prinzipien dieser Philosophie dazu gebracht werden, an der Umsetzung eines VERLANGENS in seine konkrete, materielle Form mitzuwirken. Das weiß ich aus meinen Experimenten – und AUS EIGENER ERFAHRUNG.

Omen und Zeichen

Meine Tochter beschloss vor kurzem, dass sie wieder zur Schule gehen will, nachdem ich sie eine Zeitlang zuhause unterrichtet hatte. Im Prinzip hielt ich das für eine gute Idee, die mich allerdings ziemlich nervös machte, weil man dort ihrer unschuldigen kleinen Seele böse mitgespielt hatte. Ich beruhigte mich, stellte die Verbindung zur Quellenergie her und strahlte ein Gefühl des Vertrauens aus, in der Gewissheit, dass ich in die richtige Richtung geführt werde. Und dann *ließ ich los*. Unter anderem musste ich mich entscheiden, auf welcher der beiden Schulen in unserer Nähe sie besser aufgehoben wäre. Als ich die erste Schule betrat, spürte ich Furcht in der Magengegend. Es war klar, dass diese Schule sofort ausschied.

Als ich die zweite erreichte, leitete ein älterer Herr als Schülerlotse die Kinder sorgfältig und sicher über die Straße. Er setzte ein strahlendes Lächeln auf und gab mir das Daumen-hoch-Zeichen, als ich heranfuhr. Ich nahm das als Hinweis und meldete sie noch am selben Tag in dieser Schule an. Und seitdem sie dorthin geht, ist meine Tochter so glücklich. Sie hat wunderbare Freunde, eine unglaublich fürsorgliche Lehrerin und ist vom Lernstoff absolut begeistert. Ich kann mich nicht erinnern, dass sie jemals so zufrieden mit der Schule war wie jetzt.

Omen, Zeichen und Symbole sind auch für Sie da, wenn Sie Führung brauchen. Sie erscheinen in allen möglichen Formen: als Schülerlotsen, als Träume, als Glücksfälle und so weiter und so fort. Napoleon Hill meint dazu in *Denke nach und werde reich*:

> Irgendwo in der Zellstruktur des Gehirns sitzt ein Organ, das geistige Schwingungen auffängt, die wir gewöhnlich als „Eingebungen" bezeichnen. Bisher hat die Wissenschaft nicht herausgefunden, wo sich dieses für den sechsten Sinn zuständige Organ befindet, doch das ist nicht so wichtig. Es bleibt dennoch eine Tatsache, dass die Menschen exaktes Wissen noch aus anderen Quellen als den physischen Sinnen beziehen. Solche Erkenntnisse empfangen sie generell, wenn der Geist unter dem Einfluss außergewöhnlicher Stimulation steht. Ein Notfall, der Emotionen hervorruft und das Herz schneller schlagen lässt als sonst, kann den sechsten Sinn in Aktion bringen – und tut das gewöhnlich auch. Wer im Straßenverkehr schon einmal einen Beinaheunfall erlebt hat, der weiß, dass der sechste Sinn in solchen Situationen oft rettend eingreift und in Sekundenbruchteilen dazu beiträgt, das Schlimmste zu verhindern.

Ihr sechster Sinn entspringt einer direkten Verbindung zwischen Ihnen und der Quellenergie. Je reiner die Verbindung, umso besser funktioniert die Einstimmung. Die Mitteilungen Ihres sechsten Sinnes erreichen Sie manchmal als Flüstern, als Gespräch oder auch als Schrei. Beruhigen Sie Ihren Geist, heben Sie Ihren Energielevel an und *hören Sie hin*. Hören Sie einfach zu.

Kapitel 15

DER VIERZEHNTE SCHRITT ZUM REICHTUM: DIE ANGST ÜBERWINDEN

Das Denken wird die Angst nicht überwinden,
aber dem Tun gelingt es.

– W. Clement Stone

Im Morgengrauen des 28. April 1998 traten ein Dutzend FBI-Agenten meine Haustür ein, schwärmten überallhin aus, schnüffelten sich durch jeden Quadratmeter meines Hauses und nahmen alles mit, was sie als relevant für ihre Untersuchungen erachteten – Unterlagen, Computer, Aktenordner, Bargeld und noch einiges mehr. Alle meine Bankkonten waren eingefroren. Mein Auto wurde beschlagnahmt, wie auch das meiner Mutter – obwohl beide voll bezahlt waren. Etwas, das sie nicht beschlagnahmten, war mein Haus – nicht weil sie es nicht wollten, sondern weil sie es nicht konnten, da ich nicht die Eigentümerin war. Obwohl ich über Unmengen von Eigenkapital verfügte, gehörte mein Haus noch der Bank. Ungefähr zehn Tage später, was wohl der Zeitraum war, um einen weiteren Durchsuchungsbeschluss zu erlangen, stürmten sie mein Büro. Danach gab es nichts mehr, was das FBI noch beschlagnahmen konnte.

Damals hatte ich nur eine vage Vorstellung davon, was da vor sich ging. Eine oder zwei Wochen später rief mich ein FBI-Agent an und meinte, er wolle mit mir reden, aber ohne zu sagen worüber. Er weigerte sich konsequent, mir mitzuteilen, warum mein Hab und Gut beschlagnahmt worden war.

Damals war ich gerade mal zwanzig Jahre alt. Ich hatte ein kleines von Zuhause aus betriebenes Geschäft und wusste nichts über die rechtlichen und finanziellen Verpflichtungen, die der Aufbau und das Führen eines solchen Geschäfts mit sich bringt. Ich wusste auch nicht genug über die Liebe. Ich hatte viel zu jung geheiratet – einen sieben Jahre älteren Ausländer, der meinem Verständnis von der dunklen Seite der Menschheit um Lichtjahre voraus war. Ich hatte aus Liebe geheiratet; er für eine *Green Card*. Er schlug mich regelmäßig, aber schlimmer noch war die mentale und emotionale Misshandlung. Er war kokainsüchtig und handelte mit Drogen, um seine Sucht befriedigen zu können, und hielt sich noch einige Frauen, um seine anderen Gelüste zu stillen.

Mein kleines von Zuhause aus betriebenes Geschäft war so ziemlich das Einzige, was mir damals noch einen Funken Hoffnung gab. Es gab mir das Gefühl, dass ich mein Leben ein wenig im Griff hatte. Ich meinte, finanziell gut dazustehen und zu wissen, wie es geht – das heißt, bis mein Geschäft auseinanderbrach. Es war das Licht gewesen, das ich für meine finanzielle Freiheit brauchte, um meinem gewalttätigen Ehemann zu entkommen, und wurde nun zu einem katastrophalen Abgrund aus finanziellem Ruin und juristischem Desaster.

Sechs Monate später, am 26. Oktober 1998 stürmten acht FBI-Agenten, vier Sheriffs und vier Hilfssheriffs herein und verhafteten mich, als ich gerade in San Clemente, Kalifornien, meine Mutter besuchte. Man legte mir eine Myriade von Verstößen gegen Bundesgesetze zur Last. Da ich nicht in der Lage war, eine Kaution aufzutreiben, verbrachte ich achtzehn Monate in Untersuchungshaft und willigte schließlich zu einer vierjährigen Haftstrafe ein, nur um irgendwie diesem Albtraum zu entkommen.

Mein Ausweg war, dass ich jede Menge Zeit zum Nachdenken hatte. Anfangs hatte ich mich als Opfer gefühlt, und irgendwie war ich das auch, aber schließlich erkannte ich, dass ich auf zahlreichen verschiedenen Ebenen für alle Ereignisse *selbst verantwortlich* war. Ich schwor mir, es zukünftig besser zu machen. Viel besser.

Nach meiner Entlassung aus dem Gefängnis entdeckte ich schnell, dass es mit einer Haftstrafe im Lebenslauf fast unmöglich war, einen anständig bezahlten Job zu finden. Und so beschloss ich stattdessen, aus dem Nichts ganz allein ein Multi-Millionen-Dollar-Geschäft aufzubauen. In meiner nächsten Lebensphase lernte ich den Rohstoffhandel kennen. Das Handeln machte mir nicht nur Spaß, sondern auch war auch extrem gut darin. Da es mir auch Freude bereitete (und immer noch bereitet), meinen Erfolg zu teilen, beschloss ich, einen Vorhersage-Newsletter für den Terminhandel herauszubringen und zusätzlich ein paar entsprechende Seminare abzuhalten.

Ich wünschte, sagen zu können, dass ich damals meine Vergangenheit hinter mir ließ, aber dem war nicht so. Ich brauchte noch mehrere Jahre, um zu begreifen, dass ich immer noch auf einer tiefen Schwingungsebene an diesem „Gespenst" festhielt – an einer unvorstellbar tiefsitzenden Wut über die Ungerechtigkeit, die man mir scheinbar angetan hatte. Als Ergebnis bestand meine Schwingung unbewusst aus Wut, und wissen Sie was? Ich zog eine Auseinandersetzung mit der Regulierungsbehörde für den Terminhandel (CFTC) an, was eine Untersuchung meines Unternehmens nach sich zog. Kurz darauf wurden meine Gelder eingefroren und man eröffnete ein Zivilverfahren gegen mich und mehrere meiner Unternehmen.

Meine Anwälte argumentierten im Sinne des ersten Verfassungszusatzes, der die freie Meinungsäußerung garantiert; die CFTC argumentierte, dass ich ihre Vorschriften verletzt hatte. Sie versuchte krampfhaft die Quadratur des Kreises und behauptete, dass ich durch meinen Newsletter zur Kategorie der Berater gehörte und deshalb ihren Vorschriften unterlag. (Seitdem wurde ein neues Gesetz erlassen, das die Rechte eines Herausgebers im Sinne des ersten Verfassungszusatzes bestätigt, und dies gilt auch für Herausgeber eines Newsletters wie mich.)

Zwei Jahre lang focht ich diesen Streit aus. Am teuersten war für mich meine abnehmende Kraft, mein mangelnder Glaube an mich selbst und meine Unfähigkeit, Neues zu kreieren. Ich wusste, je schneller es mir gelang mich freizuschwimmen, umso rascher konnte ich einen neuen positiven und schöpferischen Weg einschlagen. Und so legte ich den Streit bei, machte mich wieder daran, meine Schwingung hochzuhalten und begann, nur noch das anzuziehen, was sich ganz oben auf der Pyramide befindet.

Indem ich meine Vergangenheit losließ, einschließlich aller harten Urteile, die andere und ich selbst über mich gefällt hatten, versetzte ich mich in die Lage, mich einem *Zustand der völligen Vergebung hinzugeben* . . . und ich war frei. Die Kraft, die darin steckte, dass ich meine Schwingung ständig bewusst hochhielt, ermöglichte es der Quellenergie, das zu heilen, was ich ein Leben lang auf meinem Rücken mit mir herumgetragen hatte.

Die Zone kann alles in Ihrem Leben heilen, von einem gebrochenen Herzen bis hin zu Krankheiten, und auch alle Dinge, von denen Sie nicht einmal wissen, dass sie irgendwie nicht ganz in Ordnung sind. Steigern Sie also Ihre Energieschwingung und schwelgen Sie in der Kraft der Quellenergie. Lassen Sie sich von ihr auf die Art und Weise heilen, die Sie am dringendsten benötigen.

Schütteln Sie die Geister der Vergangenheit durch Liebe und Vergebung ab

Die Ereignisse, die Sie in Ihrer Vergangenheit erlebt haben, können eine Restschwingung hinterlassen, die als *Bloatware* im Hintergrund Ihres Unterbewusstseins läuft. Diese kann in Ihnen Schwingungen hervorrufen, die Sie als Gefühle von Scheitern, Verlust, Zynismus, Misstrauen, Opfersein, Wut, Groll, Niedergeschlagenheit, Hoffnungslosigkeit oder einfach als die gute alte Angst empfinden.

Es dauerte mehrere schwierige Jahre, bis ich den reinen Gefühlszustand der Liebe für diejenigen erreicht hatte, die ich als Verursacher der ganzen Ungerechtigkeiten ansah – und hier ganz besonders die behördlichen Strafverfolger. Aber es ist mir gut gelungen, indem ich:

1. begriff, dass die mit meinem Fall befassten Beamten meinten, in ihren Untersuchungen ethisch vorzugehen. Ausgehend von meinen damaligen geschäftlichen Aktivitäten kann ich definitiv erkennen, dass ihre Denkweise gerechtfertigt war.
2. anerkannte, was der Staat alles für uns uns tut. Er kümmert sich unter anderem um die Straßen, auf denen wir fahren, um das Wasser, das wir trinken, um die Nationalparks, die wir so sehr schätzen und um die Verteidigung unserer Demokratie.
3. Gefühle von Liebe, Verständnis und Mitgefühl auf alle ausstrahlte, die mit meinem Fall zu tun hatten – und ich vergab insbesondere allen, die meinem Gefühl nach aus Rachsucht gehandelt hatten.

Aber am meisten musste ich mir selbst vergeben. Ich war zu den negativen Labels geworden, die andere mir angeheftet hatten – schuldig, depressiv und unglücklich – bis mir klar wurde, dass ich mir meine eigenen Labels kreieren konnte – verantwortungsbewusst, dankbar und widerstandsfähig. Wie eine Schlange, die ihre alte Haut abwirft, können auch Sie mit jedem Tag, der vergeht, Ihr altes Ich abwerfen und klüger werden. Sie sind eine Seele in einer konstanten, fließenden Bewegung.

Sagen Sie einfach „Vergiss es!" und lassen Sie los

Sie sind der einzige Mensch, der Ihnen im Weg steht. Je schneller Sie diese Realität akzeptieren, umso rascher können Sie sich von Ihren selbst geschaffenen Hindernissen befreien.

Die erste Hürde, die ich losließ, war mein über zwei Jahrzehnte zurückliegender Leidensweg: Ich war damals kaum alt genug, um verantwortliche Entscheidungen für mich selbst zu treffen und war mir deren Konsequenzen nicht bewusst. Die schmerzhafteste davon war, dass ich aufgrund des Verhaltens meines Exmannes unbeabsichtigt in die Mühlen der Justiz geriet. Schließlich sagte ich zu mir selbst: „Lass es los! Lerne dazu, vergib allen und bewege dich in eine positive Richtung, die dir neue Flügel verleiht."

Das zweite Hindernis, das ich loslassen musste, war mein fast nicht existierendes Selbstwertgefühl. Meine geringe Selbstachtung, mein Überreagieren auf Kritik, mein besessenes Festhalten an der Vergangenheit und viele andere Dinge mehr dominierten mich in der Form von Unentschlossenheit, Zweifel und Angst! Ich arbeitete daran, meine Energie so weit anzuheben, bis ich in die Zone gelangte. Zum Großartigsten an diesem Zustand gehört, dass Unentschlossenheit, Zweifel und Angst dort nicht existieren können. Schließlich war ich fähig, mich als die vollkommene Seele zu akzeptieren, die ich heute bin, die ich schon immer war und die ich immer sein werde.

Napoleon Hill beschrieb in *Denke nach und werde reich* sein Verständnis dieses dynamischen Prozesses so:

> UNENTSCHLOSSENHEIT sät ANGST. Das sollten Sie beim Lesen stets im Hinterkopf haben. Unentschlossenheit äußert sich in ZWEIFELN, und im Zusammenspiel wird daraus ANGST. Der Verschmelzungsvorgang vollzieht sich oft langsam. Auch aus diesem Grund sind diese drei Gegner so brandgefährlich. Sie entwickeln sich *gänzlich unbemerkt.*
>
> Ängste existieren aber nur im Kopf. Und was man denkt, kann man kontrollieren und steuern. Ärzte werden, wie jeder weiß, seltener krank als andere Menschen – aus dem einfachen Grund, weil Ärzte *keine Angst vor Krankheiten haben.* Bekanntlich haben Ärzte täglich physischen Kontakt zu Hunderten von Menschen, die unter ansteckenden Krankheiten leiden, ohne sich zu infizieren. Ihre Immunität gegen die Krankheit resultiert weitgehend, wenn nicht sogar ausschließlich, aus ihrer absoluten FURCHTLOSIGKEIT.
>
> Kein Mensch kann etwas erschaffen, was er sich nicht zunächst in Form eines gedanklichen Impulses ausgedacht hat. An diese Aussage schließt sich eine weitere, noch bedeutsamere, an, nämlich: JEDER GEDANKLICHE IMPULS EINES MENSCHEN SETZT SICH UNVERZÜGLICH IN SEIN PHYSISCHES GEGENSTÜCK UM – OB WIR SOLCHE GEDANKEN

BEWUSST ODER UNBEWUSST FASSEN. Impulse, die wir zufällig aus dem Äther auffangen (solche, die von anderen freigesetzt wurden), können das eigene finanzielle, unternehmerische, berufliche oder gesellschaftliche Geschick bestimmen – und zwar ebenso sicher wie die Impulse, die wir vorsätzlich und gezielt auslösen.

Vorwort zu den verlorenen Kapiteln

Das Universum ist Gott. Ich bin Gott,
und das bedeutet, dass ich das Universum bin.

–Oscar Wilde

Die Menschen um uns herum geben ständig nichtssagende, irrelevante und verwirrende Informationen von sich, was dazu führt, dass wir uns abgetrennt und unsicher in Bezug auf uns selbst und unsere Umwelt fühlen. Wir vergessen, dass wir ein permanentes inneres Leitsystem haben, das uns niemals eine falsche Anweisung geben wird.

Aber Sie dürfen sich nicht auf die Magie verlassen, um auf den richtigen Pfad zurückzukehren. So wie es ein fruchtloses Unterfangen ist, wenn wir unseren positiven Gedanken keine positiven Taten folgen lassen, so trifft dasselbe auch auf erhaltene Führung zu, wenn wir nicht entsprechend handeln. Ich zum Beispiel habe bemerkt, dass sich mein Leben in großen Sprüngen veränderte, nachdem ich Facebook von meinem Smartphone gelöscht und aufgehört hatte, mir die Abendnachrichten anzusehen. Statt mich über die Politik aufzuregen, holte ich lieber wieder alte Träume hervor, die ich bereits aufgegeben hatte. Heute, da ich weiß, dass *alles* möglich ist, sauge ich jeden Tag so viel in mich auf, wie ich nur kann, und habe vor, dies fortzuführen, bis meine Zeit gekommen ist, diese physische Ebene zu verlassen.

Das bringt uns zu der Gelegenheit, etwas wirklich Bemerkenswertes in uns aufzunehmen. Es folgt nun das, was ich für die verloren gegangenen Kapitel aus Napoleon Hills Buch *Denke nach und werde reich* halte. Ich kann mir denken, warum sie in der Erstveröffentlichung des Buches im Jahr 1937 fehlten, denn damals war das

Fernsehen noch kein *Ding* – da gab es noch kein Dauerglotzen oder tägliches stundenlanges Dahinvegetieren vor dem TV-Gerät (die neuesten Erkenntnisse belegen, dass ein Durchschnittserwachsener in den USA jeden Tag über fünf Stunden lang fernsieht). Und obwohl das Radio damals gerade groß herauskam, drehte sich das Leben der meisten Menschen um Familie, Arbeit und Freizeit. Sie haben nicht ihre ganze Zeit mit Radiohören verbracht.

In den 1930er Jahren war in den USA und der ganzen Welt auch sehr viel los. Es herrschte eine weit verbreitete negative Sicht auf die Zukunft, was hauptsächlich auf die Nachwirkungen der großen Wirtschaftskrise zurückzuführen ist, und auch auf die Zeichen, die die unaussprechlichen Verbrechen ankündigten, die dann später im Zweiten Weltkrieg verübt wurden. Da war es für Scharlatane ein Leichtes, Jagd auf Hoffnungssuchende zu machen und ihnen irgendwelche Pläne zum schnellen Reichwerden zu verkaufen. Sie „verkauften" positive Einstellungen, Gedanken und Gefühle, ohne den Menschen klar und ehrlich zu sagen, dass noch mehr dazugehört, und deshalb setzte man ihre Botschaften schon bald mit den wertlosen Tinkturen gleich, mit denen Quacksalber hausieren gehen.

Das ist der Hintergrund, vor dem *Denke nach und werde reich* veröffentlicht wurde. In den beiden verlorenen Kapiteln empfiehlt uns Napoleon Hill, uns von negativ denkenden und redenden Menschen fernzuhalten, auch wenn diese zu unserem Verwandten- oder Freundeskreis gehören. Er war wirklich davon überzeugt, dass dies eine Voraussetzung dafür ist, die Höhen von Erfolg und Reichtum zu erreichen. Interessanterweise schrieb er dies zu einer Zeit (während der großen Wirtschaftskrise), als so etwas sehr unpopulär oder sogar absolut undurchführbar war. Nur Wenige konnten es sich leisten, Freunden und Verwandten Lebewohl zu sagen. Die Menschen brauchten einander – das war schließlich alles, was sie hatten.

Ich glaube, dass Napoleon Hill, würde er heute leben, von uns verlangen würde, uns von negativen Medien, *einschließlich* der sozialen Netzwerke, loszulösen. Er würde fordern, dass sich jeder vollständig von allen Lastern und Geräten fernhält, die das

Gehirn vermodern und den Geist verderben lassen. Die meisten erkennen nicht, dass der Hauptgrund, warum sie sich machtlos und desolat fühlen, darin liegt, dass sie schlechte Gedanken in sich hineinlassen, die ihre Wahrnehmung, ihre Gefühle und ihr generelles Vertrauen in das Leben untergraben.

Beschließen Sie daher, sich von diesen Energieräubern zu trennen und sich wieder mit der Quelle aller Energie zu verbinden. Erkennen Sie die Kraft, die sie Ihnen schenkt. So wie die Alchemisten und Zauberer, die Napoleon Hill beschreibt und die Blei in Gold verwandelten, sollten auch Sie vorgehen, um Ihr eigenes brennendes Verlangen zu manifestieren.

Verlorenes Kapitel 16

SICH ÜBER DEN GEWÖHNLICHEN MENSCHEN ERHEBEN

Wenn Sie beginnen, die Leiter von Erfolg und Fülle emporzusteigen, werden von überallher Kritiker erscheinen, die Sie an Ihrem Plan zweifeln lassen und Ihre Fähigkeit in Frage stellen, Ihr Ziel des Reichwerdens zu erreichen. Sie werden bemerken, dass Sie eine beständige Entschlossenheit, Haltung und Ausdauer benötigen, während Sie langsam hin zu größeren Erfolgen voranschreiten.

In den vorhergehenden Kapiteln wurden Sie angewiesen, systematische Schritte zu unternehmen, um Ihr BRENNENDES VERLANGEN in seine monetäre Entsprechung zu verwandeln. Diese Schritte sollten die Form eines EXAKTEN, praktisch umsetzbaren Plans, oder auch mehrerer Pläne, annehmen, durch welche sich diese Fülle erreichen lässt. Durch wiederholte Instruktionen an Ihr Unterbewusstsein in der Form von ständiger AUTOSUGGESTION können Sie Ihr Unterbewusstsein allmählich davon überzeugen, dass Sie das erhalten werden, worauf Sie Ihren Geist fixiert haben.

Aber eine große Gefahr lauert auf jeden Mann, der es wagt, sich über die Meinung und Einflussnahme der Durchschnittsgesellschaft hinwegzusetzen. Alle niedrig Denkenden um Sie herum werden darum kämpfen, Ihre bewussten Gedanken an die Verheißung von Fülle und Wohlstand dauerhaft zu lähmen. Und so wird die Umsetzung der dreizehn Prinzipien zu einer mühseligen Aufgabe, während Sie gleichzeitig Ihre Energie erschöpfen, um das billige Geschnatter der Negativität und die ständige Kritik an Ihren Zielen abzuwehren.

Die Tatsache, dass fast jede Person, mit der Sie es zu tun bekommen, nach einer Gelegenheit zum Geldverdienen sucht, sollte Sie nicht so sehr in Sicherheit wiegen, dass Sie irgendeinen Ihrer Reichtumspläne preisgeben. Kleingeister werden sich an Ihrer Niederlage sehr erfreuen, weil sie voller Neid befürchten, dass Sie und Ihre Pläne erfolgreich sein könnten.

Befolgen Sie diesen Ratschlag: Setzen Sie Ihr nächstes Ziel um und halten Sie den Mund in Bezug auf Ihre Pläne. Zeigen Sie der Welt ausschließlich durch Ihre Taten, was Sie zu erreichen beabsichtigen. Es ist Ihr Handeln, das am meisten zählt, und nicht das, was Sie sagen.

Trotz Ihrer besten Anstrengungen, Ihre Pläne und Aktivitäten für größere Erfolge zu verheimlichen, kann schon das reine Hinbewegen auf etwas Größeres im Beisein von anderen, die an Mangel und Versagen glauben, Ihre Fähigkeit zum Erreichen Ihrer Reichtumsziele behindern.

„Gleich und gleich gesellt sich gern", wie man so sagt. Sie werden schon früh in Ihrem Übergang vom Mangel zur Fülle bemerken, dass es für Sie notwendig wird, sich von Menschen mit negativen Gedanken und Meinungen zurückzuziehen, insbesondere wenn es um Ihren Plan, oder Ihre Pläne, geht, den Weg zu einem hohen Finanzstatus einzuschlagen.

Diese Gabelung auf dem Weg eines jeden Mannes und einer jeden Frau an der Schwelle zum Wohlstand bestimmt mehr als alles andere darüber, ob das KONKRETE ZIEL erreicht wird. Menschen mit niedrigen Gedanken und negativen Überzeugungen werden Ihren Sieg der Zielerreichung zunichte machen. Sie sind gezwungen, eine schwierige Wahl zwischen Armut und Reichtum zu treffen, wenn Sie sich dagegen entscheiden, sich von denjenigen zu trennen, die nicht Ihre höchste Vision und Ihre bewusste Denkweise unterstützen. Dies ist vielleicht die schmerzhafteste Entscheidung, die Sie zu fällen haben, wenn Sie sich Ihrem Wohlstandsziel nähern.

Aber wie kann man eine Person oder Umgebung von niedriger Schwingung hinter sich lassen, wenn man auf einmal zu deren Geisel wird? Die sofortige Trennung von niedrig schwingenden, mit negativen Gedanken angefüllten Angreifern wird zur Notwendigkeit, wenn man wirklich einen höher schwingenden Daseinszustand anstrebt. Wenn man sich in einer Umgebung von niedriger Schwingung gefangen fühlt, dann ist es absolut notwendig, einen Ausweg aus solchen Umständen in die Freiheit zu finden, um sich in schneller schwingende Höhen zu erheben.

Unter Menschen zu existieren, die auf gleichartige Weise denken, fühlen und handeln, kann nur dazu führen, dass Sie genauso werden. Sich von Menschen zu trennen, die man schon immer kennt, kann sehr schwierig sein. Aber es wird zur *Notwendigkeit*, denn sonst sind Ihre ENTSCHLOSSENHEIT, Ihre KONKRETE ZIELSETZUNG, Ihr VERLANGEN, DAS ZIEL ZU ERREICHEN, Ihre AUTOSUGGESTIONEN und Ihre BEHARRLICHEN ANSTRENGUNGEN völlig nutzlos!

Sie werden sich in der unangenehmen Lage wiederfinden, beschließen zu müssen, dass Sie mit denjenigen keinen gesellschaftlichen Umgang mehr pflegen wollen, die sich nicht der Geisteshaltung anpassen, die Sie aufgrund der in diesem Buch vorgestellten Prinzipien erlangt haben. Das kann dazu führen, dass Sie die Weisheit einiger der von mir gelehrten Prinzipien in Frage stellen oder dass Sie an Ihrem Plan zur Ansammlung von Geld zu zweifeln beginnen. Glauben Sie an sich selbst; glauben Sie an das Unendliche. Diese Gefühle des Zweifels sind völlig normal. Und wenn Sie sich auf Ihr KONKRETES, mit GLAUBEN angereichertes ZIEL hinbewegen, werden Sie bemerken, dass Sie auf der anderen Seite positive Freunde und Bekanntschaften erwarten!

Negativ denkende Menschen haben das unbewusste Verlangen, dass alle um sie herum dieselben Lebensumstände erfahren sollen. Sie werden alles Erdenkliche tun, um an ihren einschränkenden Überzeugungen und negativen Gedanken festzuhalten, weil ein vertrautes Leben für sie weit angenehmer ist, als sich einem Wandel von enormem Ausmaß auszusetzen. Vielleicht meinen sie auch, dass die Kritik an Ihrem Plan zum Reichtumserwerb einen wohlmeinenden Ratschlag darstellt. Trotz dieser Tatsache müssen Sie sich von jeglicher Kritik und Negativität fernhalten, wenn Sie Wohlstand und Fülle erleben wollen.

Wenn Sie sich auf Dauer von allen lossagen, die nicht der Reichtumspersönlichkeit zugeneigt sind, zu der Sie werden wollen, dann werden Sie bemerken, dass Sie sich aufgeladen und frei von den Fängen der Negativität fühlen, die Sie bisher gefangen hielten und Sie am Erreichen Ihres BRENNENDEN VERLANGENS hindern wollten.

Ganz am Anfang dieses Buchs sprach ich über die Geschichte von Edwin C. Barnes und seiner Fahrt auf einem Güterzug nach Orange, New Jersey, um dort Thomas A. Edison kennenzulernen. Barnes hatte das ALLES BEHERRSCHENDE VERLANGEN, Edisons Geschäftspartner zu werden, koste es, was es wolle. Indem Barnes seine alten Umstände, Bekanntschaften und Freunde hinter sich ließ und Teil einer neuen Umwelt wurde, gelang ihm rasch eine Änderung seiner Denkweise, da er sich mit neuen Gedanken und positiven Bekanntschaften umgab. Hierzu musste er sich von seiner vertrauten Umgebung lossagen und sich in eine ihm unbekannte Umwelt begeben, um sein TIEFES BRENNENDES VERLANGEN zu verwirklichen und schließlich Mr. Edisons Geschäftspartner zu werden!

Es ist wirklich beachtlich, dass ein Mann sein geregeltes Leben hinter sich lässt, um sein ALLES BEHERRSCHENDES VERLANGEN zu erfüllen und es trotz aller vorhandenen Widerstände in physische Realität zu verwandeln! Barnes war sich wahrscheinlich damals dessen nicht bewusst, aber für ihn war es die Vorbedingung zum Erreichen seiner größten Vision, dass er seinem wohlbekannten Leben entsagte und sich für ein neues Leben öffnete.

Sie zeichnet vielleicht nicht dieselbe Bereitschaft aus wie Barnes, Ihr bekanntes Leben zu verlassen und in eine neue, unbekannte Welt einzutreten. Es gehört großer Mut dazu, sich auf eine solche Veränderung einzulassen und eine neue Bestimmung herbeizuführen. Aber passen Sie gut auf: Diese Art von radikalem Wandel ist nicht unbedingt für die meisten Mensch notwendig, um ihr brennendes Verlangen zu realisieren.

Jede Person braucht in regelmäßigen Abständen einen Wechsel ihrer mentalen und physischen Umgebung, so wie Veränderung und Abwechslung im Hinblick auf Ernährung und Kleidung notwendig sind. Das hält Ihren Geist wach und in einem empfangsbereiten Zustand für einen Ansturm neuer Ideen, die außerhalb Ihrer täglichen Erfahrungswelt liegen.

Die Ideenfabrik in Ihrem Kopf wird wacher und empfänglicher für die neuen Schwingungen, die Ihnen eine neue Umwelt zu bieten hat. Die neuen Ideen strömen meist in Ihren Kopf in der Form von plötzlichen „Inspirationen". Diese inspirierten Gedanken sind für gewöhnlich direkte Botschaften der grenzenlosen Intelligenz und sind von äußerster Wichtigkeit, was bedeutet, dass Sie sofort handeln *müssen*, wenn Sie diese Gedanken empfangen. Dies zu versäumen ist gleichbedeutend mit einer Ablehnung des göttlichen Plans, für welchen die grenzenlose Intelligenz den für Sie besten Weg aus erreichbaren Etappen hin zu Ihrem BRENNENDEN VERLANGEN bereitet hat.

Die Inspiration der grenzenlosen Intelligenz von sich zu weisen gefährdet Ihre Zielerreichung, weil diese aufblitzenden Ideen und Gedanken voller Inspiration zukünftig nicht mehr erscheinen werden, da Sie der grenzenlosen Intelligenz gezeigt haben, dass Sie für die erhaltenen Ideen keine Verwendung haben. Diese mit der grenzenlosen Intelligenz verbundene Ideenfabrik kann zwar nicht sterben, aber sie kann wegen Nichtgebrauch in den Schlafmodus gehen. Aus diesem Grund ist es erforderlich, dass Sie diesen inspirierenden Botschaften sofort Folge leisten, um auch weiterhin ständig weitere Anweisungen von der grenzenlosen Intelligenz zu erhalten.

Achten Sie auf die Negativität, die Sie in Ihrer täglichen Umwelt umgibt, mit der Bereitschaft, sich von allen zu trennen, die über Krankheit und Armut reden. Sie müssen bereit sein, Leute mit negativem und destruktivem Wesen ohne zu zögern loszulassen. Wenn es Ihnen nicht gelingt, Gedanken, Ideen, Worte und Taten voller Zweifel, Armut, Unentschlossenheit oder Unglauben rasch zu erkennen – unabhängig von deren Ursprung – sind Sie hoffnungslos zu Mittelmaß und Armut verdammt.

Aber wie können Sie erkennen, ob eine Bekanntschaft oder ein Familienmitglied Negativität und dunkle Gedanken voller niedriger Schwingungen aussendet? Versuchen Sie dieses Experiment: Sprechen Sie im Beisein der Person, deren Sie sich nicht sicher sind, nur über positive Dinge. Schneiden Sie nur positive Themen an, wenn diese Person in der Nähe ist.

Jemand, der sich von Ihren positiven Worten bedrängt fühlt, wird schließlich einen kritischen Punkt in das Gespräch einwerfen. Er wird versuchen, das Gesprächsthema auf etwas Negatives zu lenken oder er wird sich abrupt Ihrer Gegenwart entziehen. Auf diese Weise können Sie sicher erkennen, dass eine Bekanntschaft mit einer niedrigen Gedankenenergie schwingt. Es wird Ihnen und Ihrem Streben nach Erreichung Ihres Ziels nicht dienlich sein, sich mit negativ denkenden Menschen zu umgeben.

Es kann eine verheerende Aufgabe sein, das Erforderliche zu tun, um sich von denjenigen zu trennen, die keinem höheren Wohl dienen, aber es ist für alle notwendig, die sich bewusst für den Reichtum und gegen die Armut entscheiden. Es wird für Sie tatsächlich düstere Konsequenzen nach sich ziehen, wenn Sie es nach einem Leben in Mangel und Armut strebenden Menschen erlauben, sich in Ihre tägliche Umwelt einzubringen. Es erfordert großen Mut, sich von denjenigen fernzuhalten, die keinem größeren Nutzen dienen, aber es ist notwendig, damit Sie die Höhen des Erfolgs erreichen können.

In einem Gedicht von Rudyard Kipling kommt dieser Gedanke sehr gut zum Ausdruck:

[Original]

If

If you can keep your head when all about you
Are losing theirs and blaming it on you;
If you can trust yourself when all men doubt you,
But make allowance for their doubting too:
If you can wait and not be tired by waiting,
Or, being lied about, don't deal in lies,
Or being hated don't give way to hating,
And yet don't look too good, nor talk too wise;

If you can dream—and not make dreams your master;
If you can think—and not make thoughts your aim,
If you can meet with Triumph and Disaster

And treat those two impostors just the same:
If you can bear to hear the truth you've spoken
Twisted by knaves to make a trap for fools,
Or watch the things you gave your life to, broken,
And stoop to build 'em with worn-out tools;

Of you can make one heap of all your winnings
And risk it on one turn of pitch-and-toss,
And lose, and start again at your beginnings,
And never breathe a word about your loss:
If you can force your heart and nerve and sinew
To serve your turn long after they are gone,
And so hold on when there is nothing in you
Except the Will which says to them: "Hold on!"

If you can talk with crowds and keep your virtue,
Or walk with Kings—nor lose the common touch,
If neither foes nor loving friends can hurt you,
If all men count with you, but none too much:
If you can fill the unforgiving minute
Within sixty seconds' worth of distance run,
Yours is the Earth and everything that's in it,
And—which is more—you'll be a Man, my son!

[Übersetzung]

Wenn
Rudyard Kipling "If"
(deutsche Übersetzung von Anja Hauptmann)

Wenn du den Kopf behältst und alle anderen
verlieren ihn und sagen: Du bist schuld!
Wenn keiner dir mehr glaubt, nur du vertraust dir
und du erträgst ihr Misstrauen in Geduld.

Und wenn du warten kannst und wirst nicht müde
und die dich hassen dennoch weiter liebst,
die dich belügen strafst du nicht mit Lüge
und dich trotz Weisheit nicht zu weise gibst.

Wenn du dich nicht verlierst in deinen Träumen
und du nicht ziellos wirst in deinem Geist
wenn du Triumph und Niederlage hinnimmst,
beide Betrüger gleich willkommen heißt.

Wenn du die Worte die du mal gesprochen
aus Narrenmäulern umgedreht vernimmst
und siehst dein Lebenswerk vor dir zerbrochen
und niederkniest, wenn du es neu beginnst.

Setzt du deinen Gewinn auf eine Karte
und bist nicht traurig, wenn du ihn verlierst
und du beginnst noch einmal ganz von vorne
und sagst kein Wort was du dabei riskierst.

Wenn du dein Herz bezwingst und alle Sinne
nur das zu tun was du von dir verlangst
auch wenn du glaubst es gibt nicht mehr da drinnen
außer dem Willen der dir sagt: Du kannst!.

Wenn dich die Menge liebt und du noch du bleibst
wenn du den König und den Bettler ehrst
wenn dich nicht Feind noch Freund verletzen können
und du die Hilfe niemanden verwehrst.

Wenn du in unverzeihlicher Minute
Sechzig Sekunden lang verzeihen kennst:
Dein ist die Welt – und alles was darin ist
Und was noch mehr ist – **dann bist du ein Mensch!**

Der Mensch und die Weltläufe werden immer über Kreuz liegen, und sie werden ständig ihre destruktiven Impulse in Ihre Richtung abfeuern. Was ist mit unseren Mitmenschen und ihrer Denkweise, ihren Glaubenssystemen und ihrem mangelnden Ehrgeiz „falsch" gelaufen? Häufig fällt es einem ganz leicht, sich auf deren beschränkte Lebensweise einzulassen, wenn man nicht vorsichtig ist. Ich habe Sie gewarnt! Wie der gewöhnliche Mann oder die gewöhnliche Frau zu denken, zu handeln und zu fühlen wird Sie auf auf jede Weise einschränken, solange Sie beschließen, auf deren bescheidenes Lebensniveau herabzusinken.

Wie kann man sich über diese Geisteshaltung der Masse der heute lebenden Menschen erheben? Dies ist die „List", die Sie mit Ihrem Verstand praktizieren müssen. Diese „List" besteht darin, Ihre Schwingung mit einer klaren, bewussten Geisteshaltung anzuheben, die nie auch nur für einen Moment nachlassen darf, mit der Geisteshaltung, die man das BRENNENDE VERLANGEN NACH DEM SIEG nennt und die für den Erfolg unerlässlich ist.

Dieser Herausforderung müssen Sie Tag und Nacht gerecht werden. Das ist ein Kampf, eine Schlacht, die gewonnen werden muss! Sie zu verlieren würde den sicheren Tod bedeuten – den Tod Ihres Geistes und Ihres Wesens. Diese beiden Faktoren sind erforderlich, um die Höhen des Erfolgs zu erreichen, die Sie anstreben. Hierfür müssen Sie beständig daran arbeiten, die Beschränkungen des gewöhnlichen Menschen zu überwinden. Dies erfordert eine konstante Anstrengung, die zu erbringen und zu ertragen Sie bereit sein müssen.

Viele Menschen streben danach, einander zu zerstören, hauptsächlich weil sie an sich selbst zweifeln. Sie müssen lernen, sich auf eine höhere Schwingungsebene zu begeben und dabei die Sie ständig umgebende Negativität zu ignorieren, denn dieses Hindernis soll sicherstellen, dass Sie Ihr angestrebtes Ziel niemals erreichen. Zeichen von Negativität, Zweifel, Armut und Versagen sind ständig überall vorhanden und man braucht nur einen kurzen Moment, um sie zu finden. Es erfordert einen starken inneren Willen, um diese Schwingungen zu überwinden, die ständig an Ihren Knöcheln zerren und Sie auf ihr niedriges Niveau herunterziehen wollen.

Aus diesem Grund erheben sich die meisten, die unter den Bedingungen der Armut geboren werden, niemals über ihre Umstände. Dies liegt daran, dass sie ihre Umgebung als ihr unüberwindliches „Pech" akzeptieren. Aufgrund dieser Tatsache versuchen es nur Wenige, da sie ihre armseligen Umstände als ihre permanente Umwelt akzeptieren. Für jemanden, der um sich herum nichts als Armut erblickt, ist es fast unmöglich, sich lange genug mit der für den Reichtumserwerb erforderlichen Energie über diese Umwelt zu erheben. Es ist auch kaum denkbar, den Verstand zu überzeugen, dass man von Reichtum umgeben ist, wenn man nichts als Mangel erblickt und keine BEHARRLICHKEIT an den Tag legt und kein BRENNENDES VERLANGEN nach größerem Erfolg besitzt.

Was können wir tun, wenn wir in solche armseligen Umstände hineingeboren wurden? Hier kommt die „List" ins Spiel. Wir müssen unseren Verstand in einem solchen Ausmaß „überlisten", dass wir an unsere unendlichen Wohlstandsmöglichkeiten glauben, ganz gleich was wir als unsere Umwelt ansehen.

Dies ist vielleicht der schwierigste Part bei alledem, unseren Verstand aktiv zu täuschen, damit er an den Reichtum glaubt, wo wir doch nur Armut erblicken, wenn wir uns umsehen – eine scheinbar unlösbare Aufgabe. Darauf müssen Sie achten! *Denn nichts ist unmöglich!* Es ist nicht nur möglich, sich über negative Überzeugungen zu erheben, denn sobald Sie verstehen, wie Sie Ihre pulsierenden Schwingungen auf ein höheres Niveau anheben können, werden Sie mit Sicherheit sehen, wie sich ein neues Leben in Fülle vor Ihren Augen entfaltet, *und zwar schneller, als Sie es jemals für machbar hielten*!

Hierfür müssen Sie daran GLAUBEN, die Welt des Unsichtbaren bzw. den Äther erreichen zu können. Die grenzenlose Intelligenz steckt in allem, was lebt. In diese alles durchdringende Energie müssen Sie einen unerschütterlichen GLAUBEN setzen. Dies ist das schwierigste Unterfangen: unseren Verstand so zu „überlisten", dass er an etwas glaubt, was es noch nicht gibt, während wir von unglücklichen Umständen in einer Umwelt umgeben sind, die hauptsächlich aus Neinsagern und Taugenichtsen besteht. Aber dies lässt sich mit beständigem GLAUBEN und Handeln auf einen KONKRETEN PLAN hin bewerkstelligen.

Die Wirtschaftskrise ließ zahlreiche Männer straucheln und zwang fast alle in die Knie. Wenn Sie aber bereit sind, genauer hinzusehen, werden Sie entdecken, dass ein wohlhabender Mann, dessen Reichtum durch die Wirtschaftskrise fast ausgelöscht wurde, schon nach kurzer Zeit seinen Reichtum wieder zurückgewann oder auf dem besten Weg hierzu war. Dies liegt daran, dass er den Reichtum in sich trägt. Er braucht sich nicht nach außen zu wenden, um auf den Reichtum zuzugreifen. Er besitzt bereits in seinem Geist den GLAUBEN an den Reichtumserwerb. Mit dem GLAUBEN und einem KONKRETEN PLAN zur Wiedererlangung seines finanziellen Status benötigt er nur einen kurzen Zeitraum, bis er in der Lage ist, seinen Reichtum erneut zu beanspruchen.

Geld in den Händen eines Menschen, der es nicht schrittweise erworben hat, ist allerdings häufig ein Verhängnis für den Erfolg. Schnell erworbener Reichtum ist gefährlicher als Armut, weil sich der Geist nicht auf diesen plötzlichen Geldzufluss einstellen kann. Wenn der menschliche Geist an Armut gewöhnt ist, wird ihn der Erhalt von großen Geldsummen rasch verwirren, weil er noch nicht das Selbstwertgefühl und die Fähigkeiten entwickelt hat, die erforderlich sind, um das erhaltene Geld zu behalten und zu vermehren. Und so geht es ebenso schnell verloren, wie es eingetroffen war!

Wie man sich auf Wohlstand „einstimmt"

Dies lässt sich am besten mit meinem Beispiel der Radiosender beschreiben. Ein reicher Mann mit einer direkten Anbindung an die unsichtbare Welt des Überflusses muss sich niemals Sorgen machen, dass ihm ein Leben in Armut droht, ganz unabhängig davon, was ihm seine zeitweiligen Umstände bescheren.

Andererseits wird ein armer Mann, der unabsichtlich über den Reichtum stolpert, sich erneut im Armenhaus wiederfinden, weil er sich ausschließlich auf die Überzeugungen, Schwingungen und Denkweisen von Mangel und Armut eingestimmt hat.

Es kann Vielen schwerfallen zu verstehen, wie man sich wohlhabend „fühlen" und daran glauben kann, wenn die Umstände überall eine völlig andere Realität zeigen. In aller Fairness kann es einem als ein problematisches Unterfangen erscheinen, sich reich „fühlen" zu wollen, wenn man sich den Glauben angeeignet hat, dass man arm ist und für immer bleiben wird. Wie kann man sich denn reich fühlen, wenn man von Armut umgeben ist? Wie kann man daran glauben, dass der Reichtum in greifbarer Nähe liegt, wenn Männer in einer langen Schlange auf einen kostenlosen Teller Suppe warten?

Sie müssen Ihre Aufmerksamkeit ganz besonders auf die Tatsache lenken, dass nicht jedermann verarmt ist. Vielleicht besteht die wichtigste Aufgabe für Sie darin, sich in einem wohlhabenden Viertel Ihrer Stadt umzusehen. Nehmen Sie die Mühe auf sich und beobachten Sie wohlhabende Menschen. Es gibt viele davon! Auch in den Zeiten der Wirtschaftskrise gab es diejenigen, die reich blieben. Einige gelangten zu Reichtum schneller als je zuvor, während die meisten anderen zur selben Zeit extreme finanzielle Härten erlebten. Sie können beschließen, die Armut zu ignorieren; öffnen Sie stattdessen Ihre Augen und sehen Sie die Fülle an Gelegenheiten, von denen Sie die ganze Zeit umgeben sind. Das innere Umschalten Ihres Geistes beginnt, wenn Sie die Armut „ausblenden" und Sie sich auf den Wohlstand „einstimmen" können. Dies ist ein sehr einfacher und sanfter Wandel in dem, was Sie beobachten und worauf Sie Ihren Fokus lenken wollen, und es beginnt damit, dass Sie sich auf einen anderen „Kanal" einstimmen.

Irgendwo in Ihrer Zellstruktur liegt der Samen des Verlangens, der Sie zu großen Höhen von Leistung und Erfolg tragen kann, wenn Sie ihn erwecken und durch BESTÄNDIGES HANDELN und Ihre Einstimmung auf den Reichtum wachsen lassen. Aus einem BRENNENDEN VERLANGEN ergibt sich ein Plan zu seiner Verwirklichung, der häufig im Flüstern des Äthers verborgen lag. Aus dem Plan ergeben sich Aktionsschritte zu seiner Umsetzung. Aus Ihrem Handeln entsteht der Glaube, der alle Zweifel und negativen Gedanken eliminiert. Daraus entsteht die Beharrlichkeit, weil nur unnachgiebige Standhaftigkeit zum Erfolg führt.

Jedes nicht nachlassende BRENNENDE VERLANGEN, auf welches Sie sämtliche Erfolgsprinzipien anwenden, wird sich für Sie erfüllen. Diese Prinzipien VERSAGEN NIE, wenn man sie fortdauernd anwendet. Vergessen Sie nicht, Sie sind der Meister Ihres eigenen Geistes, und dieser verfügt über die Macht, den Verlauf Ihres Schicksals abzuändern. Sie müssen jeden Tag die Disziplin aufbringen, Ihre Gedanken sorgfältig zu überprüfen und unter Kontrolle zu halten. Wenn Sie glauben, dass Sie dies nicht können, dann werden Sie bemerken, dass dem tatsächlich so ist. Aber wenn Sie glauben, dass Sie es können, dann wird es Ihnen gelingen.

Verlorenes Kapitel 17

IHR VERLANGEN DURCH DEN ÄTHER HERANRUFEN

Heute morgen erwachte ich mit dem Gedanken, dass alle Dinge aus feinsten Partikeln bestehen, die man weder sehen noch fühlen kann. Und aus diesen winzigen Partikeln entstehen alle Dinge, insbesondere jene, die dem menschlichen Auge verborgen bleiben.

Ich beschloss, diese feinen Partikel in der Tiefe zu erforschen, damit ich die Verbindung zwischen diesen und unseren Gedanken noch besser erklären kann. Es mutet seltsam an, dass bisher noch kein Wissenschaftler in der Lage war, die Verbindung zwischen diesen feinen Partikeln und unseren Gedanken zu erläutern. Es scheint so, als wäre es der Wissenschaft nur gelungen, logische Theorien zu entwickeln, die ihr begrenztes Verständnis der Wirkungsweise des Unsichtbaren stützen.

Und so überlegte ich: „Wie kann man das Unsichtbare erklären? Es gibt so viel, das unbekannt ist! Wie kann das begrenzte menschliche Gehirn die Macht des positiven Denkens für die Manifestation eines BRENNENDEN VERLANGENS beweisen, das mit nicht mehr als einem Gefühl in der Tiefe meiner Magengegend begann? Wie begrenzt sind wir doch, um eine willkürliche Theorie für eine solche mächtige Kraft aufstellen zu wollen! Und müssen wir die Brücke zwischen unseren Gedanken und den uns umgebenden sichtbaren und unsichtbaren Partikeln vollständig verstehen, um zu begreifen, wie wir diese mächtige Kraft zum Heranrufen des Reichtums nutzen können?“

Diese und andere Fragen kamen in mir hoch, als ich mich an einen Zeitungsartikel erinnerte, den ich vor einigen Jahren gelesen hatte. Er enthielt eine Darstellung eines Atoms mit seiner wie auch immer gearteten Anziehungskraft, mit der es andere Atome „magnetisch“ anzieht, um ein Molekül zu bilden. Wenn viele Moleküle sich gegenseitig anziehen, entstehen daraus schließlich die festen Gegenstände, die wir erblicken, wenn wir uns umsehen. Aber das Bemerkenswerteste an dieser Darstellung war, dass sich zwischen den feinsten dieser winzigsten Partikel anscheinend nichts befand!

Die Wissenschaft hat sicher bereits eine Theorie formuliert, die erklärt, wie diese winzigen Partikel in unserer Welt existieren können, aber ihr ist es *nicht gelungen*, zu erläutern, auf welche Weise sie sich gegenseitig magnetisch anziehen, um ein Atom überhaupt erst entstehen zu lassen, wo doch der Raum zwischen ihnen aus dem reinen Nichts besteht! Dies könnte möglicherweise nur bedeuten, dass die Anziehung zwischen solchen Partikeln innerhalb der Leere des Nichts, aus welcher sie besteht, *einfach da ist*. Es interessiert mich, eines Tages zu erfahren, wie die Wissenschaft dies in Form einer Hypothese oder Theorie zu erklären versucht.

Im Moment sieht es so aus, als ob unser Verständnis dieser feinen Partikel und ihrer Entstehungsgeschichte noch ein Mysterium bleibt, weil es sich nicht in Schriftform oder durch eine komplexe Illustration erklären lässt.

Aufgrund meiner Beobachtungen scheint es mir, dass diese winzigen Partikel nur durch das „Denken“ ihrer Quelle oder der grenzenlosen Intelligenz existieren. Wenn es der „Gedanke“ der grenzenlosen Intelligenz ist, der die kleinsten Partikel aus der Leere des Nichts magnetisiert, dann dürfen wir annehmen, dass wir dieselbe Fähigkeit besitzen, um mit unseren Gedanken die feinen Partikel „zusammenzudenken“ und so die materielle Entsprechung unserer Wünsche zu formen. Hierfür benötigen wir einen unerschütterlichen, von jedem Zweifel freien GLAUBEN, um diese feinen Partikel in jede von uns gewünschte Struktur zu „denken“.

Die grenzenlose Intelligenz kennt weder Zweifel noch Angst in ihrer Fähigkeit, alles Sichtbare und Unsichtbare aus der Leere des Nichts zu erschaffen. Alles was Sie sehen, von den Blumen und Bäumen bis hin zu dichteren Dingen wie Automobilien und Güterzügen, erschuf die grenzenlose Intelligenz aus dem Nichts . . . *und am Anfang war ein Gedanke!* Wenn die grenzenlose Intelligenz diese bemerkenswerte Macht besitzt, *dann trifft dies auch auf Sie zu*!

Der Unterschied zwischen der grenzenlosen Intelligenz und dem gewöhnlichen Mann oder der gewöhnlichen Frau besteht in ihrem emotionalen „Gefühl" oder ihrer *Gewissheit,* dass alles, was sie in die Realität „hineindenkt", auch geschieht. Dieser Autor ist weder Wissenschaftler noch Geistlicher und neigt zu dem Glauben, dass jeder Mann und jede Frau über dieselbe innere Macht verfügt, da wir alle Teil derselben Ursprungskraft sind. Wir sind alle ein Teil dieser grenzenlosen Intelligenz und werden es immer sein. Natürlich verfügen wir über diese schöpferische Macht, da wir seit dem Anbeginn der Zeit von der grenzenlosen Intelligenz erschaffen wurden!

Es kommt einmal die Zeit, wenn in den Schulen die „Schöpfungswissenschaft" gelehrt wird. Dann wird dieses Wissen um die Schöpfung als Wissenschaft anerkannt sein. Wenn diese Zeit gekommen ist, werden kein Mann, keine Frau und kein Kind sich der grenzenlosen Intelligenz mit Zweifel oder Angst nähern, aus dem einfachen Grund, dass es dann keine Gefühle des Zweifels und der Angst mehr gibt. Ich freue mich auf den Tag, an dem dies geschieht, aber es ist unwahrscheinlich, dass dies noch zu meinen Lebzeiten der Fall sein wird.

Warum wählen so Viele lieber den Mangel als die Fülle? Warum weigern sich die meisten, diese Ursprungskraft zu nutzen, die doch allen von uns seit unserer Geburt zur Verfügung steht? Es liegt daran, dass wir unseren Glauben und unser Wissen um die Existenz einer solchen Kraft aufgegeben haben. Viele haben seit langem vergessen, wie man diese Kräfte nutzt, die augenblicklich für uns da sind und immer für uns da waren, indem wir sie einfach nur herbeirufen.

Es gibt einen Grund, warum die Alchemisten aus früheren Jahrhunderten in der Lage waren, Blei in Gold und Wasser in Wein zu verwandeln. Glauben Sie, dass es sich hier um

Täuschungen handelte, die nur in Kinderbüchern und folkloristischen Erzählungen existieren?

Ganz im Gegenteil gab es in früheren Zeiten Alchemisten, die um die Kraft der Ursprungsenergie wussten und die Schwingung der feinen Partikel innerhalb eines bestimmten Gegenstands in etwas anderes umwandeln konnten, indem sie eine starke Schwingungskraft durch den Äther pulsieren ließen.

Stellen Sie sich einen Alchemisten vor, der die Macht besaß, einen Klumpen Blei in einen Klumpen Gold zu verwandeln. Er tat dies im ÜBERZEUGTEN GLAUBEN an das Unsichtbare und änderte mit seinen Gedanken, Gefühlen und Emotionen die Schwingungswellen, indem er diese ungezügelte Kraft durch den Äther ausstrahlte und so diese augenblickliche Transformation BEFAHL! Diese „Magie" war als solche während einiger Perioden der Menschheitsgeschichte gang und gäbe. Aber diese „Magie" scheint über die Jahrhunderte verloren gegangen zu sein.

Ich bin insofern davon überzeugt, dass die damaligen Könige diese Kraft absichtlich vom Volk fernhielten, um so zu verhindern, dass die gewöhnlichen Leute diese machtvollen Fähigkeiten besitzen. Seitdem ist dieses Erbe auf Mythen und Folkloregeschichten geschrumpft worden, damit die Menschen die Existenz einer solch außergewöhnlichen Kraft vergessen.

Der Plan, diese Geheimnisse aus der Geschichte zu verbannen, war von Erfolg gekrönt. Die meisten haben vergessen, dass diese Kraft von Geburt an in allen Männern und Frauen ruht und dass sie gemeinsam mit einem BRENNENDEN VERLANGEN und dem GLAUBEN notwendig ist, um alle unsere Wünsche Realität werden zu lassen! Diese KRAFT ist *unverzichtbar* für die Generierung von Reichtum und den Aufstieg zu den Höhen großer Leistungen.

Kinder haben ein angeborenes Verlangen, an alles Magische zu glauben. Sie präsentieren spielerisch eine Zaubervorführung mit einstudierten Tricks und selbst zubereiteten Zaubertränken. Doch wenn die Kinder heranwachsen, geht die Magie verloren und man verkauft ihnen die Idee, dass ihre magische Welt nichts weiter als pure Einbildung war.

Und schon bald geben auch sie sich dem Trübsinn der Massen hin und lassen die Magie hinter sich, die sie doch einst für real hielten.

Dies gilt ebenso für Kinder, die von übersinnlichen Erfahrungen berichten, wie zum Beispiel dem Sehen von Geistern. Wenn sie einem Erwachsenen davon erzählen, erhalten sie eine Rüge und werden bestraft, weil sie sich Sachen „eingebildet" haben. Und schon bald sind sie selbst davon überzeugt, dass ihre Erfahrungen nicht real und nichts weiter als Produkte ihrer Phantasie sind. Wie wertvoll wäre es doch, wenn wir diesen ÜBERZEUGTEN GLAUBEN an die Magie unser ganzes Leben lang beibehalten könnten!

Die praktische Nutzung der unsichtbaren Schwingungskräfte

Intensiv zu einem BRENNENDEN VERLANGEN gebündelte Gedanken sind nur ein Teil dessen, was erforderlich ist, um ein Ziel in die Realität zu übertragen. Das wichtigste Element Ihrer Anstrengungen besteht darin, eine konstant hohe Schwingungsebene beizubehalten, in der Absicht, dadurch die feinsten Partikel der nicht sichtbaren Welt (des Äthers) anzuregen, damit sie das ersehnte Ziel erschaffen.

Es ist wichtig zu verstehen, dass positive und negative Schwingungen nicht zur gleichen Zeit in Geist und Körper anwesend sein können. Niedrig schwingende Gefühle können in der Gegenwart höher schwingender Gefühle nicht existieren! Niedrig schwingende Gefühle bilden den Keim der Armut und können Ihnen nur immer wieder dasselbe bringen, wenn es Ihnen nicht gelingt, diese Emotionen so weit wie möglich zu eliminieren. Ob sie nun von Menschen oder von Situationen ausgehen, niedrig schwingende „Gefühle" oder Emotionen ziehen ähnliche Schwingungen an, in der Form von „Pech" oder unglücklichen Umständen.

Jeder hoch schwingende und absichtlich in den Äther hinausgeschickte Impuls aus Gedanken und „Gefühlen" wird schließlich von der grenzenlosen Intelligenz aufgenommen, die sich dann daran macht, diesen Impuls aus

„Gefühlsschwingungen" in seine physische Entsprechung zu verwandeln.

Denken Sie erneut über diese Aussage nach: ALLE MIT GEFÜHLEN (HIER IST DAS „GEFÜHL" EINES BRENNENDEN VERLANGENS GEMEINT) AUFGELADENEN UND MIT GLAUBEN VERKNÜPFTEN GEDANKEN VON HOHER SCHWINGUNG ÜBERSETZEN SICH UNMITTELBAR IN IHR PHYSISCHES PENDANT ODER GEGENSTÜCK. Es wird das „magnetisch" zu Ihnen hingezogen, was der Schwingung entspricht, die Sie in den Äther aussenden.

Die Emotionen bzw. der „Gefühlsanteil" der Gedanken lassen eine Schwingung durch den Äther pulsieren und eben diese mächtigen Schwingungen bringen Ihnen ihr entsprechendes Gegenstück. Eine hohe Schwingung bringt Ihnen ihre Entsprechung, ob es sich bei Ihrem Gedankenimpuls und „Gefühl" um Liebe, Geld oder irgendeine Leistung handelt. Die in den Äther pulsierte Schwingung entspricht dem, was Ihnen widergespiegelt und zurückgebracht wird.

Es ist daher vor allem anderen von großer Wichtigkeit, die in den Äther hinauspulsierten „Gefühle" und Schwingungen genauestens zu überprüfen, da die grenzenlose Intelligenz Ihnen nur das bringen kann, was Sie ihr ursprünglich in Form Ihrer Schwingungen gesandt haben.

Millionen Menschen „fühlen", dass sie auf unerklärliche Weise zu Mangel und Misserfolg verdammt sind, und sie „spüren" und GLAUBEN, dass sie nichts dagegen tun können. Sie sind die Schöpfer ihres eigenen Armutszustands, einfach wegen ihrer negativen „Gefühle" (Schwingungen), die vom Äther aufgenommen und in ihre perfekte physische Entsprechung übertragen werden.

Die „Gefühle" oder Schwingungsimpulse Ihres BRENNENDEN VERLANGENS, verknüpft mit GLAUBEN, werden in Ihre physische oder monetäre Entsprechung umgesetzt, insbesondere wenn Sie dies mit der Erwartungshaltung und dem GLAUBEN begleiten, dass diese Umwandlung tatsächlich stattfinden wird. Ihre ÜBERZEUGUNG bzw. Ihr GLAUBE ist das Element, das darüber bestimmt, wie Ihr Unterbewusstsein reagiert. Ihre „Gefühlsschwingungen" stellen das notwendige Element dar, das die grenzenlose Intelligenz veranlasst, mit der entsprechenden Schwingung zu reagieren und Ihnen das dazugehörige physische Gegenstück zu überbringen.

Das „Gefühl" Geld zu besitzen wird Ihnen Geld bringen. Nichts kann jemanden, der kein Geld hat, daran hindern, sein Unterbewusstsein zu „täuschen", indem er in sich das „Gefühl" hervorruft, dass Geld tatsächlich auf dem Weg zu ihm ist.

Dies ist vielleicht die schwierigste disziplinierte Anstrengung, um in der Praxis zu Reichtum zu gelangen. Sie fragen sich jetzt vielleicht: „Wie soll ich das ‚Gefühl' entwickeln, dass ich Geld habe, wenn ich um mich herum nur Armut erblicke?"

Denken Sie daran, Sie müssen lernen, Ihr Unterbewusstsein zu „überlisten", indem Sie die Schwingung des Geldes „fühlen" und gleichzeitig mit ÜBERZEUGTEM GLAUBEN die baldige Ankunft des Geldes erwarten. MIT „GEFÜHLEN" ODER EMOTIONEN VERKNÜPFTE GEDANKEN BILDEN EINE „MAGNETKRAFT", DIE AUS DEN SCHWINGUNGEN DES ÄTHERS GLEICHARTIGE PHYSISCHE ODER MONETÄRE ENTSPRECHUNGEN HERANZIEHT. Eine auf diese Weise mit einem hoch schwingenden „Gefühl" „magnetisierte" Schwingung wird stets ihre exakte Entsprechung oder ihren identischen Gegenpart anziehen.

Wenn Sie sich umsehen und bisher immer nur Scheitern und Armut kennengelernt haben, so wurde dies „magnetisch" zu Ihnen hingezogen durch das Schwingungsäquivalent, das Sie in den Äther hinauspulsiert haben. So wie Sie die Armut „magnetisch" angezogen haben, so können Sie stattdessen auch „Gefühlsschwingungen" in den Äther pulsieren, die Geld und Erfolg entsprechen. Sie haben die Macht, den Verlauf Ihrer Realität zu verändern, indem Sie die „Gefühlsschwingungen" umwandeln, die Sie in den Äther hinaus senden.

Zu Beginn sprach ich über den Erfolg von Kate Smith, die viele Jahre lang ohne Geld und ohne Preis sang. Ich enthüllte jedoch nicht, wie sie ihre Schwingung mithilfe ihrer Stimme anhob. Sie rief den Erfolg durch die „Gefühle" herbei, die sie bei ihren täglichen Stimmübungen durch den Äther pulsieren ließ. Sie nutzte ihre Stimme, um ihre Schwingung anzuheben und „rief" in diesem hoch schwingenden Seinszustand den

Erfolg herbei, mit dem „Gefühl“, dass sie es bereits am Broadway geschafft hatte.

Unzählige Sänger waren gekommen und wieder gegangen; sie scheiterten an ihrer Unkenntnis, wie sie das „Gefühl“ hinauspulsieren mussten, dass sie für den Broadway gemacht waren. Miss Smith aber war anders. Sie war fähig, den Broadway zu erobern, indem sie ihr BRENNENDES VERLANGEN in Schwingungen aus Gedanken und „Gefühlen“ übertrug, die sie dann mit dem GLAUBEN, dass sie es bereits geschafft hatte, durch den Äther pulsieren ließ. Und wie sie es geschafft hat!

Schon bald rief sie der Broadway zu sich, und als dies geschah, nannte sie einen Preis, der so hoch war, dass die meisten Menschen in einem ganzen Jahr nicht verdienen, was sie in der Woche verlangte. Und dies gelang ihr, indem sie ihre Schwingung anhob, um während ihrer täglichen Gesangsübungen dieses „Erfolgsgefühl“ auszustrahlen.

Sie können die Emotionen von VERLANGEN, GLAUBE, LIEBE, SEX, BEGEISTERUNG, VERLIEBTHEIT, HOFFNUNG oder jede andere hoch schwingende Emotion nutzen, die eine Verbindung zwischen Ihnen und der grenzenlosen Intelligenz herstellen kann, damit Sie von der ganzen Größe profitieren können, die diese UNSICHTBARE KRAFT zu bieten hat. Allerdings sollten Sie die negativen Emotionen von ANGST, EIFERSUCHT, HASS, RACHSUCHT, GIER, ABERGLAUBE und WUT meiden, weil Ihnen diese Emotionen kein hoch schwingendes BRENNENDES VERLANGEN bringen können.

Die Macht von GLAUBE und ÜBERZEUGUNG, verknüpft mit emotionalen „Gefühlen“ und Gedanken, ist die höchste bekannte Schwingungsform. Diese lebende, pulsierende Schwingungsenergie durchdringt jedes Atom der Materie, füllt jeden Winkel des Raums und verbindet jeden Menschen mit der grenzenlosen Intelligenz oder der Quelle.

Die grenzenlose Intelligenz wird durch die dreizehn Prinzipien in die Lage versetzt, ein VERLANGEN in seine konkrete oder materielle Form umzusetzen, sofern wir dieses VERLANGEN durch häufig wiederholtes Anheben unserer Schwingungsenergie „magnetisieren“. Dies ist der Generalschlüssel, um Ihren angestrebten Reichtum auch tatsächlich anzuziehen.

So viel weiß der Autor: Es gibt eine Kraft oder eine Quelle oder eine grenzenlose Intelligenz, die *jedes* Atom der Materie durchdringt und die alle Energieeinheiten umfasst, seien diese für den Menschen wahrnehmbar oder ihm verborgen, und diese grenzenlose Intelligenz ist in *allen* Dingen höchst lebendig. Ohne diese Intelligenz würde sämtliche Materie aufhören zu existieren. Der Autor weiß dies alles, und insbesondere weiß er, wie man sich diese Intelligenz zunutze macht, denn er hat seine Anbindung an diese Kraft eingesetzt, um diese Worte und Erfolgsprinzipien Ihnen zu überbringen.

Der Raum zwischen den winzigen Partikeln ist sehr lebendig und enthält die höchste bekannte Schwingungsform, mit Ausnahme vielleicht der GEDANKENSCHWINGUNGEN, welche dieses „Nichts" beeinflussen. Sie können sich entscheiden, diese Kraft zu beherrschen und die Lebensumstände zu erschaffen, die Sie sich schon immer gewünscht haben, oder Sie können wählen, den niedrigen Gedanken und Schwingungen, die Sie in den Äther entlassen, zum Opfer zu fallen. Die Möglichkeit des Letzteren erscheint fürchterlich, besonders da Sie die Wahl haben, und es ist einfach nur dumm, sich auf ein Leben in Armut statt auf ein Leben in Fülle einzustellen.

Da Sie nun die praktische Anwendung der dreizehn Prinzipien kennen, ist es für Sie an der Zeit, diese Philosophie umzusetzen und durch die Transmutation Ihres Verlangens Reichtum zu generieren. Zögern Sie auch nicht einen weiteren Moment, denn eine Welt voll großer Fülle erwartet Sie!

Zum Schluss möchte ich Sie gern an Folgendes erinnern: „Das Leben ist ein Schachspiel und Ihr gegnerischer Spieler ist die ZEIT. Wenn Sie vor Ihrem Zug zögern oder nicht schnell genug ziehen, werden Ihre Figuren durch die ZEIT vom Schachbrett gefegt. Sie spielen gegen einen Partner, der keine UNENTSCHLOSSENHEIT toleriert!"

Früher hatten Sie möglicherweise eine logische Rechtfertigung, warum Sie das Leben nicht gezwungen haben, Ihnen das zu bringen, was Sie von ihm haben wollen, aber dieses Alibi ist nun hinfällig, weil Sie jetzt im Besitz des Generalschlüssels sind, der das Tor zu den unermesslichen Reichtümern des Lebens aufschließt.

Dieser Generalschlüssel ist zwar immateriell, aber er ist sehr mächtig! Er verleiht Ihnen das Privileg, in Ihrem eigenen Geist ein BRENNENDES VERLANGEN nach einer konkreten Form des Reichtums zu erzeugen. Für die Benutzung dieses Schlüssels gibt es keine Strafe, aber es gibt einen Preis, den Sie zu zahlen haben, wenn Sie ihn nicht verwenden. Dieser Preis ist das SCHEITERN. Wenn Sie den Schlüssel benutzen, erwartet Sie eine Belohnung von enormen Ausmaßen. Sie besteht in der Zufriedenheit, die sich bei allen einstellt, die sich selbst überwinden und das Leben zwingen, alles zu zahlen, was man von ihm fordert.

Die Belohnung ist alle Mühe wert. Werden Sie den Anfang machen und sich überzeugen lassen?

„Wenn wir miteinander verwandt sind," meinte der unsterbliche Emerson, „werden wir uns begegnen." Zum Abschluss möchte ich gern diesen Gedanken übernehmen und sagen: „Wenn wir miteinander verwandt sind, dann sind wir uns in diesen Seiten begegnet".

Schlussbetrachtung

Die beiden letzten Kapitel, die ich für die verloren gegangenen halte, *enthüllen exakt*, wie Sie die Schwingungskräfte einsetzen müssen, um Ihr *brennendes Verlangen in die Realität zu verwandeln*! Ich habe ein kraftvolles Trainingsprogramm in der modernen Sprache von heute konzipiert, das Ihnen durch einen leicht zu befolgenden, 30 Tage dauernden Schritt-für-Schritt-Plan helfen wird, die Weisheit Napoleon Hills zu verinnerlichen. Diesen Erfolgsplan habe ich erst vor kurzem öffentlich vorgestellt:

Mein 30-Tage-Erfolgsplan

Mein wichtigstes Ziel, das ich in den nächsten 30 Tagen erreichen will, lautet:

____

Und ich werde es erreichen, indem ich in jeder Woche folgende wichtigen Punkte umsetze:

1. Woche

2. Woche

3. Woche

4. Woche

Beginnen Sie ganz oben in der Tabelle und schreiben Sie Ihr nächstes Ziel auf, von dem Sie glauben, dass Sie es in 30 Tagen erreichen können. Vermutlich ist es ein Teil eines viel größeren brennenden Verlangens.

Gehen Sie dann zum Feld für die 4. Woche. Notieren Sie Ihre(n) finalen Schritt(e), um die Zielerreichung zu manifestieren. Meistens werden in jeder Woche viele der Dinge geschehen, die Sie aufgelistet haben.

Notieren Sie nun ausgehend vom Feld für die 1. Woche Ihre Ideen für jede Woche. Nutzen Sie hierfür die Brainstorming-Übung, über die wir schon gesprochen haben – lassen Sie einfach sofort umsetzbare Ideen aus sich herausströmen und halten Sie sie so schnell schriftlich fest, wie sie erscheinen. Die vier Wochenfelder werden sich so im Handumdrehen füllen. Vielleicht müssen Sie manches noch ein wenig verfeinern, aber machen Sie sich dann bereit, die Ideen, die Sie für die 1. Woche notiert haben, umzusetzen.

Ob Ihr Ziel zu Ihnen passt, erkennen Sie besonders gut daran, wie leicht oder schwer es Ihnen fällt, die einzelnen Wochenfelder auszufüllen. Wenn Sie sich anstrengen müssen, um vom Universum inspirierte Ideen für das Erreichen Ihres 30-Tage-Ziels zu erhalten, dann ist entweder der Schwingungslevel Ihrer Anbindung nicht hoch genug oder Ihr Ziel ist im Moment nicht das richtige für Sie, und das kann auch bedeuten, dass Sie versuchen, zu viel auf einmal zu erreichen.

Zum Beispiel ist es einfach nicht möglich, innerhalb von 30 Tagen hundert Pfund Übergewicht loszuwerden und sich eine sportliche Strandfigur zuzulegen, unabhängig von der Höhe Ihrer Schwingung. Wenn es für Sie darum geht, zur richtigen Zeit die richtige Richtung festzulegen, sollten Sie Ihren Plan ein wenig abändern und sehen, ob dadurch der Inspirationsfluss zunimmt. In unserem Beispiel mit dem Abnehmen sollten Sie Ihr Ziel anpassen und sich vornehmen, innerhalb von 30 Tagen zehn Pfund zu verlieren, oder wenn Sie ein Startup gründen wollen, dann sollten Sie versuchen, Ihr Startdatum so anzupassen, dass es zu Ihrem

Plan für Ihre Öffentlichkeitsarbeit passt, anstatt Ihren Markteinstieg zu forcieren.

Sehen wir uns noch ein weiteres Beispiel an: Sagen wir, Sie wollen innerhalb eines Monats 100.000 € manifestieren, wissen aber nicht, was Sie in Ihren 30-Tage-Plan eintragen sollen, weil Sie keinen blassen Schimmer haben, wo das Geld herkommen soll. In diesem Fall sollten Sie Ihr Ziel für ein paar Tage, oder vielleicht für eine Woche, beiseitelegen und sich mit kreativer Visualisierung und dem Anheben Ihrer Schwingung beschäftigen. Kommen Sie dann zu Ihrem 30-Tage-Plan zurück. Ihre neu gewonnenen Erkenntnisse werden für einen stärkeren Ideenfluss sorgen und es Ihnen erleichtern, alle Felder auszufüllen.

„Ich mache doch alles, was Sie gesagt haben, aber mein Ziel kommt nicht schnell genug!"

Wenn Sie Ihr brennendes Verlangen hinausgesandt haben, dann *lassen Sie es anschließend los*; wenn Sie die Inspiration erhalten, sich in Bewegung zu setzen, *dann tun Sie's* – und wenn Sie unsicher sind, dann *erhöhen Sie Ihre Energieschwingung, um Antworten zu erhalten.* Bewahren Sie sich bei alledem Ihre tiefsitzende Gewissheit, dass sich die Quellenergie um den Rest kümmert. Wenn Sie sich aber panisch an Ihrem Ziel festklammern, wird die Quellenergie Ihnen nicht helfen können.

Ich möchte Ihnen gern ein Beispiel dafür geben, wie dies alles heute in meinem Leben funktioniert. Ich habe den unerschütterlichen Glauben – eine tiefsitzende Gewissheit – dass der richtige Mann irgendwo auf mich wartet und zum richtigen Zeitpunkt in mein Leben treten wird. Daran zweifle ich nicht für einen Moment. Ich habe auch die starke Gewissheit, warum er noch nicht hier ist: 1. Ich bin noch dabei, mein Herz zu heilen und mir Zeit mit mir selbst zu gönnen; 2. Ich genieße wertvolle Zeit mit meiner Tochter und darf miterleben, wie sie sich in eine junge Dame verwandelt; 3. Ich bin mir bewusst, dass mein Traummann möglicherweise auch gerade eine Heilungsphase durchläuft und noch nicht dafür bereit ist, dass ich ein Teil seines Lebens werde. Ich habe keinen Zeitplan für unser erstes Aufeinandertreffen. Ich weiß nur, dass es geschehen wird.

Eine Schlussbemerkung

Das Zusammenspiel Ihrer zunehmenden Angst, Hoffnungslosigkeit und Panik kann für Sie zu dem Gefühl führen, dass Sie keine Kontrolle über Ihr Leben haben und dass Sie umso tiefer sinken, je mehr Ablenkung und Chaos auf Sie zukommt. Ihr Ausweg besteht darin, Ihren Energieschwingungslevel anzuheben und hoch zu halten – tun Sie's! Und tun Sie's oft! Sie werden dadurch nicht nur Ihr eigenes Leben verändern, sondern Sie werden auch gleichzeitig dazu beitragen, das Gesicht der gesamten Menschheit zu verwandeln.

Sie müssen bereit und willens sein, in das Leben Ihrer Wünsche mit der tiefen *Gewissheit* einzutreten, dass Ihr neues Leben bereits auf Sie wartet. Manchmal erfordert dies, bestimmte Menschen und Dinge loszulassen, die sich nicht in Harmonie mit dem befinden, was sich für Sie entfaltet. Sie müssen tief in sich wissen, dass Ihr neues Leben bereits existiert und zu Ihnen unterwegs ist – fühlen Sie, dass es bereits ein Teil Ihres jetzigen Lebens ist … und handeln Sie entsprechend. Das ist das Geheimnis. Das ist der Heilige Gral.

TRÄUMEN SIE GROSS, meine lieben Freunde!

NACHWORT

Das wichtigste Buch, das ich je gelesen habe, war die Erstausgabe von Napoleon Hills *Denke nach und werde reich*. Dieses Werk ist nach wie vor der Schlüssel zu allen meinen Erfolgen. Seitdem ich *Denke nach und werde reich* als junger Mann kennenlernte, habe ich fast jeden Tag einige Passagen aus diesem Buch erneut gelesen.

Das Buch, das Sie soeben beendet haben, ist möglicherweise das wichtigste, das Sie je lesen werden, da es Ihnen die Essenz von Napoleon Hills Weisheit in einem Kontext vermittelt, der sich mehr an den Entwicklungen des 21. Jahrhunderts orientiert. Mit dem Zusatz der „zwei verlorenen Kapitel" verfügen Sie nun über den vollständigen Text, der in der Erstausgabe aus dem Jahr 1937 nicht veröffentlicht wurde. Wir werden nie den genauen Grund erfahren, warum diese beiden Kapitel in der Erstausgabe nicht enthalten waren; allerdings habe ich mir schon oft überlegt, dass Napoleon Hill klare und laute Hinweise von seiner Intuition erhalten haben musste, dass das allgemeine Lesepublikum noch nicht bereit für solche gewaltigen Ideen war. Einer der großen Mentoren, die ich glücklicherweise hatte, wies mich äußerst nachdrücklich darauf hin, dass man den Menschen niemals eine Idee präsentieren sollte, die ihre Fähigkeiten übersteigt, weil dies sie aus dem Gleichgewicht bringen könnte. Wenn ich heute, viele Jahre später, auf diesen Ratschlag zurückblicke, kann ich ihm nur absolut zustimmen. Ich glaube daran, dass die Intuition der Weg ist, auf dem Gott zu uns spricht. Hills Intuition ließ ihn völlig zutreffend wissen, dass die Öffentlichkeit noch nicht bereit war für seine Erklärung des Gesetzes der Anziehung.

Heute ist sich fast jeder bewusst, dass Schwingungen auf Frequenzbasis beruhen; unsere Radiogeräte, Fernseher und Telefone arbeiten mit Frequenzübertragung. Es gibt eine unendliche Anzahl von Frequenzen und wenn Sie das Gesetz der Schwingung studieren, werden Sie lernen, dass jede Frequenz mit ihrer oberen und unteren Nachbarfrequenz verknüpft ist. Und wenn wir dieses

Konzept noch erweitern, begreifen wir allmählich, dass *alles* der Ausdruck von allem ist (wie oben, so unten). Wissenschaft und Religion lehren uns dies bereits seit sehr langer Zeit.

Wenn Sie es richtig verstehen, ermöglicht Ihnen das Gesetz der Schwingung, wirkungsvoller mit Ihren Mitmenschen zu kommunizieren. Die meisten Profiverkäufer sind sich bewusst, dass wir nur dann einen anderen Menschen auf den Weg zur Zustimmung lenken können, und darum geht es beim Verkauf, wenn wir uns auf die Schwingungsfrequenz dieses Menschen einstimmen und ihn sanft in die Richtung führen, die wir ihm vorschlagen. Alles ist in Schwingung, ob wir uns dessen bewusst sind oder nicht; wir leben in einem Ozean der Bewegung.

Monica Main reitet auf dem Ruf eines der seit über einhundert Jahren angesehensten Autoren und wird reich dafür belohnt werden, dass sie dieses wichtige Wissen auf solch großartige Weise der Öffentlichkeit präsentiert. Sobald Sie dieses Buch zu Ende gelesen haben, möchte ich Sie bitten, das zu tun, was ich vor fast sechzig Jahren getan habe. Als mir mein erster Mentor *Denke nach und werde reich* überreichte, erklärte er mir, dass Napoleon Hill sein ganzes Leben damit verbracht hatte, das Leben von Hunderten der weltweit erfolgreichsten Menschen zu studieren. Er meinte weiter, dass er es für ratsam hielt, wenn ich den Rest meines Lebens mit dem Versuch verbringe, zu verstehen, was Hill entdeckt und mit der Welt geteilt hatte.

Indem sie die „zwei verlorenen Kapitel" zu Hills Meisterwerk hinzufügte, hat Monica Main wunderbare Arbeit geleistet. Ich denke, es wäre nun für Sie ratsam, derselben Empfehlung zu folgen wie ich vor vielen Jahren und für den Rest Ihres Lebens jeden Tag in Monica Mains Buch zu lesen.

– Bob Proctor, Autor des Bestsellers *Erkenne den Reichtum in dir*

ABSCHLIESSENDE GEDANKEN

Ich sitze gerade in der Toskana und lausche dem ungewöhnlichen Zwitschern einiger exotisch aussehender Vögel, während ich über wunderschöne, endlose Weinfelder blicke, die am Horizont die untergehende Sonne berühren. In der Ferne sehe ich ein verfallenes Haus und frage mich, ob es im Zweiten Weltkrieg von den Deutschen beschossen wurde. Das erinnert mich daran, wie viel Geschichte hier präsent ist, und währenddessen gibt es hier ein Gefühl der Unschuld, das sich im Essen der Italiener zeigt, in ihren Pflanzen, in ihrem Wein und in ihren kleinen Städten, die das Land prägen. Ich liebe Italien und seine Menschen. Es hilft mir, mich zentriert, zufrieden und glückselig zu fühlen.

Das Bedeutsame an dieser Reise ist, dass ich meinen Vater mitgenommen habe. Ich hatte ihn zwei Jahre nicht gesehen, aber ich habe gelernt zu vergeben und zu vergessen, und das hat mir mehr Frieden und persönliche Kraft geschenkt als je zuvor. Ich erkenne, dass alles Leben – gut, schlecht und anders – absolut perfekt ist, es schon immer war und immer sein wird. Die Dinge, die geschehen sind und die geschehen werden, gehören alle zur göttlichen Ordnung des Universums. Ich empfinde ein Gefühl der Glückseligkeit… Ich kann gar nicht beschreiben, wie großartig sich das anfühlt und wie sehr es das Leben verändert. *Versuchen Sie es!* Vielleicht werden Sie süchtig danach, sich großartig zu fühlen, so wie ich.

Es war mir eine große Ehre, Ihnen die verlorenen Kapitel aus Napoleon Hills *Denke nach und werde reich* überbringen zu dürfen. Und ich bin besonders begeistert von der magischen neuen Zukunft, über die Sie bestimmen können, sobald Sie mit der Umsetzung der Geheimnisse in diesem Buch beginnen. Ich weiß nur, dass Sie sich auf eine magische Reise begeben! *Erlauben* Sie nun endlich der Quellenergie, ein wichtiger Teil Ihres Lebens zu werden… jetzt und für immer.

– Monica Main

ÜBER NAPOLEON HILL

Oliver Napoleon Hill wurde am 26. Oktober 1883 in einer aus einem einzigen Raum bestehenden Holzhütte in Pound, Virginia, geboren. Er war zeitlebens ein Vordenker und seiner Zeit weit voraus. Seine Gedanken über Erfolg in Verbindung mit einigen metaphysischen Komponenten eroberten die Welt im Sturm durch sein *Buch Denke nach und werde reich*, das 1937 erschien und seitdem auf der ganzen Welt mehr als einhundert Millionen Mal verkauft wurde. Damit ist es einer der erfolgreichsten Bücher aller Zeiten.

In Bezug auf seinen persönlichen Reichtum erlebte Hill viele Höhen und Tiefen. Man kritisierte ihn dafür, dass er zwar über das Reichwerden schreiben konnte, aber dennoch unfähig war, mit seinen Geschäfts- und Investmentaktivitäten dauerhaften Wohlstand für sich selbst zu generieren. Das Einzige, was er wirklich als Erfolg verbuchen konnte, waren tatsächlich seine Bücher über das Reichwerden. Die meisten verstanden allerdings nicht, dass es Napoleon Hill sehr wohl gelungen ist, sein *brennendes Verlangen* zu verwirklichen und ein erfolgreicher Autor zu werden. Er hatte nur wenig Interesse daran, eigene Unternehmen oder Investments zu besitzen.

Er sah seine Lebensaufgabe darin, Herz und Verstand von ganz gewöhnlichen Männern und Frauen zu öffnen, indem er die Geheimnisse des Universums offenbarte, und jedem einzelnen Menschen zu der Erkenntnis zu verhelfen, dass wir alle über die angeborene Fähigkeit verfügen, aus uns heraus alles zu erschaffen, was wir nur wollen – sei es Reichtum oder etwas anderes. Er war wahrhaftig einer der ersten Pioniere der Neugeist-Bewegung. Napoleon Hill hat uns gelehrt, dass selbst die Bescheidensten zu den Größten werden können.

ÜBER MONICA MAIN

Monica Main ist eine erfolgreiche Unternehmerin und Self-Made-Millionärin, die ihren massiven Erfolg hauptsächlich unkonventionellen Techniken zur Reichtumsanziehung verdankt. Sie wuchs in den 1970er und -80erJahren in den Vororten von Chicago auf und wurde dort zu einer Anhängerin der spirituellen Philosophie des Kriya Yoga, einer auf hinduistischem Denken basierenden Weisheitsform, die ab 1920 von Paramahansa Yogananda gelehrt wurde. Monica Main gelang es, diese Lehren meisterlich mit denjenigen von Vordenkern zu vereinen wie Charles Haanel, Napoleon Hill, Joseph Campbell, Louise Hay und Dr. Wayne Dyer, um nur einige zu nennen.

1987 entdeckte Monica Main eine kraftvolle Technik, um Visualisierungen mit der Schwingungslehre der Quantenphysik zu verbinden. Dadurch veränderte sich ihr gesamtes Leben. In ihrer Teenagerzeit verschwand ihr Manifestationsgeheimnis allerdings in der Versenkung, da sich in ihrem Leben einige schwerwiegende Veränderungen ereigneten. Sie kämpfte sich in ihrer geschäftlichen Karriere an die Spitze, obwohl sie zwischenzeitlich dreimal geschieden wurde, eine kurze Haftstrafe aufgrund eines bedauerlichen geschäftlichen Fehlers verbüßte sowie eine Privatinsolvenz und ein grauenhaftes, zwei Jahre dauerndes Gerichtsverfahren mit Regierungsbehörden durchstehen musste. Dies alles ließ sie psychisch, mental, emotional und spirituell völlig ausgelaugt zurück. Dennoch gelang es ihr, wieder auf die Beine zu kommen und dauerhaften geschäftlichen Erfolg zu erreichen, obwohl sie ständig das Gefühl hatte, dass in ihrem Leben noch etwas fehlte. Seitdem sie 2017 die zwei verloren gegangenen Kapitel aus Napoleon Hills Buch *Denke nach und werde reich* entdeckte, hat sich Monica Mains persönliches und geschäftliches Leben um 180 Grad gewandelt – und das auf die herrlichste, glücklichste und erfolgreichste Weise, die man sich nur vorstellen kann. Nun ist sie bereit, Ihnen diese Geheimnisse zu überbringen.

Webseite: www.MonicaMain.com